DROEMER

NIKLAS KOLORZ

(FAST) ALLES EINFACH ERKLÄRT

Vom Big Bang quer durch die Weltgeschichte bis zum Ende des Universums

Mit Illustrationen
von David Klaus

DROEMER

Besuchen Sie uns im Internet:
www.droemer.de

Aus Verantwortung für die Umwelt hat sich die Verlagsgruppe Droemer Knaur zu einer nachhaltigen Buchproduktion verpflichtet. Der bewusste Umgang mit unseren Ressourcen, der Schutz unseres Klimas und der Natur gehören zu unseren obersten Unternehmenszielen. Gemeinsam mit unseren Partnern und Lieferanten setzen wir uns für eine klimaneutrale Buchproduktion ein, die den Erwerb von Klimazertifikaten zur Kompensation des CO_2-Ausstoßes einschließt.
Weitere Informationen finden Sie unter: www.klimaneutralerverlag.de

FSC www.fsc.org MIX Papier aus verantwortungsvollen Quellen FSC® C083411

Originalausgabe Oktober 2022

Ein Imprint der Verlagsgruppe
Droemer Knaur GmbH & Co. KG, München

Lektorat: Claudia Schlottmann, Berlin
Fachredaktion: Ulrike Strerath-Bolz, Friedberg
Illustrationen: David Klaus
Covergestaltung: ZERO Werbeagentur, München
Coverabbildung: Autorenfoto © Niklas Kolorz
Hintergrund: Composing unter Verwendung von Shutterstock.com
Satz: Sandra Hacke, Dachau
Druck und Bindung: CPI books GmbH, Leck
ISBN 978-3-426-27887-1

2 4 5 3 1

Für M.
Willkommen auf der Welt

Und für R.
Danke

INHALT

VORWORT

Das Leben ist zu kurz, um lange Vorworte zu lesen. Deshalb hier nur das Wichtigste: Dieses Buch ist für all jene gedacht, die sich immer mal wieder fragen, woher wir Menschen eigentlich wissen, was wir wissen. Das Universum hat also mit einem Urknall begonnen? Okay. Und wer war damals dabei und hat's gefilmt? Niemand? Hab ich mir gedacht! Wie haben wir herausgefunden, dass es schwarze Löcher gibt, wenn die doch schwarz sind? Und warum heißt es eigentlich Evolutions*theorie*? Ist das wirklich nur eine Theorie? Ich dachte, das sei bewiesen? Woher wissen wir, wie schwer die Erde ist? Wie wiegt man überhaupt einen Planeten? Wie funktioniert die Schwerkraft, und warum haben die meisten Menschen die Relativitätstheorie und die Quantenphysik immer noch nicht verstanden, obwohl beide schon über hundert Jahre alt sind? Wann landen wir endlich auf dem Mars? Mit genau solchen Themen werde ich mich in diesem Buch befassen. Ich werde (fast) alles so einfach wie möglich erklären. Dabei stelle ich auch die Persönlichkeiten und die verrückten Geschichten hinter den größten Entdeckungen der Wissenschaftsgeschichte vor. Von Archimedes bis Albert Einstein, von Galilei über Newton bis hin zu Schrödingers Katze. Ich hoffe, dieses Buch begeistert, vergnügt und informiert, immer mit einer Prise Humor und einem Quäntchen »Ach so!« im Gepäck. Jetzt nicht noch mehr Zeit verschwenden: Machen wir uns dran!

Niklas Kolorz, Mai 2022

KAPITEL 1

AUF EINMAL IST DA EIN UNIVERSUM

Ganz am Anfang war alles, was es gibt, ganz nah beieinander. Ihr, ich, der Eiffelturm und der Planet Jupiter, zusammengepfercht auf einem Fleck, der kleiner ist als ein Stecknadelkopf. Schwer vorstellbar, ich weiß. Und trotzdem ist es so. Alles, wirklich alles, was wir heute im Universum sehen können, hat mal auf einem unendlich dichten, unendlich kleinen Punkt existiert.[1] So etwas nennt man »Singularität«. Dabei waren die Objekte selbst natürlich nicht im Ganzen dort zusammengequetscht, sondern das Material, aus dem sie bestehen. Erst war alles so eng und heiß, dass selbst die fundamentalen Kräfte, die unsere Welt bestimmen, in einer einzigen, universellen Kraft zusammengeschmolzen waren.

Heute ist der Kosmos, den wir bewohnen, ein kleines bisschen größer als damals. Das beobachtbare Universum, wie es in der Kosmologie genannt wird, misst mindestens 90 Milliarden Lichtjahre im Durchmesser. Ein Lichtjahr ist dabei keine Zeit-, sondern eine Entfernungsangabe. Es bezeichnet die Distanz, die Licht in einem Jahr zurücklegt, schlappe 9,46 Billionen Kilometer, also etwa 30 000 Mal von der Sonne zur Erde und zurück. Diese Entfernung multipliziert mit 90 Milliarden, und wir haben den Durchmesser des beobachtbaren Universums.

Keine Angst, wir müssen gar nicht so tun, als ob wir uns das vorstellen könnten. Das ist nicht klausurrelevant. Und außerdem komplett unmöglich. Weder die unendlich kleine Singularität, mit der alles begann, noch die gigantischen Maßstäbe des beobachtbaren Universums – es geht nicht. Aber warum überhaupt »beobachtbares« Universum? Gibt es auch ein »unbeobachtbares« Universum? Und falls ja, wie groß ist das dann bitte? Die gute Nachricht: Ja, das gibt es! Die schlechte: Wir haben keine Ahnung, wie groß es ist. Es könnte noch ein bisschen größer sein als das, was wir beobachten können. Tatsächlich könnte es sogar unendlich groß sein.[2] Und Unendlichkeit ist ein Problem. Zumindest für unsere Vorstellungskraft. Ein Beispiel: Die Zahl Pi ist unendlich. Das heißt, irgendwo in Pi steht der komplette Inhalt dieses Buches, Absatz für Absatz, Wort für Wort, in Binärcode geschrieben. Nicht nur das: Zahlenkombinationen, die aus bis zu fünf Ziffern bestehen, sind zu 100 Prozent unter den ersten 100 Millionen Nachkommastellen zu finden.[3] Mein Geburtstag steht an Position 151 313 627, der meines Sohnes an der 41 449 222sten Stelle. Unendlich bedeutet: allumfassend. Und wenn das Universum unendlich ist, dann gibt es da draußen unendlich viele Sterne mit unendlich vielen Planeten und unendlich vielen Lebewesen. Unendlich viele dieser Planeten sind auch exakt so wie unsere Erde, bewohnt von unendlich vielen Versionen der Menschheit. Vielleicht kann sich eine davon ja sogar die Unendlichkeit vorstellen, obwohl ich mir das beim besten Willen nicht vorstellen kann (und ihr euch sicher auch nicht).

Aber wenn alles, was früher auf einem Punkt lag, heute so unglaublich riesige Ausmaße angenommen hat, heißt das auch, dass sich das Universum irgendwann mal ausgedehnt haben muss. Diese sogenannte kosmische (oder kosmologische) Inflation – sprich: die erste Ausdehnung des Universums – soll sehr früh nach der Geburt unseres Weltalls stattgefunden und sich wahnsinnig schnell abgespielt haben. Dabei hat sich unser Kosmos um das 10^{26}-Fache vergrößert.[4] Ausgeschrieben ist das eine 1 mit 26 Nullen:

100 000 000 000 000 000 000 000 000

Eine »eingängige« Zahl, auch bekannt als 100 Quadrillionen. Um sich auf das 100-Quadrillionenfache auszudehnen, brauchte unser Universum allerdings lediglich den Bruchteil einer Sekunde. Genauer gesagt dauerte die kosmische Inflation nur

0,000000000000000000000000000000000001

Sekunden. Das sind 35 Nullen nach dem Komma, oder ein Billionstel vom Billionstel vom Billionstel einer Sekunde nach dem Urknall.[5] Das nenne ich mal eine vorbildliche Beschleunigung!

Aber wo genau im Universum fand dieser Urknall eigentlich statt? Wenn alles mal mit einer großen »Explosion« begonnen hat, dann müsste es doch einen Ort geben, an dem wir irgendwelche Überreste finden könnten, irgendwelche Indizien für den Anfang des Kosmos, oder? Der Wunsch, den Ort des Geschehens zu kennen, ist verständlich, ergibt jedoch keinen Sinn. Denn der Urknall fand überall gleichzeitig statt. Leider ruft das Wort »Urknall« sofort Bilder in unserem Kopf hervor, die dem wahren Ereignis nicht ganz gerecht werden. »Urausdehnung« wäre vielleicht die bessere Bezeichnung.[6] Ein Knall ist eine Explosion, und eine Explosion findet an einem Ort im Raum statt und breitet sich dann aus. Da der komplette, heute unvorstellbar riesige Raum, in dem sich sämtliche Materie befindet, zuvor auf einem unendlich kleinen Punkt lag und sich dann plötzlich schnell ausdehnte, gibt es natürlich keine Koordinaten, zu denen man hinfliegen könnte, um ein Schild aufzustellen, auf dem »Schauplatz des Urknalls« steht. Denn der Urknall ist der Anfangspunkt der Entstehung von Materie, Raum und Zeit. Wie gesagt: Er fand überall statt.

Für Wissenschaftlerinnen und Astronomen ist es nach wie vor nicht ganz unkompliziert, diese Zeit kurz nach dem Urknall zu erforschen. Sie müssen Theorien und Thesen aufstellen und diese dann belegen, doch gerade für die Anfangszeit des Universums ist das kaum möglich – und das, obwohl wir Zeitmaschinen haben, die sehr gut funktionieren. Die Zeitmaschinen der modernen Wissenschaft sind die Teleskope. Streng genommen sind sogar unsere Augen kleine Zeitmaschinen. Denn jedes Mal, wenn wir irgendwo hinschauen, schauen wir in die Vergangenheit. Das liegt daran, dass Licht eine Weile braucht, um gewisse Distanzen zurückzulegen. Stellen wir uns einen Baum vor, der einen Meter von uns entfernt steht. Wir können ihn wahrnehmen, weil Licht von der Sonne auf ihn trifft, von seiner Oberfläche reflektiert wird und dann auf unsere Netzhäute trifft. Die Distanz vom Baum zu unserem Auge überbrückt das Licht in 3,335641 Nanosekunden. Das heißt: Egal, wohin wir gucken, wir sehen die Dinge immer nur so, wie sie in der Vergangenheit waren, so etwas wie das Hier und Jetzt gibt es aus einem subjektiven physikalischen Blickwinkel heraus überhaupt nicht. Natürlich hat das im Alltag auf der Erde so gut wie keine Bedeutung; dafür müssen wir die Skala vergrößern und unseren Blick zum Himmel richten. Damit wir zum Beispiel den Mond wahrnehmen können, muss das Licht, das von seiner Oberfläche reflektiert wird, eine Distanz von etwa 380 000 Kilometern zurücklegen. Für diese Strecke vom Mond bis ins Auge braucht das Licht etwa 1,3 Sekunden. Das heißt, wir sehen den Mond immer nur so, wie er vor etwas mehr als einer Sekunde ausgesehen hat. Die Sonne ist etwa 150 Millionen Kilometer entfernt, eine Distanz, die eine eigene Längenangabe darstellt: die »Astronomische Einheit«, abgekürzt AE. Licht braucht acht Minuten, bis es diese Distanz, also 1 AE, überbrückt hat. Würde die Sonne erlöschen, würden wir das also erst acht Minuten später bemerken.*

* Und wie wir das merken würden! Denn in dem Moment, wo das Licht ausgeht, würde auch ihre Schwerkraft aufhören, auf uns zu wirken. Da wir die Sonne mit etwas über 100 000 km/h umkreisen, würden wir mit derselben Geschwindigkeit ins Universum geschleudert. Wenn wir beim Weg raus aus dem Sonnensystem

Und so blicken wir jedes Mal, wenn wir die Sterne in unserem Nachthimmel angucken, Tausende, manchmal sogar Millionen oder Milliarden Jahre in die Vergangenheit. Das Licht dieser Sterne hat sich vor Äonen von Jahren auf den Weg gemacht. Manche Photonen begannen ihre Reise zur Erde, als auf unseren Kontinenten die Dinosaurier umherstreiften. Und nun, bei ihrer Ankunft auf der Erde, fallen sie direkt in die Linsen modernster Teleskope.

Deshalb können Astronomen und Physikerinnen mit ihren Instrumenten tief in die Vergangenheit des Weltalls blicken, fast bis zu dessen Geburt. Aber warum nur fast? Egal, wie gut die Teleskope sind, egal, wie weit sie gucken und wie viel Licht sie aufnehmen, irgendwann geraten sie an eine Grenze. Und die besteht darin, dass es in den ersten 300 000 Jahren nach Entstehung des Universums noch kein Licht gab, das man durch Teleskope sehen könnte. Die erste Ursuppe der Elementarteilchen war zu eng und zu heiß, die ersten Atome konnten sich erst lange nach dem Urknall formen, und erst dann gab es das erste Licht.

ES WERDE LICHT!

Ungefähr 300 000 Jahre vergingen nach dem Urknall, bis endlich mal jemand auf den Lichtschalter drückte. Davor gab es kein Licht im Universum, der Kosmos war undurchsichtig. Das liegt daran, dass bis zu diesem Zeitpunkt Licht physikalisch nicht existieren konnte. Vorher mussten sich die fundamentalen Kräfte entwickeln sowie die ersten Elementarteilchen und Antimaterie. Erst als etwa 250 000 bis 300 000 Jahre nach dem Urknall das

nicht mit irgendeinem Asteroiden oder anderen Planeten zusammenstoßen, würde unsere kleine blaue Kugel ewig durch den Kosmos gleiten. Der ultimative Homerun.

Universum auf etwa 3000 Grad abgekühlt war, konnten die ersten Atome entstehen, und das Universum wurde durchsichtig.[7] Nun konnte Licht freigesetzt werden, das wir heute als Radiowellen messen können.

Aber wie kommt man auf so eine Theorie? Woher wissen wir, dass das alles so abgelaufen ist, und wer hat das bitte herausgefunden? Tatsächlich ist die Entdeckung des ersten Lichts wohl einer der unglaublichsten Zufälle der Wissenschaftsgeschichte.

Bis ins 20. Jahrhundert waren Schöpfungsgeschichten eigentlich nur gutes Material für religiöse Texte, nicht aber für die Wissenschaft. Zwar zerbrachen sich Forschende schon lange den Kopf darüber, wo Sterne, Planeten und Menschen ihren Ursprung genommen hatten, doch handfeste Indizien oder eine wissenschaftliche Methodik zur Überprüfung der Theorien hatte niemand. Der erste Mensch, der eine akkurate Theorie aufstellte, wie die ersten Stunden des Universums abgelaufen sein könnten, war ein katholischer Priester. Der Belgier Georges Lemaître, geboren im Jahr 1894, studierte Mathematik und Physik und verfasste 1927 einen wissenschaftlichen Artikel mit dem einprägsamen Titel *Ein homogenes Universum mit konstanter Masse und wachsendem Radius erklärt die Radialgeschwindigkeit der extragalaktischen Nebel*.[8] Lemaître postulierte darin, dass es eine Art Uratom gegeben haben müsse, auf welches alle Materie im Universum zurückgehe. Seiner Überzeugung nach leben wir in einem expandierenden Universum, sprich: Sterne, Planeten, Galaxien, alles entfernt sich voneinander. Zu Lemaîtres Zeit eine radikale Idee, da man bis dahin davon ausgegangen war, unser Universum sei sehr stabil und alles bleibe mehr oder weniger an Ort und Stelle. Aber wenn sich, wie der Belgier konstatierte, aktuell alles voneinander wegbewegt, dann müsste all das ursprünglich mal ganz eng beisammen gewesen sein.

Diese These präsentierte Lemaître auf einer Tagung unter anderem niemand Geringerem als Albert Einstein. Da seine Berechnungen auf einigen Formeln beruhten, die Einstein selbst aufgestellt hatte, muss das für Lemaître ein wahnsinnig aufregender Moment gewesen sein. Doch Einsteins erste Reaktion war ziemlich enttäuschend. »Ihre Berechnungen sind zwar mathematisch richtig, aber Ihre Physik ist schrecklich«,[9] entgegnete er ihm damals angeblich. Nicht nur Einstein war zunächst überhaupt kein Fan von Lemaîtres Annahmen; sie stießen insgesamt auf wenig Zustimmung in der Welt der Wissenschaft. Ihren heutigen Namen *The Big Bang Theory* (Urknalltheorie) verdankt sie lustigerweise einem ihrer größten Kritiker, Sir Fred Hoyle, der den Begriff in einer Rede als sarkastischen, abwertenden Kommentar fallen ließ.[10]

Hoyle, ebenfalls Astronom und Mathematiker, war Vertreter einer Gegentheorie zu der, wie er fand, »albernen« Urknall-These von Lemaître. Hoyles *Steady State Theory* (Gleichgewichtstheorie) besagt, dass das Universum mehr oder weniger schon immer so war, wie es heute ist.

Zwei Theorien, eine Frage: Wer hat recht? Eine gute Theorie ermöglicht präzise Vorhersagen über die Zukunft, und wenn sich das Universum, wie Lemaître behauptete, tatsächlich ausdehnt, dann sollte man das doch auch irgendwie beobachten können. In der Tat dauerte es von Lemaîtres bahnbrechender Veröffentlichung nur noch zwei Jahre, bis der amerikanische Astronom Edwin Hubble die Bühne der wissenschaftlichen Schöpfungsgeschichte betrat. Zuvor revolutionierte er aber mal eben unser Verständnis von der Größe des Universums.

DER ÜBERFLIEGER MIT DEM GALAKTISCHEN DURCHBLICK

Edwin Hubble gilt heute nicht nur als einer der bedeutendsten Köpfe in der Geschichte der Astronomie und Kosmologie, er war auch eine durch und durch faszinierende Persönlichkeit. Alles, was er anfasste, wurde scheinbar, manchmal sogar buchstäblich, zu Gold. Na ja, zumindest zu Goldmedaillen. Mit 17 Jahren wurde er an seiner Highschool sieben Mal Erster im Langstreckenlauf, stellte einen Rekord im Hochsprung auf[11] und war noch dazu ein talentierter Base-, Foot- und Basketballer.[12] Sein Jurastudium absolvierte er in Oxford, wo er nicht nur seinen Abschluss erhielt, sondern auch seinen amerikanischen Akzent ablegte, um sich einen britischen anzueignen, den er für den Rest seines Lebens beibehielt. Ein bisschen peinlich, wie ich finde, zumal Hubble danach wieder die meiste Zeit in den USA lebte, wo ja eigentlich alle wussten, dass er kein Brite war. Seine Karriere als Jurist schmiss er später hin und erwarb in Chicago einen Doktortitel im Bereich der Astronomie. Schließlich wurde er 1919 am Mount-Wilson-Observatorium in Kalifornien angestellt. Das Timing war gut, zwei Jahre zuvor hatte man dort nämlich das größte Teleskop aller Zeiten fertiggestellt, finanziert vom Geschäftsmann John D. Hooker. Am 1. Juli 1917 war das Herzstück des neuen Geräts am Observatorium eingetroffen: der Spiegel. Er maß über 250 Zentimeter im Durchmesser, war 30 Zentimeter dick und mehr als 4000 Kilogramm schwer – eine ganz schöne Leistung, dieses hochsensible Teil in einem Stück anzuliefern. Der betreffende Lastwagen bewegte sich während des Transports mit einer Durchschnittsgeschwindigkeit von sage und schreibe 1 km/h und wurde von einer Entourage von 200 Männern begleitet (unter anderem, weil ein anonymer Anrufer damit gedroht hatte, den Spiegel während des Transports in die Luft zu sprengen).[13]

Nun zu Hubbles großer Entdeckung: Anfang des 20. Jahrhunderts stritten sich Astronomen über merkwürdige Objekte am Nachthimmel. Es waren matschige, verschwommene Flecken, genannt Spiralnebel, die sich keinem bekannten Objekt dort oben so richtig zuordnen ließen. Der Streit spaltete die Wissenschaft in zwei Lager: Die eine Hälfte behauptete, die Milchstraße sei fast so groß wie das ganze Universum, und die Spiralnebel seien Gaswolken innerhalb unserer Galaxie. Die andere Hälfte glaubte, die Milchstraße sei nur ein winziger Teil des Universums, und bei den Spiralnebeln handele es sich um »Insel-Universen«, weit entfernte Ansammlungen von Sternen. Witzigerweise hatten beide Gruppen recht, wie wir inzwischen wissen: Bei einigen der bekannten Spiralnebel handelt es sich um Gaswolken, andere sind tatsächlich kleine »Insel-Universen«, die wir heute als Galaxien bezeichnen. Wer selbst mal einen solchen Spiralnebel mit bloßem Auge sehen möchte, der kann in einer klaren Herbstnacht in Deutschland seinen Blick auf einen kleinen Fleck zwischen dem Sternbild Kassiopeia, also dem großen W, und dem Sternbild Andromeda richten. Dort müsste er fündig werden. Doch selbst durch die Vergrößerung eines Hobbyteleskops wirkt dieser »Spiralnebel« fürchterlich unspektakulär (als ich ihn das erste Mal sah, hielt ich ihn zunächst für Dreck auf der Linse, weshalb aus mir vermutlich kein guter Astronom geworden wäre).

Genau auf diesen unscheinbaren Fleck richtete Edwin Hubble das neue, riesige Hooker-Teleskop des Mount-Wilson-Observatoriums. Und siehe da, dank der immensen Vergrößerung des 100 Zoll großen Spiegels entdeckte er Sterne innerhalb dieses Nebels. Es war also keine Gaswolke, sondern eher ein eigenes »Insel-Universum«. Nur, wie weit war das alles entfernt? Lag der Spiralnebel innerhalb unserer Milchstraße? Oder außerhalb? Hubble beobachtete den Fleck weiter, bis er eine besondere Art von Sternen darin fand: sogenannte Cepheiden-Sterne.

Cepheiden schwanken in ihrer Helligkeit, ihr Licht pulsiert

in einem streng periodischen Rhythmus. Diesen Umstand hatte sich eine Astronomin namens Henrietta Swan Leavitt zunutze gemacht: In den frühen 1900er-Jahren entwickelte sie ein Verfahren, mit dessen Hilfe man die genaue Entfernung solcher Cepheiden-Sterne von der Erde bestimmen kann.[14] Damals war es Frauen allerdings noch streng verboten, selbst Teleskope zu bedienen. Stattdessen arbeiteten viele von ihnen als *Computer*, als menschliche Rechenautomaten. Zum Beispiel am Harvard-College-Observatorium katalogisierten sie Sterne, bestimmten deren Helligkeit und stellten mühsame mathematische Berechnungen an, für die die Herren der Astronomie schlichtweg zu faul waren. Bei dieser Arbeit hatte Henrietta Leavitt 1912 die periodischen Leuchtmuster der Cepheiden-Sterne entdeckt. Diese Errungenschaft ist nicht zu unterschätzen, denn ohne sie hätten Edwin Hubble und eine Menge anderer männlicher Astronomen, die wir heute feiern und verehren, ihre Forschungen niemals vorantreiben können.

Unter Anwendung des Verfahrens von Henrietta Leavitt und mithilfe des weltgrößten Teleskops stellte Hubble nun also fest, dass es sich bei dem Spiralnebel im Sternbild Andromeda, unserem matschigen, unscheinbaren Fleck, um eine andere Galaxie handelte: die Andromeda-Galaxie.[15] Seinen ersten Berechnungen zufolge war sie etwa 900 000 Lichtjahre entfernt.[16] Auch wenn er damit etwas danebenlag (die wahre Entfernung beträgt etwa 2,5 Millionen Lichtjahre), hatte sich mit dieser Entdeckung die Vorstellung von der Größe des Universums dramatisch verändert. Um das einmal ins Verhältnis zu setzen: Hätte die Wissenschaft vor Hubble gedacht, das Universum wäre so groß wie ein Fußball, dann wüssten wir seit Hubble, dass es mindestens so groß ist wie unser Heimatplanet, die Erde. Wahrscheinlich aber noch viel größer.

DAS UNIVERSUM ALS ROTLICHTMILIEU

Doch die entscheidende Entdeckung von Hubble, die die Urknalltheorie des belgischen Astronomen Georges Lemaître stützen sollte, war die Rotverschiebung bei Galaxien. Um zu verstehen, was das ist, müssen wir uns das Farbspektrum vor Augen führen.

Jede Farbe im sichtbaren Teil des elektromagnetischen Spektrums kann man durch Wellenlängen ausdrücken. Die kürzesten Wellen nehmen wir als violett und blau wahr, längere Wellen als orange oder rot. Hubble beobachtete, dass sich das Licht der Galaxien, die er untersuchte, im sichtbaren Spektrum immer weiter in den roten Bereich verschob, je weiter sie entfernt waren.[17] Damit hatte er den Dopplereffekt bei Galaxien festgestellt. Diesen Effekt kennen wir alle aus dem Alltag: Wenn ein Polizei- oder Feuerwehrauto mit eingeschaltetem Martinshorn auf uns zukommt, wird die Sirene immer schriller, ihr Ton immer höher. Sobald das Auto an uns vorbei ist, ändert sich die Tonhöhe

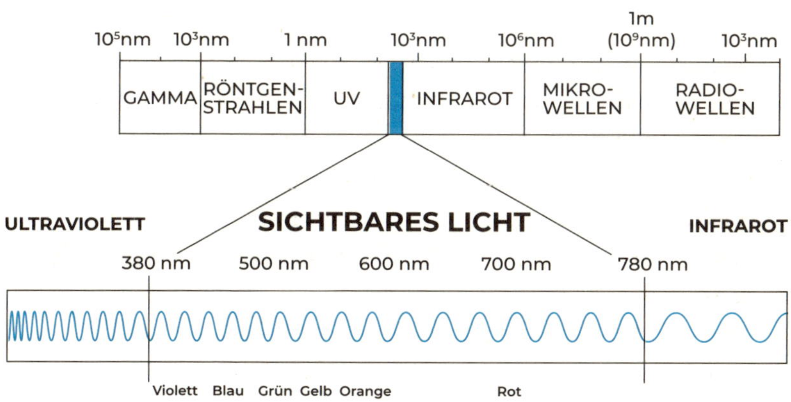

Abbildung 1.1:
Farbspektrum mit Wellenlängenangaben

scheinbar, und der Klang der Sirene wird immer tiefer, je weiter sie sich von uns entfernt. Das kommt dadurch zustande, dass die Schallwellen, die das Fahrzeug entsendet, sich aufstauen, während es auf uns zufährt. Wenn es an uns vorbeigefahren ist, werden die Wellen immer länger und, für uns hörbar, immer tiefer.

Genau diesen Effekt konnte Hubble nun bei Galaxien beobachten, allerdings nicht bezogen auf Tonhöhe, sondern auf Farben. Ihr Farbspektrum verschob sich zunehmend in den roten Bereich, ihre Wellen wurden also länger. Doch was bedeutet es, dass die Galaxien immer röter werden, je länger man sie anschaut? Sind sie vielleicht peinlich berührt?

Nicht ganz. Die Galaxien werden immer röter, weil sie sich, genau wie das Feuerwehrauto, von uns entfernen. Alle Galaxien, die Hubble durch sein Teleskop beobachtete, bewegten sich also von ihm weg. Und das heißt? Das Universum dehnt sich aus! Genau wie Lemaître es vorhergesagt hatte!

Aber … was genau heißt das? Nun, erst mal lässt sich daraus ableiten, dass unser Universum nicht statisch ist, wie viele Expertinnen und Wissenschaftler, unter anderem auch Fred Hoyle, zu Lemaîtres Zeiten noch glaubten. Im Gegenteil, es ist hochdynamisch. Dabei bewegen sich die Galaxien, die am weitesten von uns entfernt sind, am schnellsten von uns weg. Ein wichtiges Detail ist hier aber, dass sich die Galaxien nicht *durch das* Weltall bewegen, sondern *mit dem* Weltall.

Stellen wir uns einmal vor, das Universum wäre ein Rosinenbrot. Der Hefeteig ist der Weltraum, in dem sich die Galaxien befinden, in unserem Beispiel die Rosinen. Wenn man ein Brot bäckt, geht der Teig auf, dehnt sich also aus. Dabei wird die Entfernung zwischen den Rosinen immer größer, obwohl sie sich nicht selbst durch den Teig und voneinander wegbewegen. Sondern: Dadurch, dass das Brot sich ausdehnt, wird auch die Entfernung zwischen den Rosinen immer größer. Genau das passiert auch im Universum, was erst durch die Arbeit von Hubble so

Abbildung 1.2:
Der Dopplereffekt

richtig klar wurde: Alle Galaxien bewegen sich von uns weg.* Und je weiter eine Galaxie von uns entfernt ist, desto schneller bewegt sie sich anscheinend. Wobei sich die Galaxien nicht selbst bewegen, sondern der Raum zwischen ihnen dehnt sich aus, wie beim Rosinenbrot, das im Ofen aufgeht. So weit verstanden?

Hubbles Entdeckung wurde schnell mit Lemaîtres Urknalltheorie verheiratet, weshalb man das Gesetz der Rotverschiebung auch manchmal das Hubble-Lemaître-Gesetz nennt: Galaxien entfernen sich von der Erde mit Geschwindigkeiten, die proportional zu ihrer Entfernung zur Erde sind.

* Na ja, fast alle Galaxien. Die einzige, die sich nicht von uns wegbewegt, ist die Andromeda-Galaxie. Wir sind ihr so nah, und dadurch ist die Anziehungskraft zwischen ihr und unserer Milchstraße so stark, dass die beiden in etwa 4,5 Milliarden Jahren miteinander kollidieren *könnten*. Fun Fact: Vermutlich wird kein einziger Stern je mit einem anderen tatsächlich kollidieren. Da die Abstände zwischen ihnen so riesig sind, ist es extrem unwahrscheinlich, dass auch nur zwei der Trillionen Sterne tatsächlich irgendwann aufeinandertreffen werden.

Der bisher weitgehend unbeachtete Artikel des Belgiers mit dem endlos langen Titel wurde 1931, also vier Jahre nachdem er ihn das erste Mal veröffentlicht hatte, für die *Monthly Notices of the Royal Astronomical Society* ins Englische übersetzt und fand schnell begeisterte Anhänger, zu denen sich sogar der anfangs noch kritische Albert Einstein gesellte. Mithilfe der Formeln, die Hubble mit seinem Gesetz aufgestellt hatte, konnte man nun die Geschwindigkeit bestimmen, mit der sich unser Kosmos ausdehnt. Festgehalten wird diese Rate in der Hubble-Konstante H_0. Da man nun diese Geschwindigkeit kannte, ließ sich zurückrechnen, vor wie langer Zeit sich mal alle Galaxien auf einem Punkt, also in der anfangs beschriebenen Singularität, befanden. Bingo! Lemaîtres »Uratom« war somit im Rennen, die Urknalltheorie wurde erstmals ernst genommen. Auch wenn sich Kosmologen und Astronominnen heute wieder streiten, wie alt das Universum tatsächlich ist und ob die ursprünglich berechnete Hubble-Konstante doch einen anderen Wert hat,[18] war die wissenschaftliche Sensation damals perfekt: Das Universum hatte endlich einen Anfang.

EINE NEUE IDEE AUF DEM PRÜFSTAND

Bis in der Wissenschaft eine Revolution unseres Weltbilds akzeptiert und ein altes verabschiedet wird, dauert es oft eine ganze Weile. Nur weil Lemaître und Hubble scheinbar den Urknall entdeckt hatten, bedeutete das noch nicht, dass die Schulbücher gleich neu geschrieben wurden. So einfach funktioniert Wissenschaft nicht. Zum Glück! Gerade wenn es darum geht, eine bahnbrechende neue Weltanschauung zu etablieren, braucht es mehr als nur einen Artikel und ein paar fancy Formeln.

Die Wissenschaft spaltete sich mal wieder in zwei Lager (was sie sehr häufig tut): Die Verfechter der Urknalltheorie rund um Hubble und Lemaître auf der einen, die überzeugten Astronomen der *Steady State Theory* von Fred Hoyle auf der anderen Seite. Wie in einem Boxkampf versuchten die Wissenschaftler, Schwachstellen in der Theorie des Gegners zu finden und gleichzeitig neue Belege zu sammeln. Doch es dauerte noch einige Jahrzehnte, bis eins der beiden Teams per Knock-out den Kampf gewann.

Zunächst stellte ein in Russland geborener amerikanischer Physiker namens George Gamow im Jahr 1940 mit seinen Kollegen an der George Washington University erstmals Berechnungen an, die zum Urknallmodell passten.[19] Die Idee war simpel: Wenn wirklich alles im Universum ursprünglich eng beieinander war, dann sollte man das bis in die Gegenwart irgendwie messen können. Noch präziser fassten Ralph Alpher und Robert Herman den Gedanken acht Jahre später. Sie behaupteten, dass es eine Art kosmischer Reststrahlung geben müsse: Licht, mittlerweile so alt, dass man es nur noch als Mikrowellen messen könne.[20] Diese Strahlung sollte sich ihnen zufolge überall im Universum nachweisen lassen. Auch auf der Erde. Doch wieder mal ließ die Wissenschaft eine wichtige Theorie zunächst unbeachtet. Hermans und Alphers Berechnungen gerieten fast in Vergessenheit, bis sich in den 1960er-Jahren einer der wahnwitzigsten Zufälle der Wissenschaftsgeschichte ereignete.

WAS DER ANFANG VON ALLEM MIT TAUBENSCHEISSE ZU TUN HAT

Als irgendwann im Jahr 1965 das Telefon in der Princeton University klingelte und Robert Dicke den Hörer abnahm und erfuhr, worum es ging, muss er ein mehr als verblüfftes Gesicht gemacht haben. Der Astrophysiker leitete zu jener Zeit ein

Team aus Wissenschaftlern, die die Urknalltheorie erforschten. Sie waren auf der Suche nach dem ersten Licht des Universums – Alphers und Hermans kosmischer Reststrahlung –, wofür sie eigens einen Mikrowellendetektor entwickelt hatten. In diese Arbeit waren sie bereits einige Jahre – bisher vergeblich – vertieft, als plötzlich das Telefon klingelte. Am Apparat waren Robert Wilson und Arno Penzias, zwei Physiker, die – nur fünfzig Kilometer Luftlinie von Dicke und seinen Kollegen entfernt – seit geraumer Zeit mithilfe einer riesigen Antenne versuchten, Radiowellen von der Milchstraße zu messen. Die Anrufer standen vor einem anscheinend unlösbaren Problem. Ihr Messgerät, die Holmdel-Horn-Antenne, war 15 Meter breit und bestand aus Aluminium, und sie hatte Penzias und Wilson bereits unzählige schlaflose Nächte bereitet, denn sie spuckte Werte aus, die schlichtweg keinen Sinn ergaben. Ein nerviges Hintergrundrauschen überdeckte alles, und zwar zu jeder Tages- und Nachtzeit.[21] Das Rauschen kam aus allen Himmelsrichtungen gleichzeitig und verhinderte, dass Penzias und Wilson mit ihrer Arbeit vorankamen. Sie hatten keine Kosten und Mühen gescheut, um den Fehler zu finden. So hatten sie die riesige Antenne mithilfe eines Helikopters neu ausgerichtet, und als sich im Winter ein Taubenpaar im warmen Antennengehäuse niedergelassen hatte, fuhren die beiden studierten Radioastronomen scharfe Geschütze auf und fingen die ungebetenen Gäste ein. Doch selbst als das komplette Gerät von Taubenkacke und anderem Dreck befreit war, blieb das Störgeräusch so stark wie eh und je.

In ihrer Ratlosigkeit riefen sie also in Princeton an, wo Robert Dicke gerade zufälligerweise mit seinem Team in einem Meeting saß. Nachdem Dicke das Gespräch beendet hatte, schaute er in die Runde und sprach den legendären Satz: *Well, boys, we've been scooped.*[22] Jungs, sie sind uns zuvorgekommen.

Denn Penzias und Wilson hatten tatsächlich die legendäre

kosmische Hintergrundstrahlung gefunden, die Gamow, Alpher und Herman in den 1940er-Jahren vorhergesagt hatten. Und das, obwohl sie von dieser Theorie noch nie gehört hatten! In einem späteren Vortrag erwähnte Robert Wilson sogar, er habe in seiner Jugend die Bücher von George Gamow gelesen, doch auf kosmische Hintergrundstrahlung sei er dabei nicht gestoßen.[23]

OB GLÜCK ODER ZUFALL, HAUPTSACHE NOBELPREIS

Im Juli 1965 erschienen im *Astrophysical Journal* zwei Artikel, die den Sack, den Lemaître, Hubble, Gamow, Herman und Alpher geöffnet hatten, endlich zumachten. In dem einen beschrieben Arno Penzias und Robert Wilson, welche Messungen sie mit der Holmdel-Horn-Antenne vorgenommen hatten. Der andere Artikel, verfasst von Robert Dicke und Kollegen, erklärte, was genau die beiden Glückspilze da eigentlich entdeckt hatten. Damit war die *Steady State Theory* vom Tisch, auch wenn ihr stärkster Verfechter, Fred Hoyle, das nie akzeptierte.[24]

Penzias und Wilson erhielten für ihre Entdeckung 1978 den Physiknobelpreis. Dicke, Lemaître und Hubble gingen leer aus. Das Leben, ganz besonders das Leben in der Wissenschaft, kann manchmal verdammt ungerecht sein.

Die Urknalltheorie hat es wahnsinnig schnell, in nur knapp 30 Jahren, bis zur Akzeptanz geschafft. Ihr Urgroßvater George Lemaître erfuhr von der Entdeckung der kosmischen Hintergrundstrahlung, also der Bestätigung seiner Theorie, im Jahr 1965. Ein Jahr später starb er. Nur wenige der Menschen, die in diesem Buch erwähnt werden, konnten erleben, wie ihre Theorien mit den notwendigen Belegen und Entdeckungen untermauert wurden. Doch die Geschichte von (fast) allem nimmt gerade erst ihren Anfang.

KAPITEL 2

SONNE, MOND UND LÜGEN

Wenn die Sonne untergeht und sich der Himmel verfärbt, von Orangerot über Violett bis hin zu Nachtschwarz, können wir einen Blick ins Universum erhaschen. Tausende funkelnde Lichter tanzen übers Firmament, ein Mond zieht in sich stetig verändernder Form über den Himmel, und wenn man weiß, wohin man schauen muss, entdeckt man sogar Planeten, Kometen und, mit viel Glück, Supernovae – Sternenexplosionen. Die Wissenschaft, die versucht, den (Nacht-)Himmel zu verstehen, nennen wir heute Astronomie. Sie gilt als die älteste Wissenschaftsdisziplin überhaupt. Die Regelmäßigkeit der Himmelsbewegungen zu entziffern, war für frühe Zivilisationen ein wichtiger Schlüssel, um das Überleben ihrer Gemeinschaft zu sichern. Wann werden die Tage wieder länger? Bis wann können wir welche Pflanzen anbauen, und wann sollten wir fasten? Und natürlich waren Menschen auch schon immer daran interessiert, herauszufinden, was genau Sterne und Planeten eigentlich sind. Für die Griechen verkörperten die Gestirne in der Antike Götter, über die man jedoch nicht so einfach fachsimpeln durfte. So wurden Himmelskörper zu unantastbaren, heiligen Erscheinungen und Kometen als Unheilbringer gefürchtet. Andererseits wurden Sternbilder aber auch zur Navigation auf hoher See genutzt.

Während unsere Vorfahren bei klarer Nacht noch einen atemberaubenden Blick in den Himmel hatten, egal, wo sie waren, kann heute kaum jemand, der in Deutschland lebt, den Sternenhimmel noch in seiner vollen Pracht bestaunen. 99 Prozent der Bevölkerung Europas leben an Orten, in denen man die Milchstraße mit bloßem Auge nicht mehr erkennen kann.[1] Viele können demnach auch nicht die Venus von Saturn oder Jupiter unterscheiden. Der Grund dafür? Lichtverschmutzung. Klingt erst mal komisch, ist aber ein echtes Problem. Große Städte sind nachts so hell erleuchtet, dass sich über ihnen eine riesige Lichtkuppel bildet, die auch auf den Himmel oder die Wolken abstrahlt. Abgesehen davon, dass man dadurch den Sternenhimmel nicht mehr so gut sehen kann, verursacht Lichtverschmutzung Schlaflosigkeit beim Menschen, sie stört die Orientierung nachtaktiver Vögel, die Futter- und Partnersuche von Insekten, den Wachstumszyklus von Pflanzen und, und, und.[2] Um das zu ändern, gibt es mittlerweile einige Lichtschutzgebiete wie die Sternenparks im Nationalpark Eifel und im brandenburgischen Westhavelland oder den Naturpark Terra.vita nördlich des Teutoburger Waldes.[3]

Wir Menschen glauben zwar gerne mal, wir seien die einzigen Lebewesen, die sich so intensiv mit den leuchtenden Punkten am Himmel beschäftigen, doch die Wahrheit sieht anders aus. Auch im Tierreich gibt es ausgewiesene Astronomie-Experten. So synchronisiert der Palolowurm sein Fortpflanzungsverhalten mithilfe der Mondphasen.[4] Jedes Jahr trifft sich der ganze Schwarm zur selben Zeit, und zwar im letzten Mondviertel nach Frühlingsanfang. Seehunde können sogar einzelne Sterne unterscheiden und zur Navigation nutzen. In einem Experiment dänischer und deutscher Forschender wurde über einem Becken mit zwei Robben ein kleines Planetarium aufgebaut. Schnell lernten die Tiere, unter unzähligen funkelnden Sternen immer wieder denselben zu erkennen und ihm zu folgen.[5]

So ist es kein Wunder, dass auch menschliche Kulturen schon extrem früh anfingen, Sonne, Mond und Sterne auf ihre Regelmäßigkeiten hin zu untersuchen. Die Mayas nutzten ihr Wissen über die Bewegung der Himmelskörper, um im *Haab*-Kalender ein Jahr in 365 Tage zu unterteilen, und das bereits mindestens 500 Jahre vor unserer Zeitrechnung. Noch weiter zurück datieren die Venus-Tafeln des babylonischen Königs Ammisaduqa, der vor etwa 4000 Jahren das Auf- und Untergehen unseres Nachbarplaneten über 21 Jahre hinweg genauestens dokumentieren ließ.[6] Und auch Deutschland scheint eine gute Heimat für frühgeschichtliche Astronominnen und Astronomen gewesen zu sein: Bei Goseck an der Saale entdeckte man 1991 eine Kreisgrabenanlage, die vor etwa 7000 Jahren errichtet wurde und als das älteste Sonnenobservatorium der Welt gilt.[7] In der 71 Meter großen Anlage wurden Palisaden im Kreis aufgestellt, mit Lücken an den Stellen, wo die Sonne zur Zeit von Winter- und Sommersonnenwende jeweils bei Auf- und Untergang steht. So markierte man die kürzesten und längsten Tage des Jahres, und das vor vielen Tausenden von Jahren. Die wohl älteste astronomische Entdeckung führt uns sogar unfassbare 30 000 Jahre zurück in die Vergangenheit: 1910 wurde in der französischen Ausgrabungsstätte Abri Blanchard ein Adlerknochen gefunden, auf dem Steinzeitmenschen eine Mondphase dokumentiert hatten.[8] Doch die vielleicht spannendste und filmreifste Story in der Geschichte astronomischer Fundstücke ereignete sich Ende der 1990er-Jahre in Sachsen-Anhalt.

DIE VERBOTENEN STERNE IM BODEN

Henry Westphal und Mario Renner waren Hobby-Schatzsucher. Ausgerüstet mit ihren Metalldetektoren, durchstreiften sie am 4. Juli 1999 den Ziegelrodaer Forst bei Nebra. Eigentlich hatten die zwei an diesem Sonntag nach Teupitz bei Berlin fahren wollen, eine Art Goldgrube für Metallsammler aller Art. Hier starben gegen Ende des Zweiten Weltkriegs etwa 60 000 Menschen in der Kesselschlacht bei Halbe. Wer sich nicht davor fürchtet, Knochen auszugraben, und auch ansonsten wenig Pietät und Anstand besitzt, kann hier jede Menge Nazischätze bergen. Abzeichen, Helme und Waffen, damit lässt sich auf dem Sammlermarkt ordentlich Knete machen. Dies war das Ziel von Henry Westphal und Mario Renner, doch es sollte anders kommen. Ihre Schädel dröhnten, da sie in der vergangenen Nacht einen über den Durst getrunken hatten. Sie wachten erst gegen Mittag auf und entschieden sich gegen die lange Fahrt nach Teupitz und für eine entspannte Entdeckungstour am Mittelberg, ganz in der Nähe ihres Heimatortes Röblingen.

Von diesem heißen Sommertag erwarteten die beiden nicht allzu viel. In der Regel findet man auf solchen Touren nämlich vor allem eines: massenhaft Schrott. Die Metallsonden blieben in den ersten Stunden ihrer Exkursion auch erst mal still. Kein Piepen, keine Entdeckung. Fast auf dem Gipfel des Mittelbergs angekommen, bemerkte Henry Westphal dann jedoch eine Art Plateau im Boden, das er genauer untersuchte. Und siehe da, der Detektor schlug lauthals Alarm, das Piepen auf seinen Kopfhörern dröhnte in seinen Ohrmuscheln, sein Puls stieg an. Er legte die Metallsonde mit Bedacht weg, zückte sein Feuerwehrbeil und begann, die Erde aufzulockern. Als Mario Renner registrierte, dass sein Kompagnon mit Hacken und Graben beschäftigt war, stoppte er seine eigene Suche und stieß zu ihm. Renner bemerkte, dass Westphal schon etwas mit seiner Hacke getroffen hatte, und rief: »Stopp! Da ist Gold!« Doch was auch immer Westphal mit der Axt freigelegt hatte, es wollte sich partout nicht von der Stelle bewegen. Etwas Rundes, Flaches war zwischen ein paar Steinen verkeilt, so fest, dass sie es mühsam und vorsichtig freigraben mussten. Drei Stunden dauerte es, bis sie das Ding endlich aus dem Boden ziehen konnten. Die Scheibe, die sie entdeckt hatten, war so stark verschmutzt, dass sie die Verzierungen darauf zunächst nicht erkennen konnten. Das Ding hatte eine Delle, vermutlich von einem Schlag mit dem Feuerwehrbeil. Die beiden Männer packten ihre Beute – neben der Scheibe fanden sie noch zwei Schwerter, einen Meißel und zwei Armringe – in

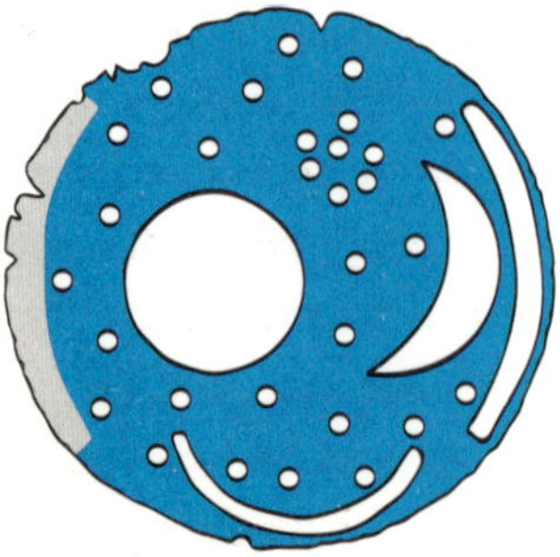

Abbildung 2.1:
Die Himmelsscheibe von Nebra

eine Plastiktüte, schütteten das Ausgrabungsloch zu und verteilten etwas Laub darauf. Euphorisiert von ihrem Fund, stiegen sie in ihren Trabi und fuhren nach Hause.[9]

Die Scheibe selbst misst 32 Zentimeter im Durchmesser und wiegt rund zwei Kilogramm. Sie wurde vor rund 4000 Jahren aus Bronze geschmiedet und mit goldenen Applikationen versehen. Sie zeigt das Abbild eines Nachthimmels: eine kreisrunde, goldene Sonne neben einem ebenfalls goldenen Sichelmond vor einem Netz aus goldenen Sternen (siehe Abbildung 2.1). Darunter ein Bogen, den man als Sonnenbarke verstehen könnte, also als ein Schiff, auf dem die Sonne über den Himmel fährt. Die Sterne zwischen Sonne und Mond interpretierte der Astronom Wolfhard Schlosser als den Sternenhaufen der Plejaden,[10] den man mit bloßem Auge im Sternbild Stier sehen kann. Doch noch interessanter ist der Sinn und Zweck des goldenen Bogens, der die Scheibe am rechten Rand ziert und bei dem es sich höchstwahrscheinlich um einen Horizontbogen handelt. Er ist ein klares Indiz dafür, dass wir es hier nicht nur mit einem netten Kunstwerk, sondern mit einem präzisen astronomischen Werkzeug zu tun haben.

Hält man die Scheibe horizontal vor sich (siehe Abbildung 2.2), kann man die bogenförmige Markierung am Rand nutzen, um den Sonnenaufgang zu untersuchen. Die Sonne geht im Verlauf eines Jahres nämlich immer früher und zunehmend nördlicher auf, bis sie am 21. Juni den Punkt der Sommersonnenwende erreicht. Genau dieser Tag ist mit dem unteren Ende des Horizontbogens markiert (Abbildung 2.2, links). Wenn die Sonne an diesem Punkt am Horizont aufgeht, werden die Tage fortan wieder kürzer, bis zur Wintersonnenwende am 21. Dezember, dem kürzesten Tag des Jahres. Die Position des Sonnenaufgangs an diesem Tag ist mit dem anderen Ende des Bogens markiert (Abbildung 2.2, rechts). Die Sonnenuntergänge konnte man ebenfalls untersuchen, dafür war ein weiterer goldener Horizontbogen auf der gegenüberliegenden Seite der Scheibe angebracht, der mittlerweile jedoch fehlt. Man erkennt noch schwach die Umrisse der Applikation, wo er einst befestigt war (Abbildung 2.1, linker Rand). Die Himmelsscheibe von Nebra diente also als Sonnenkalender. Mit ihr konnte man jederzeit feststellen, wie weit das Jahr vorangeschritten war, und mit diesem Wissen ließ sich bestimmen, wann man beispielsweise mit der nächsten Aussaat beginnen musste.

Steht man nun auf dem Mittelberg, der vor etwa 4000 Jahren komplett unbewaldet war und sich dadurch hervorragend als Sonnenobservatorium eignete, dann kann man die Platte mithil-

Abbildung 2.2:
Anwendung der Himmelsscheibe von Nebra bei Sonnenaufgang

fe der Bergspitze des 1142 Meter hohen Brockens perfekt nach Norden ausrichten. Die Himmelsscheibe ist folglich keine Handelsware, die irgendwie ihren Weg aus einem anderen Winkel der Welt nach Deutschland gefunden hat, sondern wurde von bronzezeitlichen Astronomen und Schmieden passend für diese Region, genau für diesen Berg, geschaffen. Was für eine Beute![11]

Wer hätte gedacht, dass wir jemals einen so großartigen archäologischen Fund, nein, »einen der bedeutendsten archäologischen Funde des letzten Jahrhunderts«,[12] zwei verkaterten Sondengängern zu verdanken haben würden! Eigentlich sollten wir froh sein, dass sich die beiden am Vorabend ihrer Expedition das eine oder andere Bier zu viel bestellt hatten, sonst wäre die Scheibe vermutlich bis heute noch nicht entdeckt.

2003, vier Jahre später, wurden Mario Renner und Henry Westphal wegen Hehlerei zu Bewährungsstrafen verurteilt. Warum? Was war passiert? Hatten sie etwas falsch gemacht? Tatsächlich begann ihre Straftat gleich nach dem Fund der Scheibe. Denn in Sachsen-Anhalt, wo sie sie bargen, gilt ein sogenanntes Schatzregal. Das bedeutet: Alle Schätze, die man dort findet, gehören automatisch dem Bundesland. Westphal und Renner hätten ihre Entdeckung umgehend den Behörden übergeben müssen, doch das taten sie nicht. Sie verkauften sie gleich am nächsten Tag weiter, für 31 000 Deutsche Mark. Ein stolzer Preis für die Sondengänger, tatsächlich aber eine lächerliche Summe, denn 2006 wurde die Himmelsscheibe mit 100 Millionen Euro versichert. Ihr wahrer Wert: schlicht unschätzbar.

Vom ersten Käufer wechselte sie in den kommenden Jahren in die Hände verschiedener Interessenten und wurde zwischenzeitlich auch einigen deutschen Landesmuseen angeboten.[13] Doch sobald diese erfuhren, dass das Fundstück aus einem Bundesland mit Schatzregal stammte, lehnten sie ab, denn so ein Kauf wäre illegal gewesen. Schließlich fand die Scheibe ihren Weg zu einem Paar in der Schweiz, das dann dem Landesarchäologen von Sachsen-Anhalt, Harald Meller, und der Schweizer Polizei ins Netz ging. Meller gab sich als Experte für Edelmetalle aus und sollte den beiden Hehlern die Echtheit der Scheibe bestätigen. Man traf sich am 23. Februar 2002 in der Kellerbar eines Luxushotels in Basel,[14] wo Meller die Scheibe mittels Natriumsulfit und Salpetersäure auf ihren Bronzegehalt testete. Er selbst hatte eigentlich keine Ahnung von solchen chemischen Verfahren, war aber kurz vorher von einem Restaurator in deren Benutzung eingeweiht worden, damit seine Undercover-Identität als Edelmetallexperte nicht aufflog. Schließlich griff die Baseler Polizei zu und stellte die Hehlerware sicher. Durch Unterstützung einiger Mittelsmänner konnten die Verkaufs- und Fundgeschichte der Himmelsscheibe aufgearbeitet, die Ausgrabungsstelle von den Behörden identifiziert und Mario Renner und Henry Westphal als ursprüngliche Raubgräber überführt werden.[15]

Die kreisrunde Bronzescheibe gilt heute als älteste konkrete astronomische Aufzeichnung aus einer frühen europäischen Hochkultur. Bevor Westphal und Renner sie bei ihren Grabungen aufspürten, ruhte sie 3600 Jahre lang in der Erde. Man vermutet, dass sie gemeinsam mit den Schwertern und dem Rest des Fundes als Opfergabe vergraben wurde.

Diese archäologische Entdeckung beweist, dass Menschen schon in der Bronzezeit ein sehr gutes Verständnis des Nachthimmels, der Himmelskörper und des jährlichen Rhythmus der Sonne zwischen Winter- und Sommersonnenwende hatten. Unsere Vorfahren beschäftigten sich intensiv mit den verschiedenen Konstellationen und konnten Himmelsrichtungen benennen, Tausende Jahre vor Erfindung des Magnetkompasses. Aber wie viel genau sie damals schon wussten, ob sie sich die Jahreszeiten erklären oder die Bewegung der Planeten nachvollziehen konnten, werden wir vermutlich nie erfahren. Fest steht jedoch: Die Neugier des Menschen, der Wille, seine Umgebung zu verstehen und deren versteckte Botschaften zu entschlüsseln, begann nicht erst mit dem Zeitalter der wissenschaftlichen Revolution im 16. Jahrhundert, sondern schon viele, viele Jahre zuvor.

AUGE UM AUGE, STERN UM STERN

Die Bewegungen von Sonne und Mond lassen sich einfach mit bloßem Auge von der Erde aus verfolgen. So schrieb der griechische Gelehrte Claudius Ptolemäus im 2. Jahrhundert u.Z. sein Werk *Almagest*, das sich mit den Bewegungen der Himmelskörper befasste und über 1400 Jahre als Goldstandard der Wissenschaft galt.

Das ptolemäische Weltbild erklärte das Universum so, wie es sich darstellt, wenn man es von der Erde aus betrachtet: Wir

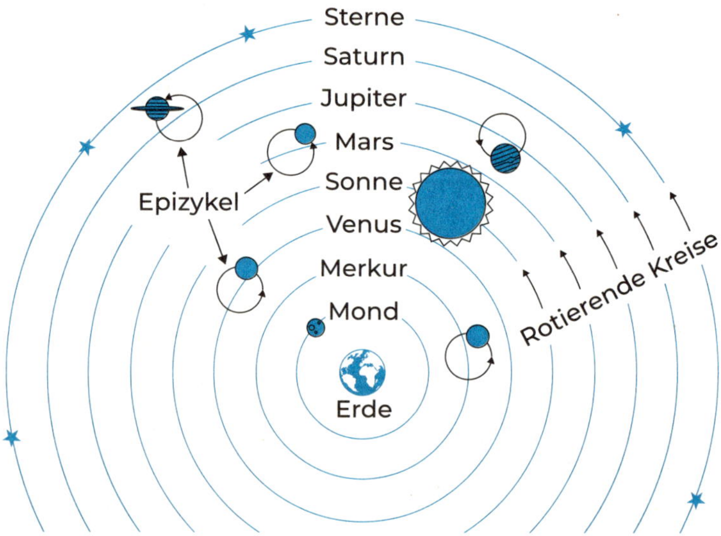

Abbildung 2.3:
Das »Sonnensystem« nach Claudius Ptolemäus

stehen im Zentrum, während Sonne, Sterne und Planeten auf perfekten Kreisbahnen um uns herumziehen. Ausgehend von dieser Vorstellung wurde das Universum beobachtet und erklärt, zudem wurden große Ereignisse wie Sonnenfinsternisse oder Konjunktionen, scheinbar direkte Begegnungen von zwei Himmelskörpern, vorausgesagt. Damit war der *Almagest*, wie der Wissenschaftsjournalist Dirk Lorenzen schreibt, das »erfolgreichste erfolglose Werk der Astronomiegeschichte«.[16]

Eineinhalb Jahrtausende lang glaubte man an ein komplett falsches Weltbild, das muss man sich mal vorstellen! Wie kann so was passieren? Nun, zum einen war es gar nicht so leicht, das ptolemäische Weltbild zu widerlegen, denn es hatte zwei verdammt gute Argumente auf seiner Seite.

Das erste Argument? Kreise. Perfekte Kreise. Das klingt jetzt erst mal unspektakulär, aber Kreise waren einfach der absolute Oberhit für die Wissenschaftler und Astronomen, die auf Ptolemäus schworen (und das waren lange Zeit fast alle). Ihrer Ansicht nach war der Kreis die erhabene, perfekte Form. Unantastbar, vollendet, göttlich. Und in Ptolemäus' Verständnis des Universums bewegten sich wie gesagt alle Himmelskörper, Sonne, Mond und die Planeten, auf perfekten Kreisbahnen um die Erde herum. Wer den Kreis anzweifelte, der konnte sofort einpacken. So fangen wir hier gar nicht erst an. Da könnte man ja direkt behaupten, die Erde würde sich um die Sonne drehen, pah. Was für ein Humbug!

Und da sind wir auch schon beim zweiten Argument angekommen: dem geozentrischen Weltbild, der Idee, dass die Erde im Mittelpunkt des Universums steht. (Stellt man die Sonne ins Zentrum, spricht man von einem heliozentrischen Weltbild.) Dieses geozentrische Weltbild, das passte der Kirche natürlich gut in den Kram. Der Mensch als Krone der Schöpfung, die Erde im Zentrum des Universums, das klingt doch super! Die Institution Kirche wird uns hier im Buch immer wieder als größte Kritikerin und Widersacherin des wissenschaftlichen Fortschritts begegnen, aber ganz so schwarz-weiß war es nicht immer. Viele der Wissenschaftler, um die es hier geht, waren selbst strenggläubig und besetzten hohe Positionen in der Kirche. Sie wollten ihren Glauben mit ihrer Forschung verbinden, teilweise die Bibel belegen oder ihre wissenschaftlichen Erkenntnisse verfeinern. Dabei riskierten sie, eingesperrt, exkommuniziert, also aus der Kirche ausgeschlossen, oder gar als Ketzer verbrannt zu werden.

Wenn man es mit dem von den mächtigen Kirchenmännern vertretenen geozentrischen Weltbild aufnehmen wollte, musste man wirklich sicher sein, dass man eine bessere Alternative entdeckt hatte. Und so kam es dann irgendwann. Die ersten Zweifel an der Unanfechtbarkeit des Modells wurden laut, weil es die Bewegungen der Himmelskörper doch nicht so akkurat vorhersagen konnte wie ursprünglich gedacht. Teilweise verfehlten die Astronominnen und Astronomen die Wirklichkeit um mehrere Wochen, oder sie lagen gleich komplett daneben.

EPIZYKEL: VERRENKUNGEN IN DER ASTRONOMIE

Also, was passiert wirklich am Himmel? Bewegt sich die Erde? Oder bewegt sich alles andere – Sonne, Mond, Sterne – um uns herum? Und wie zur Hölle findet man das eigentlich heraus? Wenn man es nicht besser weiß, ist es erst mal keine ganz unlogische Annahme, dass die Himmelskörper um unsere Erde kreisen, also um das vermeintliche Zentrum des Universums. Wobei alles, was wir da oben sehen können, immer von Osten nach Westen zieht. Na ja, fast alles. Ein paar kleine Gestirne, die oft bei Einbruch der Nacht oder früh am Morgen als helle Punkte zu erkennen sind, verhalten sich im Verlauf eines Jahres zeitweise doch irgendwie … merkwürdig.

Wenn sich alle Himmelskörper, wie Ptolemäus es in seinem *Almagest* beschreibt, auf perfekten, erhabenen Kreisbahnen um die Erde bewegen würden, dann müssten sie das alle stets mit derselben Geschwindigkeit tun. Was auf die Planeten aber nicht zutrifft. Die sind mal schneller, mal langsamer, und noch viel schlimmer: Manchmal, wenn man sie über mehrere Monate hinweg betrachtet, bewegen sie sich plötzlich in die andere Richtung und ziehen kleine Schleifen am Himmel. Bitte, was?! So haben wir aber nicht gewettet. Wie kommt die Wissenschaft denn aus diesem Schlamassel wieder raus? Die geozentrische Ordnung wurde, als dieses seltsame Verhalten der Planeten erstmals auffiel, sicher umgehend für ungültig erklärt und festgestellt, dass die Erde DOCH nicht das Zentrum des Universums sein kann … oder?

Nein. Wie wir bereits wissen, dauert es meist eine ganze Weile, bis ein altes Weltbild gestürzt wird. Wenn Zweifel aufkommen, hilft man sich lieber erst mal mit Sub-Hypothesen, die das vertraute Konstrukt zusammenhalten sollen.

Aber wieso bewegen sich dann die Planeten manchmal schleifenförmig vorwärts und rückwärts über den Himmel? Nun, hier kommen die sogenannten Epizykel ins Spiel.

Ein Epizykel ist, wie wir in Abbildung 2.4 sehen können, eine Umlaufbahn auf einer Umlaufbahn. Um die scheinbar unsinnigen Bewegungen der Gestirne erklären und gleichzeitig das vertraute Weltbild beibehalten zu können, wurde folgendes gedankliches Konstrukt entwickelt: Ein Planet, der um unsere Erde kreist, befindet sich nicht auf der direkten Umlaufbahn, genannt Deferent, sondern auf einer Umlaufbahn um einen Punkt auf dieser Umlaufbahn. Dieses Modell, ursprünglich im 3. Jahrhundert v. u. Z. entwickelt (vermutlich von Apollonius von Perge[17]) und später von Ptolemäus in seinen *Almagest* übernommen, konnte die merkwürdigen Bewegungsmuster der Planeten erklären, ohne die Erde als Zentrum des Universums aufgeben zu müssen. Bingo! Wir sind wieder der Mittelpunkt von allem!

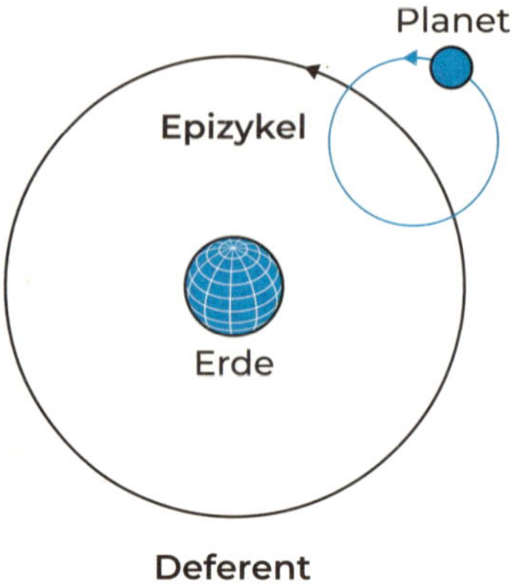

Abbildung 2.4:
Epizykel

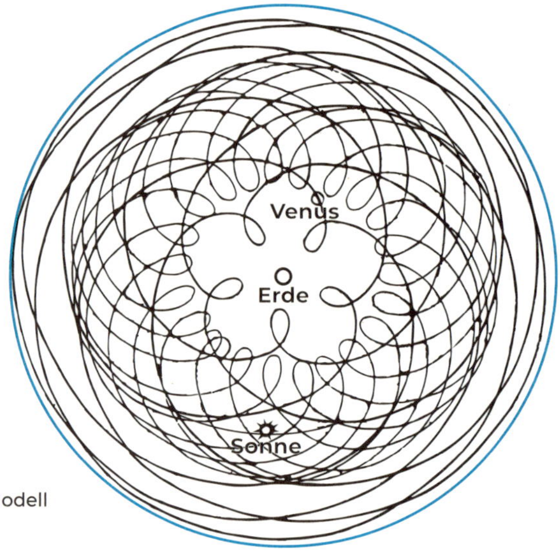

Abbildung 2.5:
Geozentrisches Modell mit Epizykeln

Heute, Tausende Jahre später, fällt es leicht, darüber zu schmunzeln und sich zu fragen, wie eine solche Vorstellung sich so lange halten konnte. Das geozentrische Modell wurde durch den Einsatz unzähliger Epizykel nämlich immer chaotischer (siehe Abbildung 2.5). Nur so passte die Theorie mit den Beobachtungsdaten zusammen. Von den schönen, erhabenen Kreisformen blieb dabei irgendwie wenig übrig.

Schließlich muss sich die Wissenschaft aber immer wieder mit der Wirklichkeit auseinandersetzen, und wenn Theorie und Praxis ständig nicht zueinanderpassen, dann braucht es früher oder später eine Revolution. Die ließ zwar lange auf sich warten, aber eines Tages war es so weit …

ERSTE KRITIK AM ALTEN WELTBILD

Tatsächlich lassen sich die »merkwürdigen« Bewegungen der Gestirne einfach erklären, wenn man die Erde mit der Sonne tauscht und außerdem akzeptiert, dass Planeten nicht in perfekten Kreisen um das Zentrum des Sonnensystems ziehen, sondern in Ellipsen. Der Eindruck, es könne sich um Schleifen handeln, entsteht nur dadurch, dass die Erde eine kürzere Umlaufbahn um die Sonne hat und die sonnenferneren Planeten regelmäßig »überrundet«, während sie selbst von den sonnennäheren Planeten »überrundet« wird.

Es war ein arabischer Astronom namens Abu Abdallah Mohammad ibn Dschabir Al-Battani, der Ptolemäus' Unantastbarkeit vorsichtig infrage stellte. Al-Battani wurde um 850 u.Z. in der heutigen Türkei geboren und mauserte sich zu einem der angesehensten Mathematiker und Astronomen aller Zeiten. Er arbeitete an einem umfassenden Sternenkatalog, in den er über ein halbes Jahrtausend vor Erfindung des Teleskops knapp 500 Sterne aufnahm. Ein weiteres seiner Forschungsziele war es, die genaue Länge eines Jahres herauszufinden. Dafür hatte Ptolemäus' *Almagest* einen Wert geliefert, aber Al-Battani zweifelte diesen an. Er errechnete die Länge eines Sonnenjahres, also den Zeitraum, innerhalb dessen die Erde die Sonne einmal umkreist, auf 365 Tage, 5 Stunden, 46 Minuten und 24 Sekunden.[18] Damit kam er dem tatsächlichen Wert auf gut zwei Minuten nahe, eine beeindruckende Leistung!* Und: Den ptolemäischen Wert hatte er damit korrigiert, denn dieser lag über sechs Minuten daneben.[19]

Al-Battani schrieb ein ganzes Buch über Ptolemäus' Arbeiten und Ansichten, er korrigierte viele seiner Aussagen,[20] aber die Epizykeltheorie und das geozentrische Weltbild zweifelte er nie ernsthaft an. Andere arabische Astronomen, wie zum Beispiel Thabit ibn Qurra, bemerkten hingegen, dass mit den ptolemäischen Himmelsbewegungen etwas nicht stimmen konnte.[21] Sie dokumentierten und bemängelten Ungenauigkeiten, aber leider waren sie nicht in der Lage, ein alternatives Modell vorzuschlagen.

Die Schriften der Araber fanden nach und nach ihren Weg nach Europa, wo einige Jahrhunderte später die wohl größte intellektuelle Revolution aller Zeiten losgetreten werden sollte.

WIE KOPERNIKUS DAS UNIVERSUM NEU ERFAND

Mikołaj Kopernik wurde etwa 30 Jahre nach Erfindung des modernen Buchdrucks mit beweglichen Lettern in Pommern geboren. Er war quasi eine Art *Digital Native* in der neu boomenden Medienwelt der Bücher. Plötzlich besaß fast jede Bibliothek

* Heutzutage gibt es verschiedene Möglichkeiten, die genaue Länge eines Jahres zu bestimmen. Für uns relevant ist das Sonnenjahr, auch tropisches Jahr genannt, das als Grundlage für unsere Kalender genutzt wird. Ein tropisches Jahr ist die Zeit, die die Erde braucht, um einmal die Sonne zu umkreisen, was 365 Tage, 5 Stunden, 48 Minuten und 45,261 Sekunden dauert. »Tropisch« bedeutet hier nicht warm oder heiß, sondern kommt von dem altgriechischen Wort *tropos*, was so viel heißt wie »Wendung«. Die Sonne wandert, wie auf der Himmelsscheibe von Nebra, langsam jeden Tag von Norden nach Süden und zurück. Wenn eine solche Schleife gezogen wurde, ist ein Jahr vorbei. Da ein Jahr eigentlich 365,25 Tage lang ist, brauchen wir alle vier Jahre ein sogenanntes Schaltjahr mit 366 Tagen, damit wir nicht aus dem Rhythmus geraten und Weihnachten irgendwann womöglich auf den Frühlingsanfang fällt.

jeder größeren Stadt Ausgaben der größten Werke der Wissenschaftsgeschichte. Mikołaj studierte an der Universität Krakau und las Werke von Archimedes, Ptolemäus, Al-Battani und vielen mehr. Es war auch etwa um diese Zeit, dass er seinen polnischen Geburtsnamen ab- und sich einen lateinischen Gelehrtennamen zulegte: Nikolaus Kopernikus.

Als er 1514 im Alter von 41 Jahren seinen *Commentariolus* – seinen »kleinen Kommentar« – verfasste, hatte sich in der Wissenschaft die Auffassung durchgesetzt, dass der *Almagest* dringend überarbeitet werden müsse. Für Kopernikus warf die Epizykellösung Probleme auf. Es störte ihn, dass sich die Planeten mit ungleichmäßigen Geschwindigkeiten über den Himmel fortbewegten. Im »kleinen Kommentar« hielt er erstmals seine Überzeugung fest, dass die Erde nicht der Mittelpunkt des Universums sei, sondern die Sonne. Zusätzlich erklärte er die Bewegung der Himmelskörper damit, dass sich die Erde um ihre eigene Achse dreht. Na, guck mal einer an! Das sind doch einige gute Punkte, die Herr Kopernikus da aufführte! Den *Commentariolus* veröffentlichte er übrigens nie, die Schrift zirkulierte nur in seinem Bekanntenkreis.

Kopernikus' Hauptwerk, *De revolutionibus orbium coelestium* (*Über die Umlaufbahnen der Himmelssphären*), erschien 1543, fast 30 Jahre später. Im selben Jahr starb der vielseitige Wissenschaftler im Alter von 70 Jahren. Obwohl seine Theorie schon viel früher ausgereift war, hielt er sie vor der Öffentlichkeit geheim, bis er auf dem Sterbebett lag. Der Grund dafür? Er hatte, ähnlich wie etwa 300 Jahre später Charles Darwin, Angst vor den Konsequenzen, die eine Veröffentlichung nach sich ziehen würde. Vor allem fürchtete er die Reaktion der Kirche, und wie sich herausstellen sollte, tat er das zu Recht. 1616 wurde das kopernikanische Weltbild von der Kirche verboten, eine Entscheidung, die später zur Verhaftung von Galileo Galilei führen sollte.[22] Aber eins nach dem anderen.

Abbildung 2.6:
Das kopernikanische Weltbild: Im Zentrum des Universums steht *Sol*, die Sonne, umkreist von den Planeten. *Terra*, die Erde, steht an dritter Position und wird vom Mond umkreist. Hinter dem letzten bekannten Planeten, dem Saturn, liegt der Fixsternhimmel.

Mit Kopernikus traute sich zum ersten Mal ein Wissenschaftler, das geozentrische Weltbild anzuzweifeln und eine clevere Alternative vorzustellen. Das Problem war nur: Kopernikus' Modell, so simpel es erschien, brauchte ebenfalls Epizykel, um zu funktionieren.[23] Auch er wollte auf die perfekten, erhabenen Kreise, die die Umlaufbahnen der Planeten angeblich beschrieben, nicht verzichten, was der Genauigkeit seines heliozentrischen Weltbilds schadete. Die Vorhersagen, die man damit treffen konnte, waren kaum zuverlässiger als die des ptolemäischen Systems. Dennoch bekehrte *De revolutionibus* einige clevere Astronomen zu Kopernikanern, die im Verlauf des 17. Jahrhunderts das Rätsel um die wahre Natur unseres Sonnensystems endlich lösen sollten.

EIN BLICK IN DEN HIMMEL

»Im Osten geht die Sonne auf, im Süden nimmt sie ihren Lauf, im Westen wird sie untergehen, im Norden ist sie nie zu sehen.« Mit diesem einfachen Reim können wir fast alles beschreiben, was sich an unserem Himmel abspielt. Alle täglichen Bewegungen der Himmelskörper, wie Sonne, Mond oder Sterne, beginnen im Osten, und dann wandern sie über den Süden nach Westen. Das liegt – wie Kopernikus richtig annahm – an der Rotation der Erde. Wenn wir die Sonne am Horizont aufgehen sehen, müssten wir also eigentlich statt von »Sonnenaufgang« von der »Erd-Sonnen-Einwärtsdrehung« sprechen. Da das aber leider nicht so leicht über die Lippen geht, hat es sich nicht durchgesetzt. Besser so.

Aber was ist mit dem Mond? Was macht der eigentlich den ganzen Tag? Auch er bewegt sich von Osten nach Westen über den Himmel. Grundsätzlich ist der Mond ein faszinierender Himmelskörper. Er wechselt die Form von Tag zu Tag, steht mal als schlanke Sichel vor einem blauen Himmel, mal als strahlender Vollmond blutrot getränkt am Horizont, oder er verdeckt als Neumond die Sonne und stürzt den helllichten Tag für ein paar Minuten in pechschwarze Nacht.

Eine Sonnenfinsternis ist seit Menschengedenken ein markerschütterndes Erlebnis. Bereits die antiken Babylonier waren in der Lage, sie vorherzusagen. Dafür stützten sie sich auf Regelmäßigkeiten bei Auf- und Untergang von Sonne und Mond und fanden heraus, dass eine solche Eklipse alle 223 Mondmonate auftritt.[24] Auch in China wurde den Eklipsen schon vor über 4000 Jahren eine besondere Bedeutung beigemessen. Dort und damals galten sie als religiös-mythische Ereignisse: Angeblich schob sich ein Drache vor die Sonne, um sich den Feuerball einzuverleiben. Um das zu verhindern, zogen die Chinesen, bewaffnet mit Trommeln, Pfeilen und Bogen, gegen ihn in die Schlacht. Wundersamerweise waren sie dabei jedes Mal aufs Neue erfolgreich: Die Sonne kam wieder. Entsprechend war es eine der obersten Prioritäten der chinesischen Hofastronomen, jede einzelne Sonnenfinsternis vorherzusagen. Eine chinesische Legende erzählt von Hi und Ho, den Astronomen des damaligen Kaisers. Die beiden nahmen ihre Aufgabe nicht immer ganz so ernst, führten stattdessen ein Lotterleben und waren ständig betrunken. So verpassten sie es fatalerweise, die Sonnenfinsternis am 13. Oktober 2128 v.u.Z. vorherzusagen, und wurden zur Strafe hingerichtet.[25] Eine Legende aus dem alten Griechenland beschreibt, wie sich in einer epischen Schlacht zwischen Lydern und Medern am 28. Mai 584 v.u.Z. ein Schatten vor die Sonne schob und den Tag zur Nacht machte. Beim Anblick des Spektakels ließen die Kämpfenden ihre Waffen fallen, und noch am selben Tag wurde Frieden geschlossen, dem Himmel sei Dank.[26]

Dass der Mond überhaupt in der Lage ist, die komplette Sonne zu verdunkeln, grenzt an ein Wunder. Denn dafür müssen Sonne und Mond sich in einem perfekten Größe-Abstands-Verhältnis zueinander befinden. Die Sonne ist zwar etwa 400 Mal größer als der Mond, aber der Mond ist uns auch 400 Mal näher als die Sonne. Durch dieses unglaubliche kosmische Zusammentreffen erscheinen beide an unserem Himmel exakt gleich groß, was die Sonnenfinsternis erst möglich macht. Wer jetzt Lust bekommen hat, ein solch monumentales Ereignis einmal selbst mitzuerleben, muss sich, zumindest in Europa, noch eine Weile gedulden: Die nächste totale Sonnenfinsternis wird am 12. August 2026 stattfinden und vor allem in Island und Spanien gut zu sehen sein. In Deutschland, Österreich und der Schweiz müssen wir uns noch bis zum 3. September 2081 gedulden. Eine ausführliche Liste mit den Daten aller Sonnenfinsternisse der nächsten Jahrzehnte findet sich über den Link in der Fußnote.[27]

Eine Sonnenfinsternis vorherzusagen, ist die eine Sache, zu verstehen, wie sie genau verursacht wird, eine andere. Der griechische Philosoph Anaxagoras glaubte schon vor über 2500 Jahren, dass der Mond, ganz ähnlich wie die Erde, ein Gesteinskörper sei:[28] Er leuchtet nicht von selbst, sondern reflektiert lediglich das Licht der Sonne. Anaxagoras zufolge waren Sonne und Mond keineswegs Gottheiten, über die man nicht fachsimpeln durfte, sondern schlicht und ergreifend Himmelskörper mit geometrischen Eigenschaften. So konnte er problemlos Mondphasen und Eklipsen wissenschaftlich korrekt erklären, weit vor Kopernikus, Galilei und Co.! Er verstand auch, wieso es die Mondphasen überhaupt gibt. Warum ist unser Mond mal voll erleuchtet, mal nur als Sichel und manchmal gar nicht zu sehen? Warum steht er manchmal mitten am Tag am blauen Himmel, weiß er etwa nicht, dass er nur nachts arbeiten muss?

Für Interessierte kommt hier eine kleine Astronomie-Challenge: Dokumentiert mal im Verlauf von ein, zwei Monaten, wann der Mond aufgeht und welche Form er dabei jeweils hat. Wo steht die Sonne in diesem Moment? Dabei werdet ihr schnell merken, dass der Zeitpunkt des Mondaufgangs ganz schön stark variiert. Er findet jeden Tag etwa 30 bis 70 Minuten später statt als am vorherigen. Interessant ist hier die Regelmäßigkeit bei Vollmond: Jedes Mal, wenn der Mond als kreisrundes Käserad am Himmel auftaucht, ist es Abend. Der Vollmond geht immer dann auf, wenn die Sonne untergeht, und verabschiedet sich von seiner Nachtschicht, wenn die ersten Sonnenstrahlen des nächsten Tages zu sehen sind. Warum ist das so?

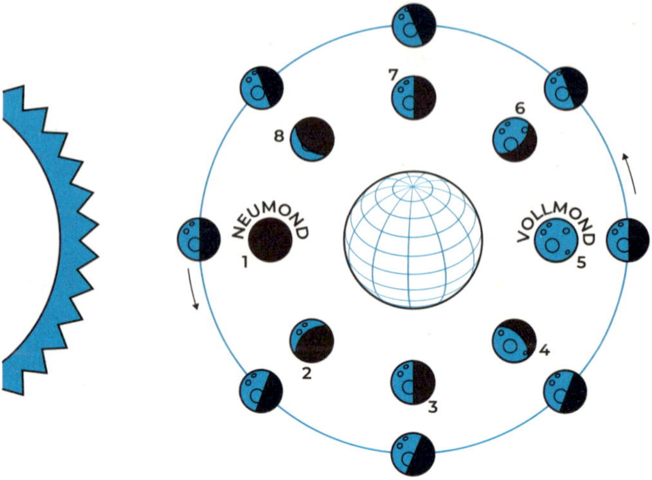

Abbildung 2.7:
Mondphasen erklärt

Der Mond leuchtet bekanntlich nicht von sich aus, sondern wird nur von der Sonne angestrahlt. Und er kreist um die Erde. Steht er zwischen Sonne und Erde, ist Neumond. Wir können ihn dann gar nicht oder nur schemenhaft am Himmel sehen, weil die Sonne seine Rückseite anstrahlt. Die uns zugewandte Seite liegt komplett im Schatten. Etwa 14 Tage später ist Vollmond. Der Mond steht nun nicht mehr zwischen Sonne und Erde, sondern hinter der Erde. Das Licht der Sonne fällt zu 100 Prozent auf die Mondseite, die uns anschaut. Deshalb geht der Vollmond immer abends auf: Wir können ihn erst sehen, wenn sich die Erde von der Sonne wegdreht. Wenn das passiert, geht die Sonne unter, und der Mond geht auf. Logischerweise kann auch nur in dieser Stellung eine Mondfinsternis auftreten, und zwar nur dann, wenn der Schatten der Erde perfekt den Mond abdeckt. Dazu kommt es etwas häufiger als zu der für eine Sonnenfinsternis typischen Konstellation, nämlich bis zu sechs Mal pro Jahr!

All das verstand auch schon der erwähnte Anaxagoras. Durch seine Theorien, mit denen er die Bewegungen am Himmel erklärte, schuf er überhaupt erst das Gedankenkonstrukt eines geometrischen Raumes – des Raumes, den wir heute Weltraum nennen. Doch obwohl der griechische Philosoph während der »intellektuellen Revolution« Ioniens[29] im 6. Jahrhundert v.u.Z. lebte, waren seine Ideen zu radikal und ketzerisch für die Öffentlichkeit. Da er Sonne und Mond nicht als Gottheiten begriff, sondern als Objekte »verunglimpfte«, zerrte man ihn vor Gericht. Er entging nur knapp der Hinrichtung und wurde in die antike griechische Stadt Lampsakos verbannt, wo er den Rest seines Lebens zubrachte. 1935 wurde ein Mondkrater an der Nordseite unseres grauen Begleiters nach ihm benannt.

GESCHÄFTSMANN GALILEI

Am 21. August 1609 stellt der damalige Mathematikprofessor der Universität von Padua, Galileo Galilei, seine neue Erfindung vor: das Fernrohr.[30] Genau genommen ist es nicht seine Erfindung, sondern seine Version einer neuen Erfindung. Erst drei Wochen zuvor hat er eines dieser Geräte für eintausend Zechinen erworben, was in etwa drei Jahresgehältern Galileis entspricht. Zu diesem Zeitpunkt ist die revolutionäre Neuheit in aller Munde, und Galilei versucht herauszufinden, was es mit dem Vergrößerungsrohr auf sich hat.

Tatsächlich knackt er schnell das Geheimnis des Fernrohrs und fertigt ein eigenes Modell an. Um das Kunststück zu vollbringen, sind lediglich zwei Linsen nötig: eine konkave und eine konvexe. Doch warum steckt er so viel Zeit und Geld in solch eine Gerätschaft? Die Antwort: Galilei hat schon damals ein gutes Gespür für neue Ideen und deren finanzielles Potenzial. Und er weiß genau, wer seine zukünftigen Kunden sein sollen.

Am Tag der Präsentation betritt der raffinierte Erfinder und Unternehmer die Spitze des venezianischen Glockenturms. In seiner Hand das rote Fernrohr, in seiner Begleitung die einflussreichsten Männer Venedigs. Neben verschiedenen Patriziern mit tiefen Taschen ist auch Antonio Priuli mit von der Partie, der damalige Doge, das politische Oberhaupt der Stadt. Als er zum ersten Mal durch die münzgroße Öffnung schaut, traut er seinen Augen nicht: Die Tore der zehn Kilometer entfernten Kirche von Murano sind so klar und deutlich zu erkennen, dass man sogar sehen kann, wer ein und aus geht! Selbst die Kuppeln der Basilika Santa Giustina zeichnen sich ab, obwohl diese im 35 Kilometer entfernten Padua steht! Galilei, ganz der clevere Geschäftsmann, schenkt dem Dogen das Fernrohr und betont, wie unglaublich gut sich das Gerät als Kriegswerkzeug eigne. Lange bevor der Feind eintreffe, könne man seine Schiffe am Horizont erspähen, die Ausrüstung und Besatzung ausspionieren und sich einen Angriffs- und Fluchtplan zurechtlegen. Galileis erste Intention bei der Erfindung seines »Spionrohrs« ist also nicht die noble, selbstlose Erkundung des Nachthimmels, sondern das große Geschäft mit dem Krieg.

Die ursprünglich sechsfache Vergrößerung des Fernrohrs reicht Galilei nicht aus. Er kündigt die Entwicklung weiterer Versionen mit 20-facher, sogar 30-facher Vergrößerung an. Und dann passiert es. Er hantiert mit seiner neuen Erfindung und richtet sie, irgendwann im Herbst oder Winter des Jahres 1609, in den Nachthimmel über Italien. Da sieht er zum ersten Mal die Krater, Berge und Täler unseres Mondes und erkennt, dass es sich tatsächlich um einen Gesteinsbrocken handelt. Galilei fängt an, die Mondoberfläche im Detail zu zeichnen, was nicht gerade einfach ist, da sein Teleskop ein so enges Blickfeld hat, dass er immer nur einzelne Ausschnitte des Trabanten erkennen kann. Zwar hatte der Engländer Thomas Harriot bereits etwa sechs Monate früher angefangen, den Mond durch ein Fernrohr zu betrachten und eine Karte von dessen Oberfläche anzulegen,[31] aber er veröffentlichte seine Arbeiten dazu nicht. Vielleicht weil sein Teleskop nicht so leistungsstark war wie das des Galilei, vielleicht verstand er aber auch einfach nicht, was genau er da zeichnete. Und so gilt heute Galilei als der Erste, der den Himmel eroberte. Und damit hatte er gerade erst angefangen.

Sein Vergrößerungsapparat zeigt ihm plötzlich überall, wo er hinschaut, Sterne, die kein Mensch jemals zuvor gesehen hat. Neue Sterne zu finden, ist mit einem Teleskop tatsächlich ziemlich einfach, denn man muss das Gerät nur auf einen scheinbar schwarzen Fleck am Nachthimmel richten, und schon fällt Licht von Sternen auf die Linse, die dem bloßen Auge sonst verborgen bleiben würden. Als Galilei versucht, das Sternbild Orion zu zeichnen, scheitert er, denn er ist »überwältigt von der ungeheuren Menge an Sternen« und verschiebt »aus Mangel an Zeit [...] dieses Unterfangen auf eine andere Gelegenheit«.[32] Und so unterläuft ihm auch zunächst ein Fehler, als er im Januar 1610 sein Teleskop auf den hell leuchtenden Jupiter richtet.[33] Neben dem Gestirn sieht er nämlich drei leicht schimmernde Punkte, die er zunächst als neue Sterne abtut. Doch als er sie in den kommenden Nächten wieder und wieder anschaut, fällt ihm auf, dass die Punkte ihre Position wechseln. Ein paar Tage später schlussfolgert er dann korrekt, dass es sich hier nicht um Sterne, sondern um Monde handeln muss. Monde, die den Jupiter umkreisen, hinter ihm verschwinden und auf der anderen Seite wieder auftauchen, während er sie beobachtet. Unglaublich!

Die Entdeckung der Monde des Jupiters war ein erstes starkes Indiz für die Richtigkeit des kopernikanischen Weltbilds. Da war plötzlich ein Himmelskörper, um den herum sich eindeutig etwas auf einer Umlaufbahn bewegte. Und dieser Himmelskörper war nicht die Erde.

Galilei war der Erste, der Beweise für das heliozentrische Weltbild sammelte und sich beeilte, diese niederzuschreiben. Im

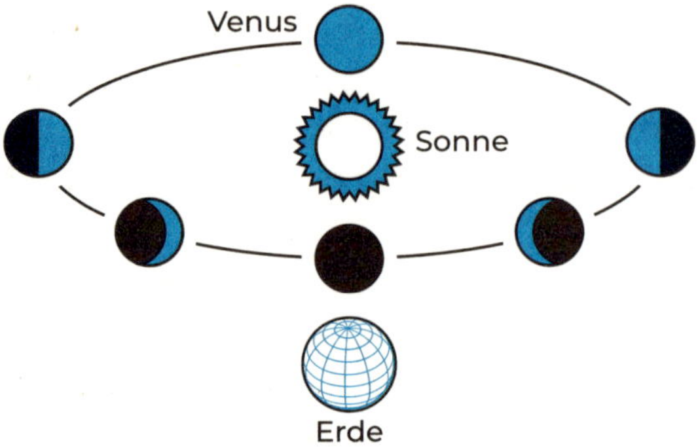

Abbildung 2.8:
Venusphasen

März 1610 erschien, hastig verfasst, *Sidereus Nuncius* (*Der Sternbote),* ein Aufsatz, mit dem Galilei das wohl wichtigste wissenschaftliche Rennen des 17. Jahrhunderts gewann. Denn überall in Europa fertigten Linsenmacher inzwischen Fernrohre für Staatsoberhäupter, Militärpersonal und Wissenschaftler. Es war nur eine Frage der Zeit, bis ihm jemand zuvorgekommen wäre.

Später im Jahr 1610 betrachtet Galilei unseren Nachbarplaneten Venus durch sein Teleskop. Wieder staunt er nicht schlecht über das, was er da sieht: Bei der Venus lassen sich, genau wie bei unserem Mond, Phasen beobachten.

Diese Entdeckung war von dramatischer Bedeutung. Die Phasen der Venus ließen sich nämlich nur mit dem kopernikanischen Weltbild erklären. Nur wenn die Venus um die Sonne und nicht um die Erde kreist, können ihre wechselnden Gestalten entstehen. Dabei nimmt die Sichel im Verlauf eines Jahres zu, während die Venus von links nach rechts allmählich hinter die Sonne wandert. Sie wird zu 100 Prozent von der Sonne angestrahlt, wenn sie dort angekommen ist, was wir natürlich nicht beobachten können, da uns die Sonne im Weg steht. Dann taucht sie wieder hinter der Sonne auf, in abnehmender Form, während die Sichel langsam von rechts nach links wandert.

Je mehr Galilei sucht, desto mehr findet er. 1613 zeichnet er sogar einmal den Planeten Neptun, als der am Jupiter vorbeizieht. Doch er bemerkt nicht, dass es sich um einen neuen Planeten handelt; die Entdeckung des Neptun soll noch über 230 Jahre auf sich warten lassen.[34]

Aufgrund der schieren Anzahl seiner bahnbrechenden Beobachtungen entwickelt sich Galilei zu einem Verfechter des kopernikanischen Weltbilds. Alle seine Entdeckungen sprechen eindeutig für das heliozentrische System, in dem Venus, Erde, Jupiter und Co. die Sonne umkreisen. Doch mit dieser Überzeugung macht sich Galilei mächtige Feinde. In einem Brief, den er 1613 an seinen Mathematikerfreund Benedetto Castelli schreibt, betont er, wie sehr er sich wünschen würde, dass wissenschaftliches Gedankengut und religiöse Ansichten einander nicht im Weg stünden.[35] Die astronomischen Beschreibungen in der Bibel solle man nicht zu ernst nehmen, und jede religiöse Autorität, die etwas anderes behaupte, wisse nicht, wovon sie spreche. Der Brief landet in den Händen des Inquisitors Niccolò Lorini. Die Kirche fordert Galilei auf, von seinen Ansichten zurückzutreten, und setzt Kopernikus' *De revolutionibus* auf den Index verbotener Bücher. Galilei hält sich bedeckt, weicht aber nie von seiner Überzeugung ab. 1632 dann erscheint sein großes Werk *Dialog über die zwei wichtigsten Weltsysteme, das ptolemäische und das kopernikanische,* in dem drei Charaktere über das Für und Wider des heliozentrischen und des geozentrischen Weltbilds diskutieren. Die Idee zu dem Werk hatte Papst Urban VIII. selbst abgesegnet und Galilei gebeten, auch kritisch gegenüber dem Heliozentrismus zu bleiben und ihn ja nicht zu sehr zu befürworten.[36] Eine Arbeitsaufgabe, die Galilei schlichtweg verfehlte. Ob das aus Abneigung gegenüber der Kirche oder unabsichtlich geschah, lässt sich nicht sagen. Tatsache ist aber, dass Simplicio, der lustige Gelehrte, der in Galileis *Dialog* das geozentrische Weltbild zu verteidigen versucht, als Dummkopf dargestellt wird.[37] Als Papst Urban das Werk zu lesen bekommt, ist er erzürnt. Damit ist Galilei endgültig zu weit gegangen. 1633 wird er der Ketzerei beschuldigt, sein Buch verboten und er selbst in Hausarrest geschickt, wo er die letzten neun Jahre seines Lebens verbringt, bis er 1643 stirbt. Erst 350 Jahre später gesteht Papst Johannes Paul II. ein, dass sich die Kirche geirrt habe: Das Urteil sei ein Fehler gewesen.[38]

DER CLEVERE KEPLER KNACKT DIE NUSS

Im selben Jahr, in dem Galilei sein Fernrohr der Öffentlichkeit vorstellte, publizierte der in der Nähe von Stuttgart geborene Johannes Kepler seine *Astronomia nova,* die *Neue Astronomie.* Darin enthalten sind seine Planetengesetze, mit denen er berechnet hatte, dass die Umlaufbahnen aller Planeten keine perfekten Kreise, sondern Ellipsen seien, in deren Brennpunkt die Sonne stehe. Wie er das beweisen wollte? Nun, Kepler hatte sich einige Jahre zuvor einen höchst umfangreichen Wissensschatz angeeignet. Gleich zu Anfang des 17. Jahrhunderts hatte er die Stellung als kaiserlicher Hofmathematiker in Prag angetreten. Sein Vorgänger, der ihm einen riesigen Berg wahnsinnig präziser astronomischer Beobachtungsdaten vererbt hatte, war niemand Geringeres als der große Tycho Brahe, für den Kepler zwei Jahre lang, bis zu dessen Tod im Jahr 1601, als Assistent gearbeitet hatte. Brahe war eine einflussreiche Persönlichkeit und hatte zeit seines Lebens Zugang zu einer unglaublichen Menge an astronomischen Werkzeugen. Er selbst hatte 1572 eine Supernova mit dem bloßen Auge gesehen, ein Ereignis, das ihn dazu inspirierte, eine Karriere als Astronom zu verfolgen.[39] Eines Nachts leuchtete ein neuer Stern am Himmel, heller als die Venus und alle anderen Gestirne, in einer Intensität, die Brahe sprachlos machte. Beobachten ließ sich die Supernova von November 1572 bis März 1574, dann verschwand sie wieder im Schwarz der Nacht.

Supernovae entstehen unter anderem dann, wenn ein Stern, der mindestens acht Mal so massereich ist wie unsere Sonne, am Ende seiner Lebenszeit steht und sein Kern in sich kollabiert. Dabei kommt es zu einer Explosion, die so hell ist, dass der Stern für kurze Zeit stärker leuchtet als die gesamte Galaxie, in der er sich befindet.[40]

Außer für die Beschreibung und Untersuchung dieses aufregenden Ereignisses war Brahe noch für viele andere Dinge bekannt: Zum einen trug er eine golden glänzende Prothese, die seinen Nasenrücken abdeckte, da er einen beträchtlichen Teil seiner echten Nase einst bei einem Duell mit seinem Cousin verloren hatte.[41] Wegen dieses Accessoires wurde er auch »der Mann mit der goldenen Nase«[42] genannt, obwohl spätere Untersuchungen zeigten, dass sie vermutlich eher aus Messing bestand. (Brahes Schädel wurde zwei Mal ausgegraben, einmal 1901 und dann noch mal 2010, nur um herauszufinden, was es mit seiner Nasenprothese auf sich hatte. Wer also seine Totenruhe genießen will, sollte es sich sehr genau überlegen, bevor er unsterblichen Ruhm in der Wissenschaft anstrebt.)[43] Des Weiteren entwickelte Brahe auf der Grundlage von Daten, die er in einem von ihm selbst aufgebauten Observatorium in Dänemark gesammelt hatte, eine eigene Weltsicht, die den Heliozentrismus von Kopernikus und den ptolemäischen Geozentrismus vereinte: In dem Modell kreisten alle Himmelskörper um die Sonne, die wiederum um die Erde kreiste.

In seiner Funktion als kaiserlicher Astronom in Prag traf Brahe schließlich auf den cleveren deutschen Mathematiker Johannes Kepler. Kepler selbst war ein gläubiger Mensch und hatte ursprünglich Theologe werden wollen, bis ihm die Astronomie Gottes Vollkommenheit offenbarte. Gleichzeitig war er überzeugter

Kopernikaner auf der Suche nach Belegen für das heliozentrische Weltbild. Die Planetengesetze, die er aufstellte, waren für ihn weniger Gesetze als vielmehr Ausdruck einer himmlischen Ordnung, welche die Existenz Gottes eher belegte, als dass sie ihr widersprach.[44] Seine Überzeugung, auch die Erde drehe sich um die Sonne, sorgte regelmäßig für Streit mit Brahe, der ihm deshalb einige Beobachtungsdaten vorenthielt, aus Sorge, Kepler könne sie nutzen, um das kopernikanische Weltbild zu beweisen. Doch als Brahe 1601 starb und Kepler all seine Aufzeichnungen vermachte, konnte dieser endlich seine Berechnungen mit empirischen Daten anreichern und seine Planetengesetze vervollständigen, die zu seinen größten Errungenschaften gehören.

Auch hier zeigt sich wieder, dass der »Kampf« zwischen Wissenschaft und Kirche nicht immer so schwarz-weiß war, wie viele Dokumentationen oder Geschichtsbücher ihn aussehen lassen. Kepler wähnte sich auf einer göttlichen Mission und leistete dabei der Wissenschaft unvorstellbar große Dienste. Seine Präzision, sein Verstand und das wissenschaftliche Gespür, mit dem er seine Theorien mit vorhandenen Beobachtungsdaten abglich – das sind Leistungen, vor denen wir heute den Hut ziehen müssen. Nach seiner *Neuen Astronomie* veröffentlichte Kepler noch weitere wegweisende astronomische Werke, die den Kopernikanern des 17. Jahrhunderts intellektuelle Munition lieferten.

Galileis Entdeckungen durch das Fernrohr und Keplers messerscharfe mathematische Berechnungen revolutionierten das Sonnensystem des Ptolemäus nach kopernikanischem Vorbild und setzten Zeitalter der Aufklärung in Gang. Ein Jahr nach Galileis Tod erblickte ein Kind das Licht der Welt, das später als das wohl größte Genie der Menschheitsgeschichte in die Annalen eingehen würde. Mithilfe der Arbeiten seiner Vorgänger begründete dieser Mann wissenschaftliche Prinzipien, auf deren Grundlage die Physik heute noch mit unglaublicher Präzision arbeiten kann. Die Rede ist von Isaac Newton.

KAPITEL 3

EIN GENIE KOMMT SELTEN SYMPATHISCH

Im Jahr 1665 kehrte Isaac Newton nach Hause zurück, mit 22 Jahren. Es war allerdings keine freiwillige Entscheidung. Er hatte gerade an der Universität in Cambridge seinen Abschluss in Naturphilosophie gemacht und wollte eigentlich nun mit seiner wissenschaftlichen Laufbahn so richtig durchstarten, als die Pest ausbrach. Die Universität wurde geschlossen, und Newton zog wieder nach Woolsthorpe Manor, wo er seine Kindheit und Jugend verbracht hatte.

Man kann über Isaac Newton so einiges sagen, aber leicht hatte er es zu Anfang seines Lebens nicht. Sein Vater, der ebenfalls Isaac hieß, war schon vor seiner Geburt gestorben. Seine Mutter ließ ihn im Alter von drei Jahren zurück, als sie wieder heiratete und zu ihrem neuen Gatten zog. Newton wuchs in der Obhut seiner Großeltern auf. Doch die Zwangsisolation von 1665, die auch noch das ganze nächste Jahr andauerte, war rückblickend womöglich das Beste, was ihm und der Welt der Wissenschaft jemals passiert ist. In dieser Zeit konzentrierte er sich nämlich voll und ganz auf seine Forschungen und verfasste seine wichtigsten Arbeiten: Er entwickelte eine völlig neue Mathematik, führte bahnbrechende Experimente zu den Eigenschaften von Licht und Farben durch und dachte ausführlich über die Bewegung der Himmelskörper und die Schwerkraft nach.

Newtons Art zu arbeiten bewegte sich damals schon an der Grenze zum Manischen. Er »vergaß manchmal komplett, zu essen«, ging erst »gegen zwei oder drei ins Bett, manchmal sogar erst um vier oder fünf« und erschien zu gesellschaftlichen Anlässen, wenn überhaupt, »in schäbigen Schuhen, zerrissenen

Strümpfen und mit ungekämmtem Haar«,[1] schrieb sein späterer Assistent in Cambridge einmal in einem Brief über ihn. Dabei ging Newton, der heute als der Urgroßvater der modernen Physik gefeiert wird, nicht selten Ideen nach, die wir heute als Humbug abtun würden. Die meiste Lebenszeit verbrachte er nicht mit der Ergründung physikalischer Naturgesetze, sondern mit dem Durchforsten religiöser Texte auf übernatürliche Bedeutungen und versteckte numerologische Nachrichten. »In seiner privaten Bibliothek fanden sich fast 500 Bücher über Theologie, aber nur 52 Bücher über Physik. Als die (meisten der) Papiere aus seinem Nachlass im Jahr 1936 versteigert wurden, umfasste der Katalog insgesamt Texte mit mehr als drei Millionen von Newton geschriebenen Worten. Fast die Hälfte beschäftigte sich mit Theologie, Religion und der Auslegung der Bibel. Ungefähr 650 000 Worte widmete Newton der Alchemie«,[2] schreibt der Wissenschaftsjournalist Florian Freistetter über ihn. Newton war also eigentlich gar nicht der erste moderne Wissenschaftler, sondern vielmehr »der letzte Zauberer«,[3] wie es der Ökonom und Newton-Fanboy John Maynard Keynes ausdrückte, der einen Großteil von dessen Unterlagen ersteigerte. Dass Newton trotz aller Energie, die er der Entdeckung des Steins der Weisen oder des Tranks der Unsterblichkeit widmete, bis heute mit seinen physikalischen Experimenten, Formeln und Theorien einen unantastbaren Legendenstatus innehat, damit hätte vermutlich nicht mal er selbst gerechnet.

Einen Namen machte sich Newton aber auch als Exzentriker, der alles in seiner Macht Stehende tat, um seine Forschungen voranzutreiben. Berühmt-berüchtigt ist hier unter anderem sein Streit mit dem englischen Astronomen John Flamsteed, den er fast in die Vergessenheit gemobbt hätte. Er klaute Flamsteeds Daten, veröffentlichte sie ohne dessen Zustimmung und nutzte seinen Einfluss am englischen Königshof, um die Forschungsgelder für Flamsteed streichen zu lassen. Warum er das tat?

Dazu später in Ruhe mehr. Auch der deutsche Mathematiker Gottfried Wilhelm Leibniz bekam sein Fett weg: Bei einer der wohl intensivsten Auseinandersetzungen in der Geschichte der Wissenschaft diskutierten die beiden darüber, wer von ihnen der Erste war, der eine bestimmte neue Rechenart entwickelt hatte. Ihr Streit war so heftig, dass er bis heute fortgeführt wird, obwohl Newton und Leibniz schon 300 Jahre tot sind.

Dabei war Newton eigentlich selten darauf erpicht, seine Forschungen und Errungenschaften mit der Welt zu teilen. Die Personen, mit denen er sich nicht zerstritten hatte, mussten ihn teilweise geradezu anflehen, sie zu veröffentlichen. Er selbst sagte dazu einmal: »Ich kann nicht erkennen, was an öffentlicher Wertschätzung so erstrebenswert ist. Es würde die Zahl meiner Bekanntschaften erhöhen, was ich nach Möglichkeit zu vermeiden suche.«[4]

Genie und Wahnsinn liegen ja bekanntermaßen oft nah beieinander, und niemand verkörpert diese Beobachtung wohl so gut wie Isaac Newton. Einmal versuchte er zu erforschen, wie das menschliche Auge funktioniert, und führte deshalb eine Reihe höchst fragwürdiger Experimente durch. Zum Beispiel schaute er mit einem Auge so lange in die Sonne, bis er nichts mehr sehen konnte. Eigentlich wollte er auf diese Weise ein Nachbild erschaffen, eine optische Illusion, die anhält, auch wenn man das Auge schließt. Sein Auge wurde dabei aber ganz schön in Mitleidenschaft gezogen, und um sich von den Strapazen zu erholen, musste er mehrere Tage in einem abgedunkelten Raum verbringen. Ein Jahr später war er auf der Mission, die Natur seiner Netzhaut näher zu untersuchen, und schob sich dafür eine Nadel in den Hohlraum zwischen Augapfel und Augenhöhle.[5] Spannende Anekdoten, die gut veranschaulichen, mit wem wir es hier zu tun haben: dem vielleicht wahnsinnigsten Genie aller Zeiten. Aber bevor wir tiefer in seine Arbeiten einsteigen, ist es Zeit für eine Tasse Tee.

Na gut, ob die drei Herren, um die es nun gehen soll, tatsächlich eine britische *cup of tea* tranken, während sich die folgende Geschichte abspielte, ist nicht überliefert. Klar ist aber, dass sich im Januar des Jahres 1683 drei Männer von enormer Prominenz auf eine folgenschwere Wette einließen. Zum einen war da Edmund Halley, dessen Biografie sich liest, als wäre er eine Mischung aus Jack Sparrow und Indiana Jones gewesen. Heute ist er bekannt für die Berechnung der Umlaufbahn des nach ihm benannten »Halleyschen Kometen«, den wir übrigens das nächste Mal am 28. Juli 2061 werden sehen können. Zu seinen Lebzeiten war er aber auch »Kapitän zur See, Kartograf, Professor für Geometrie an der Universität zu Oxford, stellvertretender Aufseher der königlichen Münze, königlicher Astronom und Erfinder der Tiefsee-Taucherglocke«.[6] Da sieht man mal, was man alles in einem Leben geschafft bekommt, wenn man nicht den ganzen Tag auf Social Media abhängt.

Neben ihm saß Robert Hooke, ebenfalls eine schillernde Persönlichkeit aus der Welt der Wissenschaft des 17. Jahrhunderts. Er war vielleicht nicht der Erste, der durch ein Mikroskop blickte, aber der Erste, dessen Arbeiten für jede Biologin und jeden Biologen fortan zur Standardausbildung gehörten, denn er entdeckte die damals kleinste biologische Einheit: die Zelle.

Und zu guter Letzt vervollständigte Christopher Wren die Runde, Erbauer der *St. Paul's Cathedral* in London. Die drei Männer unterhielten sich angeregt über die Bahnen der Himmelskörper, insbesondere die der Planeten. Wie Kepler unter Beweis gestellt hatte (siehe Kapitel 2), bewegen diese sich in Form einer Ellipse, nicht in der eines perfekten Kreises, wie lange angenommen worden war. Aber woran lag das? Was verursachte diese Bewegung, und gab es eine mathematische Formel, mit der man präzise vorausberechnen konnte, wann welcher Himmelskörper wo auftauchen würde? Halley vermutete, dass die Anziehungskraft der Sonne und ihre Entfernung zu den Planeten mit dem Gesetz der umgekehrten Quadrate zusammenhänge. Anders gesagt: Wäre die Erde doppelt so nah an der Sonne, würde diese mit der vierfachen Anziehungskraft auf unseren Planeten wirken. Wäre sie doppelt so weit weg, wäre die Schwerkraft viermal so schwach. Dies würde auch die elliptische Umlaufbahn verursachen, wie Kepler sie beobachtet hatte. So weit Halleys Annahme, beweisen konnte er das jedoch nicht.

Es wurde hitzig diskutiert. Hooke, der extrem viel von sich selbst hielt, behauptete, er habe alles bereits berechnet und wisse die Antwort, wolle sie aber nicht verraten, damit es spannend bleibe.[7] Wer's glaubt … Christopher Wren hatte genug von Hookes einfältiger Art und lud ihn und Halley zu einer Wette ein: Bücher im Wert von 40 Shilling, heute knapp 2000 Euro, für den Mann, der innerhalb der nächsten zwei Monate nachweisen konnte, wie die Anziehungskraft der Sonne die Umlaufbahn der Planeten verursachte.[8]

Die beiden Gentlemen machten sich daran, das Problem zu lösen, jedoch erst mal ohne Erfolg. Monate vergingen, und weder Hooke noch Halley brachte eine zufriedenstellende Antwort zu Papier. Die Wette war gescheitert, dennoch ließ Halley das Problem nicht los. Also reiste er im August 1684 nach Cambridge, um Professor Isaac Newton ebendiese Problemstellung vorzulegen.

Zu seinem Glück empfing ihn der Professor bei guter Laune, und die beiden unterhielten sich für einige Stunden. Schließlich fragte Halley Newton, wie seiner Ansicht nach die Kurve aussehe, mit der man die Bewegung der Planeten beschreiben könne, wenn man davon ausgehe, dass die Anziehungskraft der Sonne umgekehrt proportional zum Quadrat ihrer Entfernung sei.[9]

Newton antwortete wie aus der Pistole geschossen: »Eine Ellipse!«[10] Woher er das wisse? Er habe es bereits berechnet, schon vor vielen Jahren. Moment, irgendwo hier müssten die

Unterlagen noch herumfliegen, sagte er und verlor sich für einen Moment in den Stapeln seiner Aufzeichnungen. Halley konnte sein Glück kaum fassen. Hatte Newton tatsächlich die Lösung, nach der er und Robert Hooke die letzten Monate vergeblich gesucht hatten?

Nun, fast.

Newtons Suche blieb an diesem Tag ohne Erfolg. Stellt euch vor, ihr seid Kriminalkommissar und habt herausgefunden, wer der Mörder ist, nur leider könnt ihr den Beweis nicht mehr finden. Das ist Isaac Newton! Er schickte Halley nach Hause und versprach, die nötigen Berechnungen nachzuliefern. Und das tat er schließlich auch. Zunächst verfasste er einen Aufsatz über die Bewegung von Körpern auf einer Umlaufbahn, in dem genau die Rechnungen enthalten waren, nach denen Halley vergeblich gesucht hatte. Der drängte Newton dazu, seine Forschungen weiter auszuführen, und Newton tat genau das. Nach zwei Jahren akribischen Ausarbeitens alter Ideen veröffentlichte er sein Meisterwerk, die *Philosophiae Naturalis Principia Mathematica,* zu Deutsch: *Mathematische Grundlagen der Naturphilosophie.*

MIT DEM APFEL BIS ZUM MOND UND ZURÜCK

Die nun endlich zu Papier gebrachten Berechnungen Newtons beruhten auf den Gedanken und Experimenten, die er etwa 20 Jahre zuvor in der häuslichen Isolation von 1665/66 in Woolsthorpe Manor angestellt hatte. Die Rede ist selbstverständlich von dem legendären Apfel, der ihm auf den Kopf fiel. Nun, ob das wirklich exakt so passiert ist, darüber streiten sich Historikerinnen und Historiker noch heute, aber fest steht, dass sich Newton damals Gedanken über Objekte wie Äpfel oder den Mond machte. Denn Äpfel hängen an Bäumen und fallen in

Richtung Erde. Der Mond hängt am Himmel, über der Erde, und bewegt sich um sie herum. Newton verstand, dass auf beide Körper, den Apfel im Garten von Woolsthorpe Manor und den Mond am Himmel, dieselbe Kraft wirkt: die Schwerkraft oder auch Gravitation. Wobei sich deren Wirkung, wie von Halley vermutet, mit dem Abstand zum Quadrat verändert. Sprich: Wäre uns der Mond doppelt so nahe, wie er es tatsächlich ist, würde sich die Anziehungskraft, mit der die Erde auf ihn wirkt, nicht verdoppeln, sondern vervierfachen. Diesen Effekt beschrieb Newton in seinen *Principia* mit dem allgemeinen Gravitationsgesetz, der Formel, die wir heute kennen als:

$$F = G\frac{m_1 \times m_2}{r^2}$$

Was man alles Tolles mit dieser Formel anstellen kann, damit beschäftigen wir uns noch intensiv im nächsten Kapitel. Aber vorher wollen wir die Frage klären: Zieht die Erde wirklich den Mond an? Und falls ja, warum fällt er dann nicht auf die Erde? Er schwebt doch in der Schwerelosigkeit vor sich hin, von einer »Anziehungskraft« bemerkt man da herzlich wenig, oder? Nun, das Konzept der Schwerelosigkeit widerspricht ein Stück weit unserer Intuition. Man denkt immer, wenn man weit genug von der Erde wegfliegt, dann setzt irgendwann automatisch die Schwerelosigkeit ein. So funktioniert das aber nicht. Hier ein Beispiel zur Veranschaulichung, was wirklich passiert: Stellen wir uns eine Kugel vor, die von einer Kanone abgefeuert wird. In diesem Beispiel ist der Kugel nichts im Weg, sie fliegt ein paar Hundert Meter, bis die Anziehungskraft der Erde sie wieder herunterzieht und sie zu Boden stürzt.

Angenommen, wir würden eine immer stärkere Kanone bauen, die unsere Kugel mit immer größerer Kraft aus dem Rohr ballert, dann wäre es theoretisch möglich, die Flugstrecke dieser

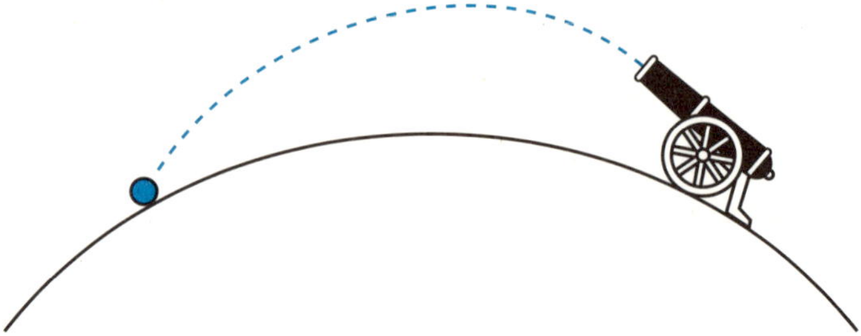

Abbildung 3.1:
Schuss aus einer Kanone

Kanonenkugel immer länger zu machen. Erst fliegt sie ein paar Hundert, dann ein paar Tausend Kilometer. Und wenn wir sie mit genug Kraft abfeuern, dann könnten wir es sogar schaffen, dass ihre Flugzeit unendlich lang wird. Wir schießen dafür die Kugel mit so viel Power in die Luft, dass sie auf 28 000 km/h beschleunigt wird und damit auf eine Umlaufbahn um die Erde gelangt.

Das klingt jetzt erst mal komplett bescheuert, aber nichts anderes machen wir mit Satelliten oder Raumstationen, die wir auf eine Umlaufbahn um die Erde schicken. Aber wenn wir jetzt die Kugel mit einer solchen Geschwindigkeit in den Orbit knüppeln, warum fällt sie dann nicht wieder zurück auf die Erde? Nun, sie befindet sich im Grunde durchgängig in einem perfekten Gleichgewicht zwischen ihrer Fluggeschwindigkeit und der Anziehungskraft der Erde. Stellen wir uns, um das Ganze einfacher zu machen, die Situation zweidimensional vor:

In Abbildung 3.2 ist die Wirkung der Schwerkraft der Erde auf die Kanonenkugel mit blauen Pfeilen dargestellt. Die schwarzen Pfeile zeigen die Richtung an, in die die Kugel fliegen würde, wenn sie ohne Einwirkung von Schwerkraft dem Pfad folgen könnte, auf den die Kanone sie beim Abschuss gebracht hat. Die gestrichelte Linie markiert die tatsächliche Umlaufbahn: Die

Kugel wird abgefeuert, fliegt nach links und verlässt die Erdoberfläche. Die Anziehungskraft der Erde hindert sie nun daran, weiter geradeaus ins Weltall zu fliegen. Ihre Geschwindigkeit ist dabei so hoch, dass sie in der Luft bleibt, statt wieder komplett zur Erde zurückgezogen zu werden. Die Kugel fällt also weiter, nur eben um die Erde herum, und bleibt durch die konstant auf sie einwirkende Schwerkraft auf einer beständigen Umlaufbahn. Das heißt, eigentlich sind Objekte im Orbit um unsere Erde nicht wirklich »schwerelos«, sondern befinden sich im freien Fall um unseren Planeten. Wobei, diese Formulierung ist so auch nicht ganz richtig. Astronautinnen und Astronauten sind schwerelos, *weil* sie sich im freien Fall befinden.

Schwerelosigkeit ist keine magische Eigenschaft des Universums, die beginnt, wenn wir x Kilometer nach oben fliegen; Schwerelosigkeit wird durch den freien Fall ausgelöst. Und genau das klingt irgendwie unlogisch. Wie können wir denn bitte fallen, wenn wir schwerelos sind? Dann müssten wir doch schweben?!

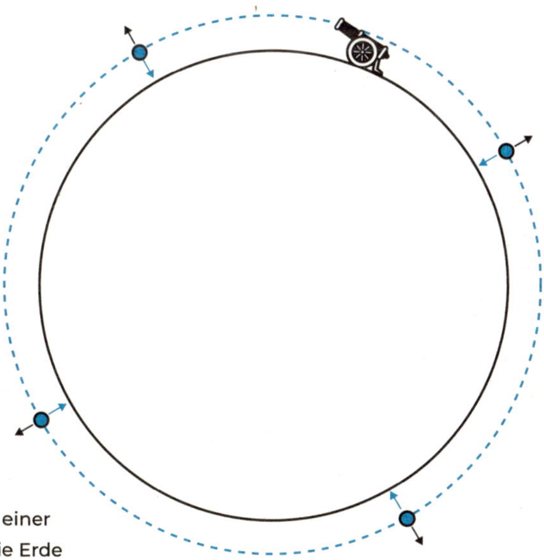

Abbildung 3.2:
Kanonenkugel auf einer Umlaufbahn um die Erde

Aber das stimmt eben nicht. Sondern: Wir sind schwerelos, wenn wir unser Gewicht nicht mehr spüren können. Das heißt, auch auf einem Trampolin können wir Schwerelosigkeit erfahren. In dem Moment, wo unsere Füße das Sprungnetz verlassen, sind wir schwerelos. Die Astronauten auf der ISS fallen zwar mit über 28 000 km/h um die Erde herum, aber sie empfinden dieselbe Schwerelosigkeit wie Kinder, die 400 Kilometer unter ihnen auf einem Trampolin jauchzend in die Höhe springen. Jeder und jede von uns hat also schon einmal Schwerelosigkeit erlebt, wenn auch nur für einen kurzen Augenblick.

Wenn wir jetzt aber eine Kanonenkugel nicht nur auf eine Umlaufbahn um die Erde bringen, sondern sie tatsächlich ins Weltall schießen wollten, dann müssten wir sie auf kosmische Geschwindigkeiten beschleunigen, und zwar auf ca. 40 000 km/h. Dann würde die Schwerkraft der Erde sie nicht mehr von ihrem Kurs abbringen, frei wäre sie aber noch lange nicht. Denn jetzt befände sie sich auf einer Umlaufbahn um die Sonne. Um auch deren Anziehungskraft zu entkommen, müsste sie noch schneller werden und eine Geschwindigkeit von über 60 000 km/h erreichen. Erst dann könnte sie unser Sonnensystem verlassen. Doch die Gravitation zu 100 Prozent abschütteln, das könnte sie nie. Alle Körper im Universum stehen in Wechselwirkung miteinander, sind verbunden durch die Schwerkraft. Deren Reichweite ist unendlich, das heißt, in jedem Moment wirkt alles im Universum mit seiner Schwerkraft auf euch, und umgekehrt, auch ihr wirkt auf alles andere. Egal, ob dieses Buch, das supermassive schwarze Loch in der Mitte unserer Galaxie oder ein explodierender Stern viele Milliarden Lichtjahre von uns entfernt: Alles zieht euch an, und ihr zieht alles an. Wenn auch nur sehr, sehr schwach. Zu behaupten, dass wir mit allem im Universum in Verbindung stehen, klingt zwar erst mal nach esoterischem Firlefanz, ist aber tatsächlich physikalische Realität.

Zurück zu Isaac Newton. Mit seinen *Principia* stellte er Bewegungsgesetze auf, mit denen er nachhaltig und korrekt beschreiben konnte, wie sich … na ja, wie sich *alles* bewegt. Planeten, Monde, Kometen und Kanonenkugeln, alles tanzte plötzlich nach Newtons Pfeife. Keplers Planetengesetze konnten endlich mathematisch hergeleitet und damit bewiesen werden. Newton war vielleicht nicht der Erste, der verstand, dass die Schwerkraft die Himmelskörper zusammenhält, das hatten auch schon Edmund Halley und seine Wettpartner vermutet, aber er war nun mal der Erste, der diese Kraft mathematisch beschreiben konnte.

Newton katapultierte das Wissen der Menschheit mit seinen Naturgesetzen auf ein ganz neues Level. Die Royal Society, damals die angesehenste Wissenschaftsorganisation, ahnte gleich, welch bahnbrechende Gedanken er da zu Papier gebracht hatte. Eigentlich hatte man auch zugesichert, die *Principia* in Druck zu geben, aber daraus wurde erst mal nichts. Schuld waren ein paar Fische.

Ja: Fische.

Man hatte sich nämlich kurz zuvor entschieden, das illustrierte Buch *Historia Piscium* (Die Geschichte der Fische) von Francis Willughby zu drucken, einem heute völlig irrelevanten Naturforscher, der bereits 14 Jahre zuvor verstorben war. Das Buch war gespickt mit detailreichen, aufwendig gestalteten Illustrationen von – Achtung, Überraschung! – Fischen. Die vielen Zeichnungen machten das Unterfangen sehr teuer, was sich schon deshalb rächte, weil das Buch leider gewaltig floppte.[11] Mit diesem finanziellen Fehltritt im Nacken traute sich die Royal Society nun plötzlich nicht mehr, den Druck von Newtons *Principia* zu finanzieren. Das bedeutendste Werk in der Geschichte der Wissenschaft drohte in der Versenkung zu verschwinden.

Es war dann kein Geringerer als Edmund Halley, der Newtons Arbeit zur Veröffentlichung brachte, indem er den Druck des Buches aus eigener Tasche bezahlte. Im selben Jahr kündigte die Royal Society an, dass sie sich Halleys Jahresgehalt von 50 Pfund, welches er für diverse Vermittlungsaufgaben bekam, nicht mehr leisten könne. Stattdessen entschädigte man ihn mit 50 Exemplaren der *Historia Piscium.*[12] Für ihn damals ein absoluter Reinfall, heute werden einzelne Exemplare genau dieser Auflage aus dem 17. Jahrhundert jedoch für bis zu 10 000 US-Dollar gehandelt.[13] Halleys Sammlung wäre inzwischen also etwa 10 000 Shilling wert. Um so viel Geld zu verdienen, hätte er 200 Jahre arbeiten müssen.

LEG DICH NICHT MIT ISAAC AN

Endlich war es geschafft, Newtons Werk war veröffentlicht, und es machte ihn mit einem Schlag zum berühmtesten Wissenschaftler aller Zeiten. Als man ihn später fragte, wie er es überhaupt geschafft habe, die Theorie der universellen Gravitation aufzustellen, antwortete er: »Indem ich lange darüber nachgedacht habe.«[14] In der Tat, das hatte er. Die Theorie zur Schwerkraft war ihm nicht schlagartig in dem Moment eingefallen, als ein Apfel auf seinen Kopf fiel (auch wenn viele TV-Dokumentationen es so aussehen lassen); vielmehr hatte er jahrelang rund um die Uhr über die Bewegungen der Himmelskörper gegrübelt und entsprechende Berechnungen angestellt.

Fortan standen ihm alle Türen offen. Der antisoziale, von sich selbst überzeugte Egomane wurde 1703 zum Präsidenten der Royal Society ernannt, und 1705 schlug ihn Queen Anne zum Ritter. Sir Isaac Newton kannte wie gesagt kein Pardon, wenn es darum ging, seine Arbeiten voranzutreiben, und er nutzte seinen neuen Einfluss, um jeden, der ihm und seiner Forschung im

Weg stand, das Leben zur Hölle zu machen. Besonders heftig fiel der bereits erwähnte Konflikt mit dem königlichen Astronomen John Flamsteed aus. Newton entwickelte gerade eine ausführliche Theorie zur Bewegung des Mondes und benötigte dafür jede Menge Beobachtungsdaten – über die er nicht verfügte. Flamsteed arbeitete damals an einem komplexen Navigationsproblem für die Überquerung der Weltmeere und hatte die letzten Jahrzehnte seines Lebens damit verbracht, einen umfassenden Sternenkatalog anzulegen. Sehr nützlich für Newton! Der auch sogleich verlangte, Flamsteed möge seine Daten umgehend veröffentlichen. Doch der weigerte sich, da sie noch nicht vollständig seien. Der 3000 Himmelskörper umfassende Sternenkatalog war sein Lebenswerk – wenn man so will: seine persönlichen *Principia* –, und er war noch nicht so weit, ihn mit der Welt zu teilen. Er brauchte noch Zeit!

Doch das war Newton egal. Je mehr Flamsteed sich wehrte, desto schwerere Geschütze fuhr er auf. Als Präsident der Royal Society konnte er Einfluss auf die Finanzierung von Flamsteeds Arbeiten nehmen. Ungeduldig wie ein Kleinkind setzte er sämtliche Hebel in Bewegung: Erst sicherte er Flamsteed Unterstützung in Form eines Assistenten zu. Dadurch hoffte er, schneller an die benötigten Monddaten heranzukommen. Doch als er erfuhr, dass Flamsteed den neuen Assistenten nicht ausschließlich mit den Arbeiten zum Mond beschäftigte, entzog er ihm kurzerhand die finanzielle Unterstützung. Dann erhöhte er den Druck und warf ihn aus der Royal Society hinaus mit dem Argument, Flamsteed habe seine Mitgliedsbeiträge nicht bezahlt. Und um all das noch zu toppen, besorgte sich Newton einen königlichen Bescheid und stellte sich selbst als Leiter der Sternwarte von Greenwich ein, wodurch er offiziell Flamsteeds Vorgesetzter wurde. Schließlich stahl er die unvollständigen Daten, ließ sie von befreundeten Astronomen ergänzen und veröffentlichte sie ohne Flamsteeds Erlaubnis. Der königliche Astronom war am Boden zerstört. 35 Jahre Arbeit, mit Füßen getreten, von einem anderen modifiziert und herausgebracht. Er konnte es nicht fassen.[15]

Trotz der umfassenden Daten, die er von Flamsteed gestohlen hatte, war Newtons Mondtheorie übrigens nie ganz korrekt. Die Bewegungen unseres Trabanten vorherzusagen, ist aber auch wesentlich komplizierter als die der anderen Planeten unseres Sonnensystems, da seine Umlaufbahn sowohl von der Erde als auch von der Sonne stark beeinflusst wird.[16]

Nach dem Tod von Königin Anne im Jahre 1714 ging Newtons Einfluss am englischen Hof zurück, und Flamsteed konnte endlich vor Gericht ziehen. Er bekam Recht und ließ Newtons Version seines Sternenkatalogs vom Markt nehmen und sämtliche Exemplare verbrennen. Sein eigenes Lebenswerk, die *Historia Coelestis Britannica,* wurde fünf Jahre nach seinem Tod doch noch veröffentlicht und half Seefahrenden über 100 Jahre bei der Navigation über die Weltmeere. Ein kleiner Trost.

NEWTONS GEHEIMNISSE

Newton hätte eigentlich sehr gut nachvollziehen können müssen, dass jemand unfertige Daten nicht veröffentlichen will. Schließlich war er selbst ein absoluter Muffel, wenn es darum ging, seine Entdeckungen mit der Welt zu teilen. Zumindest bis zu seinem ersten großen Erfolg, der Veröffentlichung der *Principia,* stellte er sich nur ungern der Kritik seiner Kollegen. In besagten Jahren seiner Isolation in Woolsthorpe entwickelte er einige Arbeiten, von denen wie gesagt um ein Haar niemals auch nur eine Menschenseele etwas erfahren hätte.

Da wäre einmal seine Arbeit zur Optik, mittels derer er das galileische Teleskop revolutionierte. In einem berühmten Experiment verdunkelte Newton den Dachboden von Woolsthorpe

Manor. Nur durch einen kleinen Schlitz in einer Trennwand ließ er einen Sonnenstrahl einfallen. Diesen fing er mit einem Prisma auf, was dazu führte, dass sich das weiße Sonnenlicht in einen Regenbogen aufspaltete. Die allgemeine Erklärung der damaligen Naturphilosophen lautete, dies geschehe, weil irgendetwas innerhalb des Prismas das weiße Licht »verunreinigte«.[17] Doch Newton überzeugte das nicht. Er baute eine zweite Trennwand mit einem weiteren kleinen Loch auf und leitete Farbstrahl für Farbstrahl aus dem Regenbogen in ein zweites Prisma. Wenn die bisherige Theorie gestimmt hätte, hätte nun ein zweiter Regenbogen entstehen müssen. Doch das geschah nicht. Die Farben spalteten sich nicht weiter auf, sondern blieben Grün, Rot oder Blau. Und nicht nur das: Mithilfe des zweiten Prismas war Newton in der Lage, die verschiedenen bunten Strahlen wieder zu einem einzigen weißen Strahl zusammenzuführen. Er schlussfolgerte, dass die Farben also nicht im Prisma entstehen, sondern dass das weiße Sonnenlicht eine Mischerscheinung aller Farben sei, die wir wahrnehmen können. Wobei die Farben nicht gleichmäßig vertreten seien, sondern unterschiedlich häufig vorkämen.

Mit diesem Wissen revolutionierte Newton mal eben das Teleskop. Verglichen mit dem von Galilei war seins wesentlich kleiner, vergrößerte aber trotzdem um ein Vielfaches, nämlich um das 35-Fache. Und statt mit einer konkaven und einer konvexen Linse zu arbeiten (siehe Kapitel 2), verwendete Newton Spiegel, um das Problem der »chromatischen Aberration« zu minimieren. Chromatische Aberration ist eine Art Farbverzerrung, zu der es bei klassischen Teleskopen kam. Newton verstand, dass die geschliffenen Linsen das Licht der Sterne und Planeten ungleichmäßig in seine Farbbestandteile zerlegten, genau wie sein Prisma. Dadurch erschienen die Farben der Planeten durch das galileische Teleskop verschwommen und ungenau. Durch den Einsatz von Spiegeln konnte er dieses Problem vermeiden.

Doch im Gegensatz zu Galilei, der mit seinen Entdeckungen stets umgehend an die Öffentlichkeit gegangen war, behielt Newton seine Erfindung viele Jahre für sich. Dass sein Teleskop überhaupt jemals das Licht der Welt erblickte, haben wir Isaac Barrow und John Collins zu verdanken. Beide waren Mathematiker, und Barrow unterrichtete an der Universität in Cambridge, als Newton dort seinen Abschluss machte. Er bekam mit, woran der junge Mann in den Jahren seiner Isolation forschte, und erkannte dessen Genie. Gemeinsam mit John Collins gelang es ihm, Newton dazu zu bewegen, ein paar seiner Ergebnisse zu veröffentlichen. Nur widerwillig stimmte dieser damals zu, zunächst unter der Voraussetzung, komplett anonym bleiben zu dürfen. Doch Collins und Barrow überredeten ihn, sein Teleskop bei der Royal Society vorzustellen sowie eine Abhandlung über Licht- und Farbenlehre zu schreiben. 1672, sieben Jahre nach seinen Entdeckungen im heimischen Woolsthorpe, veröffentlichte Newton also seine *New Theory About Light and Colours*. Weitere 15 Jahre vergingen, bis er seine *Principia* herausbrachte, dabei hatte er fast alle notwendigen Gedanken und Berechnungen dazu ebenfalls bereits in den Jahren 1665/66 angestellt. Eine seiner wichtigsten Arbeiten, die Entwicklung einer völlig neuen Art von Mathematik – der Infinitesimalrechnung, die wir heute in der Schule in Form von Differenzial- und Integralrechnung beigebracht bekommen –, erwähnte Newton 1693 erstmals öffentlich. Die entsprechende Abhandlung darüber schrieb er erst im neuen Jahrhundert, im Jahr 1704. 40 Jahre hatte er diese Erkenntnisse geheim gehalten. Er ging damit erst an die Öffentlichkeit, als ein gewisser Gottfried Wilhelm Leibniz eine fast identische Methodik vorlegte. Heute gehen Historikerinnen und Historiker davon aus, dass Leibniz und Newton diese Rechenarten komplett unabhängig voneinander entwickelt haben. Die große Debatte darum, wer zuerst mit der Differenzialrechnung um die Ecke kam, ist bekannt als der Prioritätsstreit zwischen Newton und Leibniz.

Newton nannte seine Version die »Fluxionen«, Leibniz seine den »Calculus«. Leibniz' Version war wesentlich verständlicher und schon gleich mit einer neuen Symbolsprache ausgestattet, damit die neue Rechenart von den Mathematikern seiner Zeit möglichst einfach übernommen werden konnte. Newtons Fluxionen dienten, wenig überraschend, erst einmal nur ihm selbst. Mit ihnen legte er den Grundstein für seine Entdeckungen in den *Principia,* doch veröffentlichen wollte er das alles ursprünglich nicht.

Wir können uns heute glücklich schätzen, dass es in seinem Umfeld Wissenschaftler wie Edmund Halley, Isaac Barry oder John Collins gab, die ihn immer wieder dazu drängten, seine Arbeiten mit der Öffentlichkeit zu teilen. Wer weiß, wie lange es gedauert hätte, bis jemand anderes darauf gekommen wäre, eine Theorie über allgemeine Schwerkraft aufzustellen. Vielleicht wären wir bis heute noch nicht auf dem Mond gelandet!

Kopernikus, Galilei und Kepler halfen dabei, das Sonnensystem zu sortieren und so zu beschreiben, wie es tatsächlich *ist.* Newton ging einen Schritt weiter. Mithilfe seiner Naturgesetze konnte man endlich bestimmen, wie es in der Vergangenheit *war* und wie es in der Zukunft *sein wird.* Wo wird dieser Planet morgen, in einem Jahr oder in 20 Jahren genau zu sehen sein? Wo war er vor 100 Jahren? Das alles lässt sich mit den Formeln und Regeln aus Newtons *Principia* berechnen. Newton gab der Welt eine Zeitmaschine, eine magische Kugel, mit der man die Zukunft vorhersehen kann. Und um ein Haar hätten wir nie davon erfahren.

KAPITEL 4

WARUM DIE ERDE NICHT FLACH IST (UND WIE MAN DAS BEWEISEN KANN)

Wie groß ist die Erde? Und welche Form hat sie eigentlich? Heute hat jeder Mensch eine gute Vorstellung davon, dass wir auf einer Kugel leben. Na ja, *fast* jeder Mensch. Es gibt ja tatsächlich eine nicht unbeträchtliche Anzahl von Leuten, die sich der *Flat Earth*-Bewegung angeschlossen und es sich zur Aufgabe gemacht haben, zu beweisen, dass die Erde flach ist. Wenig überraschend hatten sie damit bisher keinen Erfolg. Denn so funktioniert Wissenschaft zum Glück nicht. Man kann sich nicht das Ergebnis aussuchen und dann Experimente durchführen, um dieses Wunschziel zu erreichen. Wissenschaft ist der beste Prozess zur Wahrheitsfindung, den wir haben. Das Zauberwort hier heißt »Falsifikation«. Im Grunde versucht man in der Wissenschaft nicht, seine Theorie zu verifizieren, also zu belegen, sondern sie zu falsifizieren, also Beweise *gegen* die eigenen Annahmen zu finden. Je intensiver man versucht, eine Theorie zu widerlegen, und je öfter man dabei scheitert, desto plausibler wird die Theorie. Wenn man Unstimmigkeiten findet, kann man sich noch eine Weile mit Subhypothesen aushelfen (wir erinnern uns an die Epizykel des Ptolemäus), aber irgendwann wird jede nicht zutreffende Theorie unter einem Hagel an Falsifikationen zu Boden gehen. Der Korrektheit halber nennen wir große Ideen wie die *Relativitätstheorie* von Einstein oder die *Evolutionstheorie* von Darwin auch dann noch Theorien, wenn sie schon Hunderten oder sogar Tausenden von Falsifikationsversuchen standgehalten haben und allgemein als belegt gelten. Es könnte ja trotzdem sein, dass eines Tages eine neue Infor-

Abbildung 4.1:
Blue Marble

mation aufkommt, die uns zwingt, noch einmal zu überdenken, was wir bislang als Wahrheit akzeptiert haben. Das ist genau die Unvoreingenommenheit, die die Wissenschaft zum besten Instrument macht, um herauszufinden, was nun wirklich stimmt, was wirklich ist.

Und die Form unserer Erde? Ist es auch nur eine Theorie, dass sie rund ist? Nicht wirklich. Spätestens seit dem 7. Dezember 1972 wissen wir das ganz sicher. An diesem Tag nahmen die Astronauten der Apollo-17-Mission auf ihrem Weg zum Mond das legendäre Foto *Blue Marble* auf. Es zeigt unseren Blauen Planeten aus einer Entfernung von 29 000 Kilometern als das, was er wirklich ist: eine blaue Murmel, die im Schwarz des unendlichen Universums das Sonnenlicht reflektiert.

Es ist nicht mal das erste Farbfoto, das aus dem Weltall aufgenommen wurde (schon seit den 60er-Jahren machten Satelliten Aufnahmen von unserem Planeten), aber *Blue Marble* ist nun mal das berühmteste Foto. Dennoch gibt es Leute, denen das nicht Beweis genug ist. Woher will man denn wissen, dass es sich nicht um ein Fake handelt? Gut. Ich war selbst nicht bei der Apollo-Mission dabei, aber es existieren noch andere Ansätze, wie man die Form unserer Erde überprüfen kann.

Schon früh beschäftigten sich Gelehrte mit dieser Frage. Einer der ersten Menschen, die auf die Idee kamen, dass wir auf einer Art Kugel leben, war der Mathematiker Pythagoras von Samos, der 500 Jahre v.u.Z. lebte. Wir kennen ihn wegen seiner legendären Erkenntnis, dass sich die Länge der Hypotenuse c eines rechtwinkligen Dreiecks aus der Wurzel der beiden Kathetenquadrate a und b berechnen lässt. Okay, das war unnötig kompliziert ausgedrückt. Einfacher gesagt:

$$a^2 + b^2 = c^2$$

Den »Satz des Pythagoras« lernt jede Schülerin und jeder Schüler in der 8. Klasse kennen. Dass Pythagoras diese Formel aber gar nicht erfunden hat, wissen die wenigsten. Schon im antiken Babylon, also über 1200 Jahre vor seiner Geburt, war das Verfahren bekannt.[1] Was noch weniger Menschen wissen, ist, dass Pythagoras von Samos nicht nur als Naturwissenschaftler in die Geschichtsbücher eingegangen ist, sondern auch als Zahlenfanatiker und Sektenanführer. Als er etwa 525 v.u.Z. nach Italien zog, gründete er die Bruderschaft der Pythagoreer, die nach dem Credo lebte: »Alles ist Zahl.«[2] Ihrer Überzeugung nach waren Zahlen heilig. Ganze Zahlen beteten sie geradezu an. Sie glaubten zudem an die Wiedergeburt, an einen universellen Geist, der allen Lebewesen innewohnt, und eben daran, dass ganze Zahlen das Universum regieren. Der Legende nach führte das auch zu einem der größten Skandale um die Bruderschaft. Als einer ihrer Anhänger, ein Mann namens Hippasos von Metapont, versuchte, die Wurzel aus zwei zu ziehen (er tat dies, um den Satz des Pythagoras anzuwenden auf ein Dreieck, dessen bekannte Seiten jeweils die Länge eins hatten), stieß er darauf, dass es so etwas wie irrationale Zahlen gibt. Irrationale Zahlen zeichnen sich dadurch aus, dass man sie nicht als Bruch von zwei ganzen Zahlen darstellen kann. Mit anderen Worten: Anscheinend lässt sich doch nicht alles im Universum mit ganzen Zahlen erklären. Ups. Diese Erkenntnis bedrohte die Kernüberzeugung der Pythagoreer, die Hippasos deshalb angeblich zur Strafe im Meer ertränkt und fortan versucht haben sollen, das Wissen um die irrationalen Zahlen geheim zu halten.[3] Eine durchaus verständliche Reaktion – das hätte ich auch gerne mit meinem Mathelehrer gemacht, als er damals mit irrationalen Zahlen um die Ecke kam.

Lange galt diese Geschichte als größter Skandal der Bruderschaft, neuere Forschung legt jetzt aber nahe, dass es sich womöglich doch nur um einen Übersetzungsfehler handelt.[4] Wie sich das alles genau zugetragen hat, lässt sich nicht mehr feststellen, klar ist aber, dass das Leben der Anhängerinnen und Anhänger des Pythagoras von Samos doch spannender war, als es rechtwinklige Dreiecke vermuten lassen.

Die Pythagoreer beschäftigten sich aber nicht nur mit Mathematik, sondern entwickelten auch ihre ganz eigene Kosmologie: Sie gingen davon aus, dass die Erde kugelförmig ist und das Zentrum des Universums bildet.[5] Diese Überzeugung beruhte zwar eher auf einem ästhetischen Verlangen nach Vollkommenheit als auf Experimenten und empirischen Daten, trotzdem waren sie damit der Wahrheit, mehr oder weniger aus Versehen, auf der Spur.

Rund 200 Jahre später griff der griechische Gelehrte Aristoteles diesen Gedanken auf, und zwar aus guten Gründen. Er hatte nämlich Folgendes beobachtet: Wenn ein Schiff am Horizont verschwindet, so ist erst der Rumpf nicht mehr zu sehen, danach die Segel. Zudem erkannte er, dass es der Schatten der Erde ist, der den Mond bei einer Mondfinsternis verdeckt; die runde Form dieses Schattens sprach ebenfalls für eine kugelförmige Gestalt der Erde. Zu guter Letzt führte Aristoteles ins Feld, dass man an unterschiedlichen Orten auf der Erde unterschiedliche Sternenkonstellationen sehen kann.[6] Und nur wenn wir auf einer Kugel leben, können wir im Norden andere Sterne sehen als im Süden, denn wir blicken buchstäblich in einen anderen Teil des Universums. Die Annahme, dass wir auf einer runden Erde leben, war damals also keine unbedeutende Theorie, die nur von einer Minderheit vertreten wurde, sondern galt als Fakt und wurde von den größten Lehrern der Antike vermittelt.

Aber es blieb nicht bei einfachen Beobachtungen und religiösem Fanatismus. Form und Größe unserer Erde wurden 300 Jahre v.u.Z. auch schon mithilfe eines einfachen Experiments erforscht, welches jeder und jede von uns mit zwei Holzpfählen und einem funktionierenden Gehirn selbst nachstellen kann. Der damalige Leiter der Bibliothek von Alexandria, ein Gelehrter namens Eratosthenes, wollte den Umfang von Aristoteles' kugelförmiger Erde berechnen. Er erfuhr von einem Brunnen in Syene (im heutigen Ägypten), in den die Sonne jedes Jahr genau am 21. Juni zur Mittagszeit so hineinschien, dass es an seinem Boden keinen Schatten gab. Dort stand die Sonne also zur Sommersonnenwende in einem perfekten rechten Winkel zur Erde. Eratosthenes verstand, dass es ihm mit diesem Wissen möglich sein würde, den Umfang der Erde zu berechnen. Wie das gehen sollte? Nun, stellen wir uns einen Kreis vor, auf dem wir an zwei Punkten jeweils einen Pfahl aufgestellt haben. Dazu kommt nun eine Lichtquelle, die aus einiger Entfernung diesen Kreis anleuchtet. Dort, wo die Lichtstrahlen im rechten Winkel auf den Kreis treffen, steht der erste Pfahl. In Eratosthenes' Fall war das der Brunnen in Syene, darauf kommt es aber letztlich nicht an. Wichtig ist nur: Der Pfahl (respektive Brunnenrand) wirft keinen Schatten. Etwas weiter oben steht der zweite Pfahl. Dieser sollte, wenn die Erde wirklich eine Kugel ist, einen kleinen Schatten werfen. Wenn wir jetzt die Entfernung zwischen den beiden Pfählen und die Länge des Schattens, den der zweite Pfahl wirft, kennen, können wir ausrechnen, wie lang ein Grad dieses Kreises

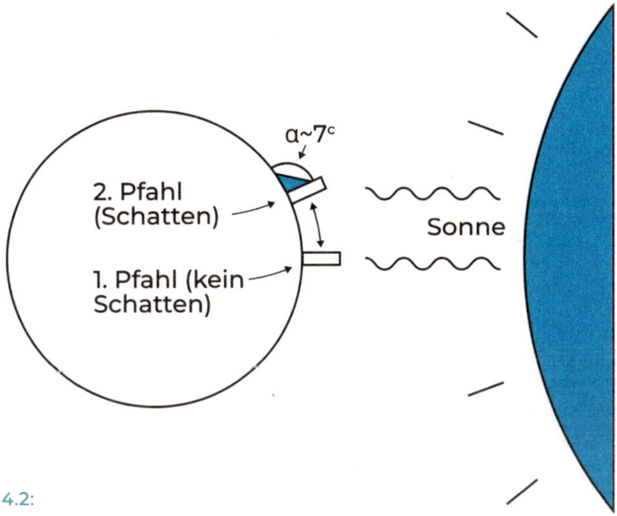

Abbildung 4.2:
Wie man den Umfang eines Kreises mit zwei Pfählen und einer Lichtquelle berechnen kann

ist. Und da ein Kreis 360 Grad hat, müssen wir nur noch diese Strecke mal 360 nehmen, und schon haben wir den Kreisumfang berechnet.

Das Wissen über die wesentlichen Eigenschaften von Kreisen war im antiken Griechenland spätestens seit der Entwicklung der euklidischen Geometrie weit verbreitet. Euklid von Alexandria war Mathematiker und lebte im dritten Jahrhundert v. u. Z. In seinem monumentalen Werk *Die Elemente* stellte er wichtige geometrische Grundgesetze auf, die uns bei ebensolchen Berechnungen helfen. Was sind Winkel? Was ist eine Gerade? Was ist ein Punkt etc.[7]

Bewaffnet mit der euklidischen Geometrie, machte sich unser Bibliotheksleiter Eratosthenes daran, das Rätsel um Form und Größe der Erde zu lösen. Er stellte in Alexandria einen Holzpfahl auf und maß die Länge des Schattens, den dieser an genau dem Tag zu genau der Uhrzeit verursachte, zu der in dem Brunnen in Syene kein Schatten zu sehen war.* Aus der Länge des Schattens in Alexandria berechnete Eratosthenes den Winkel, in dem dieser geworfen wurde. Er betrug 7,2 Grad, also genau 1/50 eines kompletten Kreises. Wenn er jetzt noch die exakte Entfernung zwischen seinem Pfahl und dem Brunnen im weit entfernten Syene herausfinden konnte, hätte er alles, was er für seine Berechnungen brauchte. Zu diesem Zweck beauftragte Eratosthenes sogenannte Bematisten, die darin trainiert waren, immer gleich große Schritte zu laufen und auf diese Art große Entfernungen zu messen. Sie kamen auf eine Strecke von 5000 Stadien** zwischen Alexandria und Syene, was 800 bis 900 Kilometern entspricht.[8] Mithilfe dieser Werte berechnete Eratosthenes den Umfang der Erde auf etwa 40 250 Kilometer, was nur ein Prozent über dem tatsächlichen Wert von 40 072 Kilometern liegt![9] Eratosthenes stellte diese Berechnung mit fast fehlerfreier Präzision knapp 250 Jahre v. u. Z. an, doch die meisten seiner Zeitgenossen zogen einen niedrigeren Wert vor: etwa 28 000 km.[10] Diese falsche Zahl stand auch in Ptolemäus' *Almagest* und wurde später von Kolumbus für seine Weltumseglung genutzt. Was war in der Zwischenzeit mit dem Wissen der antiken Griechen passiert? Wer war schuld, dass die nächsten Erkenntnisschritte so lange auf sich warten ließen? Es war der Aufstieg des Römischen Reiches, durch den das so hoch entwickelte Europa der cleveren Griechen zurückgeworfen wurde und der den Kontinent in die größte intellektuelle Krise aller Zeiten stürzte.

* Wie konnte er das schaffen? Es war ihm ja unmöglich, an zwei Orten gleichzeitig zu sein, um die Schatten zu überprüfen. Nun, ganz einfach: Den Stand der Sonne in Syene um die Mittagszeit am 21. Juni kannte er. Er musste nur noch die Länge des Schattens in Alexandria zur selben Zeit messen.

** Die größte Längenangabe im antiken Griechenland war das Äquivalent einer Stadionlänge, also der olympischen Austragungsstätte. Ein Stadion entsprach etwa 150 bis 185 Metern. Die genaue Länge, die Eratosthenes verwendete, ist leider nicht überliefert.

VON GENIALEN GRIECHEN UND RANDALIERENDEN RÖMERN

Ein paar Jahrzehnte nach Eratosthenes' Weltvermessung beginnt der römische Eroberungsfeldzug. Ganz Italien wird besetzt. Ganz Italien? Nein! Eine von unbeugsamen Griechen bewohnte Insel hört nicht auf, den Eindringlingen Widerstand zu leisten. Der Legende nach werden etwa 200 Jahre v. u. Z. die Kriegsschiffe des römischen Feldherrn Marcus Claudius Marcellus vor der Küste Siziliens in Stücke gerissen. Die damals griechische Stadt Syrakus wäre dem Angriff der Römer zwar eigentlich nicht gewachsen, doch dank der Kriegsmaschinerie, mit der sie ausgestattet ist, kann sie das Schlimmste vorerst verhindern. Riesige me-

Abbildung 4.3:
Die Schlacht von Syrakus

chanische Krallen packen die Schiffe der Römer an der Spitze und versenken sie im Meer, quasi im Handumdrehen. Mächtige Katapulte schleudern Gesteinsbrocken Hunderte Meter durch die Luft und zerquetschen die anstürmenden römischen Soldaten wie Fliegen.[11]

Die Römer ergriffen vorerst die Flucht, fluchend und angsterfüllt. Wie hatten die Bewohner von Syrakus es geschafft, ihren Angriff abzuwehren? Wer hatte dieses unglaubliche Kriegswerkzeug konstruiert, das seiner Zeit um Jahrzehnte voraus war? Der Befehlshaber Marcellus fand schnell den Namen des Mannes heraus, der dafür verantwortlich war: Archimedes.

Archimedes war ein genialer Erfinder, Mathematiker und Ingenieur. Unter anderem hatte er ein umfassendes Werk mit dem Titel *Über das Gleichgewicht ebener Flächen* geschrieben, in dem es um die Schwerpunkte von Objekten und den Effekt der Hebelwirkung ging.[12] Mit seinem Verständnis der Physik des Hebeleffekts konnte er mehrere praktische Anwendungen entwickeln, wie zum Beispiel die riesigen Schiffskrallen, die den Angriff der Römer abwehrten, was ihn schnell zu einem reichen und angesehenen Mann in Syrakus machte. »Gib mir einen festen Punkt, und ich hebe die Welt aus den Angeln«, soll er einmal zu König Hieron, dem Herrscher von Syrakus, gesagt haben.[13] In dessen Auftrag baute Archimedes einen Flaschenzug, mit dem ein einzelner Mensch ein komplett beladenes Schiff zu Wasser lassen konnte. Und dann entdeckte er noch das später nach ihm benannte Archimedische Prinzip.

Das kam so: Der Legende nach betraute König Hieron ihn mit der Aufgabe, den Goldgehalt einer Krone zu überprüfen, ohne sie zu zerstören. Der König hatte einen Goldschmied gebeten, ihm eine Krone anzufertigen, und ihm das dafür nötige Gold in unbearbeiteter Form übergeben. Nun, da er das fertige Werk in Händen hielt, argwöhnte er, der Goldschmied könnte ihn übers Ohr gehauen haben, indem er die Krone mit billigerem Material gestreckt und den Rest des Goldes für sich behalten hatte. König Hieron bat also den klügsten Mann, den er kannte, herauszufinden, ob sein Verdacht zutraf.

Archimedes zerbrach sich über die Problemstellung tagelang den Kopf. Als er seinen Körper eines Abends zum Baden in eine volle Wanne ließ und das warme Wasser über den Rand schwappte, fiel es ihm wie Schuppen von den Augen: Er konnte den tatsächlichen Goldgehalt der Krone feststellen, indem er überprüfte, wie viel Wasser sie verdrängte, und dann diesen Wert mit dem eines Goldbarren verglich. Euphorisiert von seiner Erkenntnis, sprang Archimedes auf, rannte splitterfasernackt durch die Straßen von Syrakus und schrie wieder und wieder: »Heureka!« Ich hab's gefunden! Ob das wirklich genauso passiert ist oder ob es sich hier wie beim newtonschen Apfel eher um ein Märchen der Wissenschaftsgeschichte handelt, lässt sich nicht mehr feststellen. Eine gute Story ist es aber auf jeden Fall.*

Wie sich herausstellen sollte, besaß Archimedes auch erstaunlich präzise Kenntnisse über die wahre Natur unseres Universums. Im antiken Griechenland hatte bekanntlich bereits die Auffassung vorgeherrscht, dass wir auf einem kugelförmigen Planeten leben. Die Erde aber, so glaubte man, stehe im Zentrum von allem. Wobei nicht alle Gelehrten damals dieses geozentrische Weltbild vertraten. Niemand Geringeres als Archimedes beispielsweise lehrte, die Sonne befinde sich im Zentrum des Universums, nicht die Erde. Wow! Ein heliozentrisches Weltbild? Vier Jahrhunderte bevor Claudius Ptomeläus, der Verfasser des *Almagest,* geboren wurde? 1700 Jahre vor Kopernikus? Unfassbar!

Die Idee hatte Archimedes von einem Philosophen namens Aristarchos von Samos übernommen. Aristarchos, der von der-

* Für alle, die es interessiert: Die Krone war übrigens tatsächlich nicht aus purem Gold gefertigt. Der Goldschmied war ein Schlitzohr!

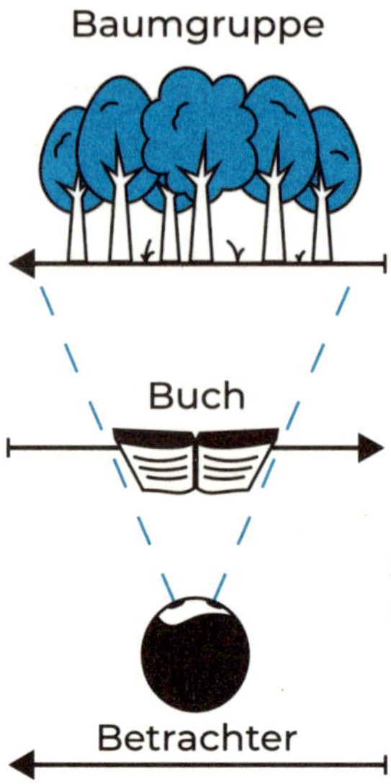

Abbildung 4.4:
Parallaxe Bewegung

selben Insel stammte wie unser geliebter Zahlenfanatiker Pythagoras, berechnete die Größe von Erde, Mond und Sonne sowie die Entfernungen zwischen ihnen. Zwar lagen seine Ergebnisse deutlich unter den tatsächlichen Werten (beim Abstand Mond–Erde verschätzte er sich um den Faktor 20, bei der Größe der Sonne um das 15-Fache[14]), dennoch war er einer der Ersten, die verstanden, dass das Universum weitaus größer sein musste als bislang angenommen.

Viele antike Kulturen glaubten ja, die Himmelskörper seien fast schon zum Greifen nahe. Die alten Ägypter stellten sich den Himmel als eine Art Zeltdach vor, das an vier Ecken der Erde durch vier Bergspitzen aufgespannt wurde.[15] In der griechischen Mythologie war die Entfernung der Sonne von der Erde angeblich so kurz, dass Ikarus ihr mit seinen Flügeln aus Wachs zu nahe kam, sodass sie schmolzen und er ins Meer stürzte.[16] Und als Phaethon, der Sohn des griechischen Sonnengottes, einst die Kontrolle über den Sonnenwagen seines Vaters verlor, krachte er an die nordafrikanische Küste und verbrannte dabei Land und Leute, womit die griechische Mythologie die dunkle Hautfarbe der Afrikaner und Afrikanerinnen erklärte.[17]

Aristarchos' Annahme, die Erde drehe sich um die Sonne, führte zu einem kleinen Dilemma. Denn wenn uns die Sterne derart nahe sind, dann müsste man die Tatsache, dass sich die Erde bewegt, ganz einfach am Himmel erkennen können. Und zwar an einer scheinbaren Bewegung der Sterne: einer sogenannten Parallaxe. Was das ist? Zur Veranschaulichung dieses Phänomens blicken wir einmal auf ein Objekt in der Ferne, zum Beispiel eine Baumgruppe, und halten uns dieses Buch etwa eine Armlänge entfernt vors Gesicht. Jetzt bewegen wir unseren Kopf von rechts nach links.

Während sich das uns nahe Objekt, das Buch, von links nach

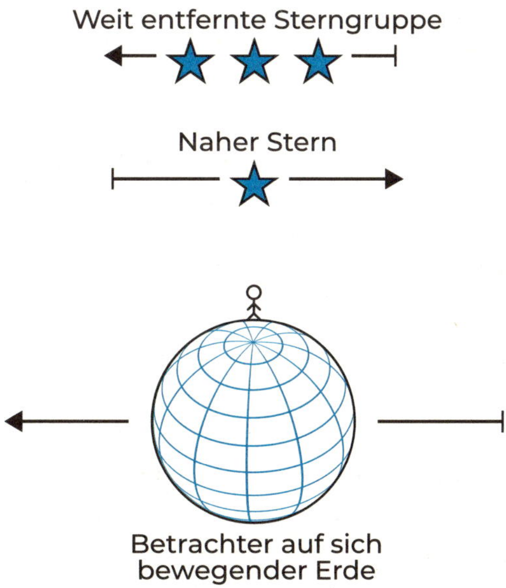

Abbildung 4.5:
Stellare Parallaxe

rechts bewegt, geht der Baum im Hintergrund mit unserem Kopf von rechts nach links. Genau so eine parallaxe Bewegung müsste auch am Nachthimmel zu sehen sein, wenn sich die Erde (analog unserem Kopf) bewegt. Dabei würden sich Sterne, die uns näher sind, langsam in die eine und weiter entfernte Sterne in die andere Richtung bewegen.

Da die Griechen diese Bewegung aber nicht wahrnehmen konnten, glaubten die meisten von ihnen, die Erde stehe still. Was sie nicht wussten: Man kann die stellare Parallaxe tatsächlich sehen, aber sie ist unglaublich winzig, weil die Sterne so unglaublich weit weg sind. Tatsächlich ließ sie sich erst feststellen, als astronomische Werkzeuge zur Verfügung standen, die weitaus präziser waren, als es die Augen der alten Griechen je hätten sein können. Das erste Mal wurde die stellare Parallaxe im Jahr 1838 gemessen.[18] Deshalb war es ganz schön mutig, dass Aristarchos von Samos behauptete, die Erde würde sich bewegen.

Auch Archimedes war wie gesagt davon überzeugt und berechnete daraufhin den Durchmesser des kompletten Universums auf etwa zwei Lichtjahre.[19] Das war ziemlich beeindruckend, vor allem, da es so etwas wie ein Lichtjahr als Größenangabe nicht gab und Archimedes diesen Wert in Stadien angeben musste.[20] Und auch wenn seine Schätzung weit unter dem heute bekannten Wert liegt,* war er seinen Kollegen damit um Lichtjahre (ha!) voraus.

Um diese schwer vorstellbare Größe etwas greifbarer zu machen, ging Archimedes einer bizarren Fragestellung nach: Wie viele Sandkörner braucht es, um das Universum komplett auszufüllen? Für die Ausführung dieser Rechenaufgabe benötigte er erst mal eine neue Schreibweise, um große Zahlen miteinander multiplizieren zu können. Also erfand er eine:[21] Er nahm die

* Das heute beobachtbare Universum erstreckt sich über 90 Milliarden Lichtjahre (siehe Kapitel 1).

größte ihm bekannte Zahl – 10 000, im Griechischen Myriade genannt – und multiplizierte sie mit sich selbst. Heraus kam eine Myriade Myriaden, geschrieben:

$$10^8$$

Diese Schreibweise wird in der Wissenschaft bis heute benutzt, um große Zahlen abzubilden. So wird eine Million (1 000 000) dargestellt als: 10^6 (10* 10* 10* 10* 10* 10). Auf dieser Grundlage errechnete Archimedes nun, dass man 10^{63} Sandkörner bräuchte, um das komplette Universum auszufüllen.[22] Obwohl er dabei mit einem – verglichen mit unserem heutigen Wissen – viel zu kleinen Universum rechnete, ist sein Ergebnis überraschenderweise ziemlich nah an der Zahl, auf die der britische Astrophysiker Arthur Eddington im Jahr 1936 kam, als er berechnete, wie viele Protonen sich im sichtbaren Universum befinden, nämlich etwa 10^{80} Konvertiert man Archimedes' Anzahl von Sandkörnern in die Anzahl ihrer Atomkerne, kommt man auf denselben Wert, obwohl die beiden Wissenschaftler von komplett unterschiedlich großen Universen ausgegangen waren.[23] Irgendwie creepy.

Archimedes' Leben war also voll unglaublicher Entdeckungen und Erkenntnisse. Doch trotz seines guten Rufes und seiner Erfindungen schaffte er es letztlich nicht, die Stadt Syrakus vor dem Untergang zu bewahren. Nach dem ersten erfolglosen Angriff auf die sizilianische Küstenstadt starteten die Römer einen weiteren Versuch, wieder unter Führung von Marcus Claudius Marcellus. Er war erpicht darauf, Syrakus zu zerstören und Archimedes gefangen zu nehmen, damit der seine legendären Kriegsmaschinen in Zukunft für das römische Imperium baute. Als einer von Marcellus' Soldaten Archimedes aufspürte, hockte der angeblich völlig in Gedanken versunken am Strand und zeichnete geometrische Figuren in den Sand. Der Soldat forderte ihn in ruppigem Ton auf mitzukommen. Der damals schon 75 Jahre alte

Archimedes, der es absolut nicht gewohnt war, dass man im Befehlston mit ihm sprach, antwortete mit dem legendären Satz: »*Noli turbare circulos meos*«,[24] was so viel heißt wie: Versau mir meine Kreise nicht. Daraufhin streckte der Soldat ihn nieder und tötete so einen der letzten großen Denker der Antike.

Die Menschheit verlor an diesem Tag nicht nur einen genialen Erfinder, sondern auch einen der wenigen Gelehrten, die die Idee eines heliozentrischen Weltbilds hätten weitergeben können. Die Römer interessierte nämlich herzlich wenig, wie viele Sandkörner ins Universum passen, und noch viel weniger, ob Sonne, Erde oder Mond das Zentrum desselben darstellen. Für Wissenschaft und Forschung gab es keinen Platz in ihrem Kaiserreich. Und als sich dann das Christentum rasant in ganz Europa ausbreitete, wurde dem Studium der materiellen Welt immer weniger Wert beigemessen. Die Bibliothek von Alexandria wurde niedergebrannt, der größte Wissensschatz der Antike ging der Menschheit verloren.

Es war Claudius Ptolemäus, einer der letzten griechisch-römischen Denker, der mit seinem *Almagest* die Chance gehabt hätte, das antike Wissen der Griechen in die Neuzeit zu überführen. Doch er stellte nicht nur wieder die Erde ins Zentrum des Universums, er machte sie auch noch viel zu klein. 29 000 Kilometer betrug seiner Auffassung nach ihr Umfang, was 25 Prozent unter dem tatsächlichen Wert liegt, und das, obwohl Eratosthenes den Erdumfang bereits ein halbes Jahrtausend zuvor korrekt ausgerechnet hatte!

Durch den Aufstieg des Römischen Reiches und der römischen Kirche brach ein dunkles Zeitalter an, und es sollten noch viele, viele Jahre vergehen, bevor Neugier wieder eine gern gesehene Eigenschaft war.

KLEIN IST DIE WELT!

Knapp 16 Jahrhunderte nach Archimedes' Tod begann eine neue Epoche der Entdeckungen, losgetreten von einem der vielleicht größten Idioten in der Geschichte der Seefahrt: Christoph Kolumbus. Der italienische Kapitän und »Entdecker« des amerikanischen Kontinents wird in Kinderbüchern gerne als mutiger, cleverer Abenteurer dargestellt, der, ausgerüstet mit Fernglas und Dreieckshut, die Besiedlung eines neuen Kontinents ermöglichte.

Die Wahrheit sieht leider etwas anders aus. Weder mit der Mathematik noch mit der Navigation nach Karten vertraut, setzte er sein Leben und das seiner kompletten Crew aufs Spiel, als er am 13. August 1476 den Hafen der portugiesischen Küstenstadt Sagres verließ. Der strenggläubige Navigator hatte laut eigener Aussage sämtliche Schriften über Geografie und Geschichte studiert und ausgerechnet, dass es von den Kanarischen Inseln bis zu den »Indies«, einer Ansammlung von Inseln südöstlich der Küste von Indien, 3550 nautische Meilen seien. Tatsächlich ist die Entfernung mehr als dreimal so groß! Obwohl alle Karten damals etwas anderes behaupteten, setzte Kolumbus Vertrauen in seinen Gott – und richtete sich bei seinen Berechnungen nach dem *Almagest*, legte also bei der Größe der Erde einen Wert zugrunde, der, wie wir heute wissen, über 11 000 Kilometer zu klein war.

Ein weiterer beliebter Mythos lautet, dass Kolumbus damals auf der Suche nach dem Rand der Erde war, da er angeblich glaubte, sie sei flach. Doch das stimmt nicht. Das Wissen der Griechen über die Kugelform unserer Erde wurde dank Ptolemäus ins Mittelalter hinübergerettet. Experten und Historikerinnen sind sich heute einig, dass die Entdeckergeneration um Christoph Kolumbus keineswegs davon ausging, die Erde sei eine Scheibe.[25] Dass viele von uns meinen, im Mittelalter sei es

Konsens gewesen, dass die Erde flach ist, haben wir vermutlich einer hitzigen Debatte zwischen Religion und Wissenschaft Ende des 19. Jahrhunderts zu verdanken.[26] Wissenschaftsnahe Autoren verbreiteten damals die These vom angeblichen Glauben an eine flache Erde, um Gegner der Evolutionstheorie zu diffamieren und Öl ins ewig lodernde Feuer des Konflikts zwischen Kirche und Wissenschaft zu gießen. Ihnen haben wir es zu »verdanken«, dass diese Falschinformation noch heute sogar in vielen Schulbüchern zu finden ist.

Kolumbus glaubte aber auch nicht unbedingt an die kugelförmige Erde der Griechen, sondern hatte eine ganz eigene Vorstellung von der Gestalt unseres Planeten. Bei seiner dritten Reise nach Amerika stellte er die These auf, die Erde sei vielleicht birnenförmig oder wie eine Kugel mit Beule, so wie die Brust einer Frau.[27] Den Nippel glaubte er entdeckt zu haben, als er »Indien« erreichte.

Heute wissen wir natürlich, dass er am 12. Oktober 1492 mit seinen Schiffen nicht in Indien, sondern in Amerika anlegte. Der Kontinent rettete ihn und seine Crew, denn sie hätten niemals genug Proviant an Bord gehabt, um die lange Reise bis nach Indien zu überleben. In Amerika angekommen, begann Kolumbus mit dem, wofür er die Reise angetreten hatte: Er versuchte, die Ureinwohner zu missionieren, und schickte die Unbeugsamen als Sklaven nach Hause zur spanischen Königin.

Mit der Zeit wurden Zweifel laut, ob Kolumbus tatsächlich in Indien war oder ob er nicht etwas wesentlich Größeres entdeckt hatte. Doch der »unfehlbare« Seefahrer wollte keinen Fehler eingestehen. Erst neun Jahre später, als mehr und mehr spanische Entdecker sich die neue Seeroute nach Indien genauer anschauten, umsegelte der italienische Kaufmann Amerigo Vespucci das Kap Hoorn, den südlichsten Zipfel Südamerikas, und realisierte, dass es sich bei dem, was Kolumbus entdeckt hatte, um einen komplett neuen Kontinent handelte.[28] Von wegen Indien! Deshalb trägt dieser Kontinent auch bis heute Amerigos Namen, also »Amerika«, und nicht den von Kolumbus.

Letzterer bedrohte übrigens jeden, der sich seinen Überzeugungen entgegenstellte, mit dem Tod und starb schließlich im Jahr 1506, immer noch der Ansicht, er habe eine neue Abkürzung nach Asien entdeckt.

Die nachfolgenden europäischen Eroberer des amerikanischen Kontinents sorgten dafür, dass über 50 Millionen Ureinwohner getötet wurden oder an eingeschleppten Krankheiten starben. Ein weiterer Wissensschatz alter Kulturen, in diesem Fall der der Mayas, Inkas und Azteken (sozusagen die Griechen Amerikas), zerstört durch die Gier weißer Kriegsherren und fehlgeleiteter Missionare. Bis heute versuchen Archäologinnen und Historiker zu rekonstruieren, wie viel genau die Urvölker Amerikas über unsere Welt und den Kosmos wussten. Die Mayas hatten nämlich schon früh recht genaue Kenntnisse über die Regelmäßigkeit der Bewegungen am Himmel. Sie bauten unterirdische Observatorien, mit denen sie die Himmelskörper genauestens untersuchen konnten. Ihr Mondkalender war sogar präziser als der des Ptolemäus.[29] Und: Sie entwickelten ein ausgeklügeltes Schrift- und Symbolsystem, mit dem sie ihr Wissen aufzeichnen und weitergeben konnten. Nur leider sahen die spanischen Eroberer sämtliche Aufzeichnungen der mesoamerikanischen Urvölker als Bedrohung für ihre religiöse Mission an und zertrümmerten den Großteil von deren Steintafeln. Wer weiß, wo die Menschheit heute stünde, wenn wir das Wissen der Griechen, der Mayas und anderer Hochkulturen nicht zerstört hätten!

DIE VERMESSUNG DER ERDE BEGINNT (ERNEUT)

Durch die »Entdeckung« Amerikas im 16. Jahrhundert verdoppelte sich die Größe der Erde auf einen Schlag. Plötzlich gab es neben Europa, Afrika und Asien einen völlig neuen Kontinent, den die europäischen Kolonialmächte ausbeuten konnten. Die Seefahrer merkten, dass viele ihrer Karten falsch und ihre Navigationsmethoden ungeeignet waren, um die Weltmeere verlässlich besegeln zu können. Doch genau das war jetzt gefragt, denn wem es gelang, seine Schiffe zielgenau zu steuern, der hatte gute Chancen, die nächste Weltmacht zu werden. Angetrieben vom Gold, das die europäischen Eroberer aus der Neuen Welt mit nach Hause brachten, setzte man alles daran, die Dimensionen unseres Planeten präzise zu ermitteln.

Den Grundstein dafür legte eine legendäre französische Vermessungsmission. Vermutlich hat kaum je eine Gruppe von Wissenschaftlern für eine einzelne Forschungsfrage einen größeren Aufwand betrieben als die Mitglieder besagter Expedition im Jahr 1735. Initiator war der französische Staatsmann Jean-Frédéric Phélypeaux, Comte de Maurepas. Er entsandte die Forschergruppe an den Äquator, um dort die exakte Länge eines Breitengrades zu messen und so ein für alle Mal die Form der Erde exakt bestimmen zu können.

Dieses Thema wurde immer noch äußerst kontrovers diskutiert, wobei die Wissenschaftler Europas seinerzeit in zwei Lager gespalten waren: Eine eingefleischte Gruppe (größtenteils französischer Gelehrter) war der Auffassung, die Erde sei geformt wie ein Ei, also spitz an den Polen und etwas flacher am Äquator. Eine Annahme, die auf den Theorien des berühmten Philosophen und Naturwissenschaftlers René Descartes beruhte.

Die Anhänger von Isaac Newtons *Principia* wiederum, größtenteils Wissenschaftler von jenseits des Ärmelkanals, glaubten, die Erde sei an den Polen abgeflacht und am Äquator ausgebeult, wie eine Orange, die man oben und unten zusammendrückt. Diese Vermutung fußte auf einer von Newtons Berechnungen, die Folgendes besagte: Die Rotation der Erde generiert eine Zentrifugalkraft, welche die Erde an den Polen um 1/230 abflacht. Der Durchmesser der Erdkugel, so Newton, müsste dementsprechend am Äquator 12 824 Kilometer betragen, von Nord- zu Südpol aber nur 12 766 Kilometer.* Der Unterschied von 58 Kilometern wirkt auf dem Papier geradezu irrelevant klein, doch wenn Newton richtiglag, ließe sich erklären, warum Schiffsnavigatoren ihr Ziel regelmäßig um mehrere Hundert Kilometer verfehlten, wenn sie von der Alten in die Neue Welt segelten. Da ein Breitengrad nach dieser Theorie am Nordpol eine andere Länge hat als am Äquator, führten kleinere Navigationsfehler bei Beginn der Reise in Europa zu dramatischen Folgen bei der Ankunft in Amerika. Schließlich musste man den kompletten Atlantik überqueren. Wenn das Steuerrad nur minimal falsch eingestellt wurde, landete man plötzlich weit weg vom Zielhafen.

Stellt euch vor, ihr nehmt eine dreimonatige Reise auf euch und wandert zu Fuß von Köln nach Hamburg. Bei der Ankunft müsst ihr feststellen, dass ihr einmal falsch abgebogen und stattdessen in Dresden angekommen seid. Heute wäre das kein großes Problem, doch im 18. Jahrhundert konnten solche Navigationsfehler tödliche Folgen haben. So verließ im Jahr 1740 ein britischer Kommandant namens George Anson seinen englischen Heimathafen, die Küstenstadt Spithead, mit einem riesigen Geschwader an Kriegsschiffen, vollgeladen mit 60 Kanonen, um das Kap Hoorn zu umsegeln. Seine Feuerkraft wurde im Krieg gegen die Spanier sehnsüchtig erwartet: Anson sollte deren Siedlungen in der Neuen Welt, im heutigen Chile und

* Der tatsächliche Wert beträgt 12 756 km am Äquator und 12 714 km von Nord- zu Südpol. Newton lag also bis auf wenige Kilometer richtig.

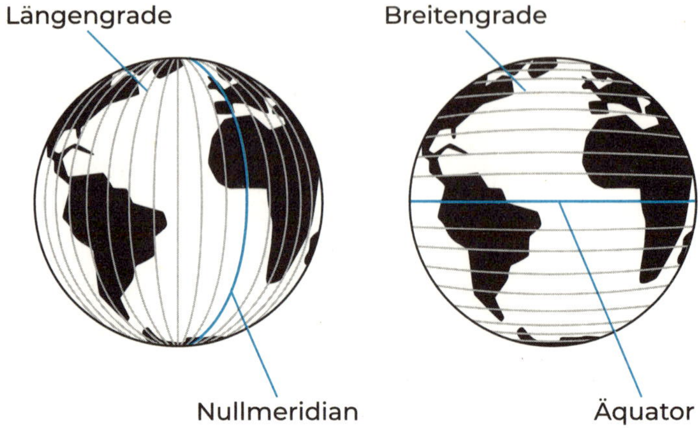

Abbildung 4.6:
Längen- und Breitengrade

Peru, zerstören. Wochenlang kämpfte er jedoch nicht mit spanischen Kolonialherren, sondern mit starken Winden. Als Anson endlich die Flotte nordwärts richtete in der Hoffnung, das Kap Hoorn umfahren zu haben, musste er feststellen, dass sie wieder in Tierra del Fuego angekommen waren, der Halbinsel ganz im Süden des Kontinents, von der aus sie die Umsegelung des Kaps begonnen hatten. Ein fataler Navigationsfehler hatte dazu geführt, dass sie im Kreis gefahren waren. Die Flotte musste repariert werden, und von den ursprünglich 1900 Soldaten waren zu dem Zeitpunkt nur noch 330 am Leben. Die anderen waren in der Zwischenzeit an Skorbut gestorben.[30] Die exakte Form der Erde zu bestimmen, war also eine Aufgabe von größter militärischer Notwendigkeit.

Zurück zur Forschungsexpedition des Comte de Maurepas. Als er seine Leute an den Äquator schickte, existierten bereits gute Daten über die exakte Länge eines Breitengrads auf der Höhe von Paris. Wenn man nun weit weg von dort, zum Beispiel am Äquator, ebenfalls die exakte Länge eines Breitengrads bestimmte und dann die beiden Werte miteinander verglich, sollte es möglich sein, den Streit über die Gestalt der Erde endgültig beizulegen. Kurz erklärt: Breiten- und Längengrade helfen uns dabei, uns auf unserem Planeten zu orientieren. Der erste Längengrad, genannt Nullmeridian, also der Längengrad mit dem Wert null, »beginnt« am Nordpol, durchquert irgendwann die englische Stadt Greenwich und verläuft dann weiter über Frankreich, Spanien und Afrika bis zum Südpol. Um anzugeben, ob wir uns östlich oder westlich davon befinden, stehen uns 180 Längengrade nach Osten und 180 Längengrade nach Westen zur Verfügung. Man spricht dann von östlicher beziehungsweise westlicher Länge.

Ein Längengrad allein reicht aber nicht aus, um die genauen Koordinaten eines Ortes zu bestimmen. Dazu brauchen wir noch einen Breitengrad. Breitengrade verlaufen horizontal über unseren Planeten, wie Querstreifen auf einem T-Shirt. Sie geben an, ob wir uns nördlich oder südlich des Äquators befinden. Der »nullte« Breitengrad ist also eine Linie, die sich von Westen nach Osten (oder von Osten nach Westen, das ist Jacke wie Hose), über den Planeten zieht und die Erdkugel in Nord- und Südhalbkugel teilt. Diese Linie heißt Äquator und verläuft durch Länder wie Ecuador, Brasilien, den Kongo, Uganda oder Indonesien. Um an-

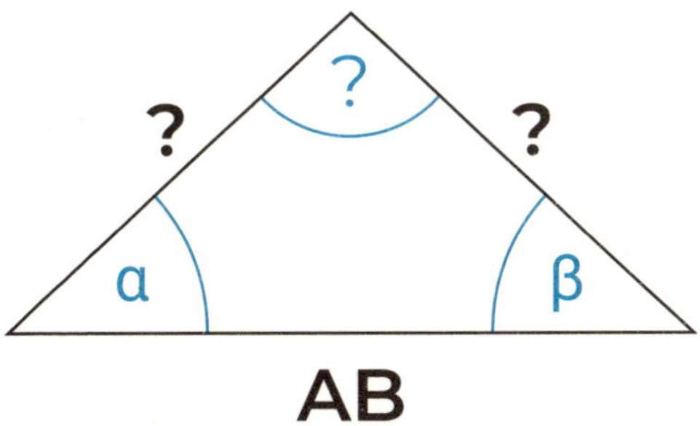

Abbildung 4.7:
Triangulation in der Theorie

zugeben, wie weit nördlich wir uns vom Äquator befinden, gibt es 90 Breitengrade bis zum Nordpol und 90 Breitengrade bis zum Südpol. Richtung Norden zählt man 1, 2, 3 … bis 90. Richtung Süden geht es von -1, -2, -3 … bis -90. Wenn ich nun ausdrücken möchte, dass ich mich in Berlin befinde, dann gebe ich zuerst meinen Breitengrad, dann meinen Längengrad an, also: 52° nördlicher Breite, 13° östlicher Länge.

Und da die Erde anscheinend eben keine perfekte Kugel ist, also nicht alle Breiten- und Längengrade die exakt gleiche Länge haben, wollte die französische geodätische Mission herausfinden, wo die Erde sich ausbeult: an den Polen oder am Äquator. Mit dieser Information würden sich neue, korrigierte Karten anfertigen lassen, mit denen das Navigieren auf hoher See fehlerfrei möglich wäre.

Die französischen Forscher, die in Begleitung von Botanikern, Ärzten, Soldaten und Sklaven nach Peru entsandt wurden, um diesen Auftrag zu erfüllen, waren statt der ursprünglich geplanten drei insgesamt zehn Jahre unterwegs. Warum, werden wir gleich sehen.

Für ihre Berechnungen vor Ort nutzten sie das geometrische Verfahren der Triangulation. Und das geht so: Man stelle sich ein Dreieck vor (siehe Abbildung 4.7). Wenn wir die Länge einer Seite (AB) bestimmen können und zwei Winkelmaße (α und β) kennen, können wir problemlos die Länge der anderen beiden Dreiecksseiten sowie den Wert des fehlenden Winkels berechnen.

In der Praxis bedeutet das zum Beispiel Folgendes: Angenommen, zwei Menschen betrachten den Mond zur exakt selben Uhrzeit, eine Person in Berlin, die andere in München. Wir stellen zunächst fest, in welchem Winkel der Mond in diesem Moment an den beiden Beobachtungspositionen am Himmel steht, und bestimmen danach die Entfernung zwischen den beiden Städten. Sobald wir diese beiden Werte kennen, können wir ausrechnen, wie weit Erde und Mond voneinander entfernt

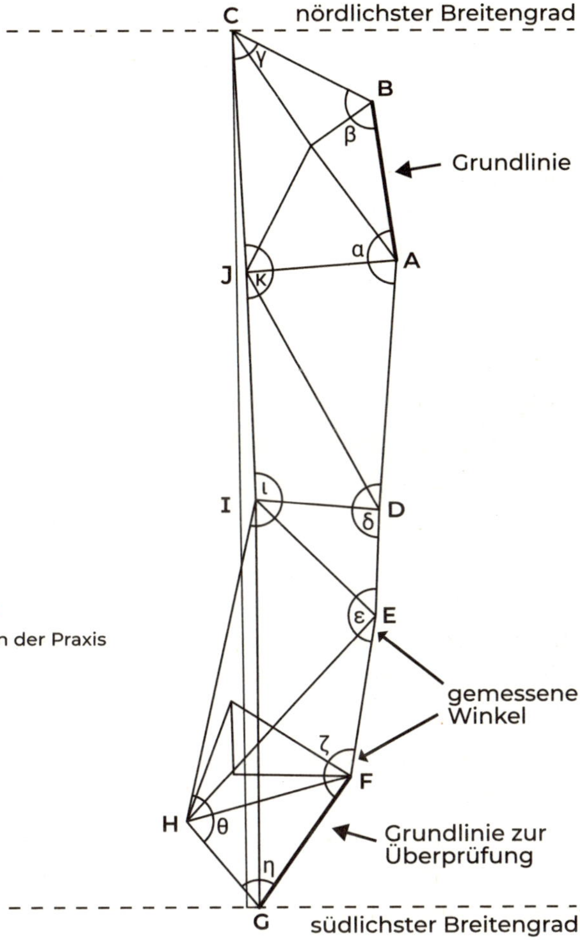

Abbildung 4.8:
Triangulation in der Praxis

sind, ohne jemals den Boden unseres Heimatplaneten verlassen zu haben. Dreiecke sind doch cooler, als man denkt!* So ähnlich funktioniert übrigens auch das GPS-System in unseren Smart-

* Da München und Berlin allerdings, verglichen mit der Strecke zum Mond, nicht wirklich weit voneinander entfernt sind, bräuchten wir ein extrem präzises Winkelmaß, um die Entfernung zum Mond präzise bestimmen zu können.

phones. Es verbindet sich mit mehreren Satelliten, die anhand ihrer Entfernung voneinander und des Winkelmaßes berechnen, wo genau auf der Erde wir uns befinden.

Das Forschungsteam in Peru beschäftigte sich aber nicht mit Abständen im Weltall, sondern mit großen Distanzen auf dem Erdboden, was die ganze Nummer nicht gerade einfacher machte. Denn um in der Praxis lange Strecken wirklich präzise messen zu können, reicht ein einzelnes Dreieck nicht aus, man braucht eine ganze Kette von aneinandergereihten Dreiecken (Abbildung 4.8). Als Grundlage der Messungen konstruiert man zunächst eine Grundlinie (A–B) und bestimmt deren Länge.

Die Herausforderung besteht nun darin, eine möglichst lange Grundlinie festzulegen, die, damit die Messung präzise ausgeführt werden kann, auf einer möglichst ebenen Fläche auf dem Erdboden liegt. Hat man die Länge dieser Grundlinie bestimmt, so kann man von dort eine markante Stelle in der Umgebung suchen (C), zum Beispiel eine Bergspitze, einen Baum oder einen Kirchturm. Mithilfe eines Quadranten – also eines astronomischen Werkzeugs, mit dem man Winkel von bis zu 90 Grad messen kann –, bestimmt man anschließend den exakten Winkel zu C, ausgehend von A und B. So kann man nun die Länge der beiden unbekannten Dreiecksseiten bestimmen. Damit ist das erste Dreieck erfolgreich abgeschlossen, und wir können uns weitere Punkte in der Umgebung suchen, um neue Dreiecke zu konstruieren. Genau dieses Verfahren wollten die französischen Forscher nutzen, um ein imaginiertes Netz von Dutzenden Dreiecken über das Gebirge der Anden zu spannen und damit von Quito bis Cuenca eine Strecke von über 320 Kilometern, also etwa drei Breitengraden, abzudecken.

Ihre Arbeit wurde aber immer wieder von extremen Wetterphänomenen, ungünstigen geografischen Gegebenheiten oder dem verzögerten Eintreffen von Instrumenten durchkreuzt, sodass zwei Jahre vergingen, ohne dass sie auch nur eine einzige brauchbare Messung anfertigten. Während ihrer Reise bestiegen sie Berge und Vulkane von über 4500 Metern Höhe und waren dem Himmel damit näher als jeder europäische Forscher zuvor. Ihre Mission stellte sich als nicht enden wollendes Abenteuer heraus. So litten die Männer regelmäßig an der Höhenkrankheit, die durch den sinkenden Luftdruck auf extremen Höhen ausgelöst wird, was eine Verengung der Blutgefäße nach sich zieht und die Wissenschaftler reihum in Ohnmacht fallen ließ. Nur die indigenen Helfer, die sie zusätzlich zu ihren Sklaven engagiert hatten, damit sie ihnen die vielen schweren Koffer voller kostbarer Instrumente die Berge hochschleppten, wussten, wie man mit der Krankheit umzugehen hatte. Ihre Vorfahren, die Inkas, lebten schließlich bereits seit Tausenden von Jahren in den Bergen. So kauten die Helfer der Mission die Blätter der heimischen Matepflanze und stiegen nachts den Berg wieder hinunter, um im Tal zu schlafen und so den lebensgefährlichen Symptomen der Höhenkrankheit vorzubeugen. Ihre Auftraggeber hingegen bestanden darauf, hoch oben in den Bergen zu schlafen, bei ihren Gerätschaften in den Zelten. Die französischen Wissenschaftler erwähnten in ihren Tagebüchern so gut wie nie, dass sie ihre Mission ohne die Sklaven und indigenen Hilfskräfte überhaupt nicht hätten bewältigen können, sondern bezeichneten sie als Wilde, die angeblich nicht einmal eigenständig denken konnten. (Welche Ironie, wenn man bedenkt, dass die Wissenschaftler, mit der Höhenkrankheit kämpfend, selbst oft nicht mehr zu klarem Denken imstande waren.)

Es dauerte weitere zwei Jahre, bis sie im September 1739 erfolgreich alle Dreiecke gemessen und ausgerechnet hatten. Am Ende der Strecke, in der Stadt Cuenca, angekommen, wurde nun noch mal eine abschließende Grundlinie zur Überprüfung ihrer Messdaten gelegt. Als auch das geschafft war, mussten sie »nur noch« die exakten Breitengrade der Orte bestimmen, an denen sie ihre Expedition begonnen und beendet hatten, um endlich die eine Zahl zu erhalten, für die sie so viele Jahre ihres Lebens investiert hatten: die Länge eines Breitengrads am Äquator. Hierfür war eine Reihe astronomischer Beobachtungen nötig, die sie während ihrer Forschungsreise gemacht hatten. Doch nun stellten sie mit Entsetzen fest, dass viele der astronomischen Daten, die sie im Verlauf der letzten zwei Jahre genommen hatten, unbrauchbar waren, weil ihre Geräte ungenau gemessen hatten. Sie brauchten weitere drei Jahre, um diese Daten erneut aufzunehmen und zu überprüfen. Als sie dann endlich in der Lage waren, die Länge eines Breitengrads am Äquator zu bestimmen, errechneten sie einen Wert von 110,6 Kilometern,[31] was nur 50 Meter vom heute akzeptierten Wert abweicht.

Eine solche Präzision ist für eine Messung dieses Schwierigkeitsgrads selbst nach heutigen Standards absolut bemerkenswert. Nur leider hatten die Wissenschaftler dafür so lange gebraucht, dass ihr Auftraggeber, der Comte de Maurepas, ungeduldig geworden war und eine zweite Mission mit derselben Fragestellung an den Polarkreis geschickt hatte. Diese zweite Forschergruppe brauchte lediglich ein Jahr für ihre Messungen und kam zu folgendem Ergebnis: Am Polarkreis betrage die Länge eines Breitengrads etwa 112 Kilometer,[32] in Paris etwa 111,2 Kilometer. Damit erfüllten sie ihren Auftrag, lange bevor die Äquatorexpedition auch nur ans Heimkehren denken konnte.

Newtons Theorie war damit bestätigt, was viele der französischen Wissenschaftler enttäuschte, da sie gehofft hatten, ihr Landsmann Descartes habe richtiggelegen.

Dennoch war auch die Arbeit der Mission am Äquator alles andere als umsonst gewesen. Ihre Messdaten bestätigten die Theorie von Newton erneut, und ihre astronomischen Funde und etliche andere kleinere Projekte, die sie in Peru durchgeführt hatten, sollten noch viele Jahre den wissenschaftlichen Diskurs prägen. So begründeten sie den Meter als internationales Standardmaß für Längenangaben und waren die ersten Europäer, die Kautschuk entdeckten. Und nicht zuletzt illustriert diese zehn Jahre dauernde Expedition auf beeindruckende Weise, welche Leidenschaft Wissenschaftler und Wissenschaftlerinnen oft aufbringen müssen, um ihre Ziele auch unter widrigsten Umständen weiterzuverfolgen. Neue wissenschaftliche Erkenntnisse beruhen eben oft nicht nur auf der Arbeit einzelner Supergenies, die im stillen Kämmerlein forschen, sondern auf der Kooperation vieler schlauer Köpfe und mutiger Abenteurer.

Beide Missionen des Comte de Maurepas hatten also Isaac Newtons Theorie bestätigt, dass die Erde an den Polen abgeflacht und am Äquator ausgebeult ist. Sie waren weit gereist und hatten viele gefährliche Situationen überstanden, und das alles, um die Theorie eines Mannes zu überprüfen, der zeit seines Lebens nicht ein einziges Mal das Meer gesehen hatte, weil er immer so tief in seinen Studien und Gedankenexperimenten steckte, dass an einen Ausflug an den Strand nicht zu denken war.

An diesem Beispiel zeigt sich sehr schön, warum das Zeitalter der Aufklärung, das im 18. Jahrhundert richtig Fahrt aufnahm, so erfolgreich die Welt veränderte und den Wissenschaften hohe Anerkennung in Gesellschaft und Politik verschaffte.

PLANETENWIEGEN FÜR ANFÄNGER

Form und Größe der Erde haben wir nun im Gepäck, schön und gut. Aber: Wie wiegt man denn am besten einen Planeten? Nun, erst mal brauchen wir einen in der Nähe, an dem wir es ausprobieren können. Ein handelsüblicher Gesteinsplanet müsste genügen, Fortgeschrittene könnten sich aber auch an Gas- oder Eisriesen versuchen. Ein beliebter Kalauer schlägt vor, dass wir eine Waage nehmen und sie umgedreht auf den Boden legen. Das wirft allerdings zwei Probleme auf: Zum einen können wir jetzt das Zifferblatt nicht mehr ablesen, und zum anderen hatten die meisten Wissenschaftler im 18. Jahrhundert keine batteriebetriebenen Waagen zur Hand. Doch Spaß beiseite. Mit der genauen Form und Größe unseres Planeten im Kopf konnte man sich nun daranmachen, seine Masse herauszufinden. Selbstverständlich beruhen die zugrunde liegenden Berechnungen mal wieder auf einer von Isaac Newton aufgestellten Formel (langsam sollte klar geworden sein, wie unvorstellbar wichtig dessen *Principia* für die Welt der Wissenschaft geworden waren).

Wir schreiben das Jahr 1798, als ein britischer Wissenschaftler namens Henry Cavendish in seinem Haus ein Experiment durchführt, mit dem er die Dichte der Erde bestimmen will. Die Dichte?! Wollten wir nicht das Gewicht der Erde herausfinden? Was bitte soll denn jetzt die Dichte sein? Damit wir nicht durcheinanderkommen, sollen die Begriffe Masse, Gewicht und Dichte kurz definiert werden.

Masse: Masse (m) ist eine fundamentale Eigenschaft von Objekten. Sie gibt an, wie viel Materie in einem Objekt enthalten ist. Die einzige Möglichkeit, die Masse eines Objektes zu verändern, besteht darin, dass man Materie hinzufügt oder wegnimmt. Eine Bleikugel, die auf der Erde ein Kilogramm Masse hat, hat auch auf dem Mond ein Kilogramm Masse, obwohl sie dort nur 1/6 des Gewichts hat.

Gewicht: Gewicht, oder auch Gewichtskraft, wird bestimmt durch die Masse eines Objektes in Kombination mit der Beschleunigung der Schwerkraft, welche auf das Objekt wirkt.

$$\text{Gewicht} = \text{Masse (m)} \times \text{Beschleunigung der Schwerkraft (g)}$$

Wer auf der Erde 100 Kilogramm wiegt, wiegt auf dem Mond nur 16,5 Kilogramm, obwohl die Masse unverändert bleibt. Das heißt, Gewicht ist davon abhängig, wie viel Masse ein Körper hat und wie stark die Schwerkraft des Körpers, auf dem er sich befindet, auf ihn wirkt.

Dichte: Dichte (ρ oder griechisch Rho) wiederum gibt an, wie viel Masse pro Volumen ein Körper besitzt. Die Formel dafür lautet

$$P = \text{Masse} / \text{Volumen}$$

Die Dichte von Wasser beträgt bei knapp vier Grad Celsius zum Beispiel 1 g/cm^3.

Das heißt: Wenn wir die Dichte und das Volumen eines Körpers kennen, können wir auch dessen Masse ausrechnen. Aufgrund der physikalischen Definition von »Gewicht« würde man niemals fragen: »Wie viel wiegt die Erde?«, sondern: »Welche Masse hat die Erde?« Ich werde aber die Begriffe »Gewicht« und »Masse« im Folgenden synonym verwenden, damit es nicht zu kompliziert wird.

Nun also zurück zu Mr. Cavendish. Er war ein begnadeter Wissenschaftler seiner Zeit und, wie kann es anders sein, ein echt komischer Kauz. Im Jahr 1731 in eine adelige Familie geboren, hatte er dank einer großzügigen Erbschaft genug Geld, um niemals arbeiten zu müssen. Henry Cavendish war extrem schüchtern und mied soziale Kontakte, wo es nur ging. Insbesondere vor Frauen fürchtete er sich, und so erteilte er seinen

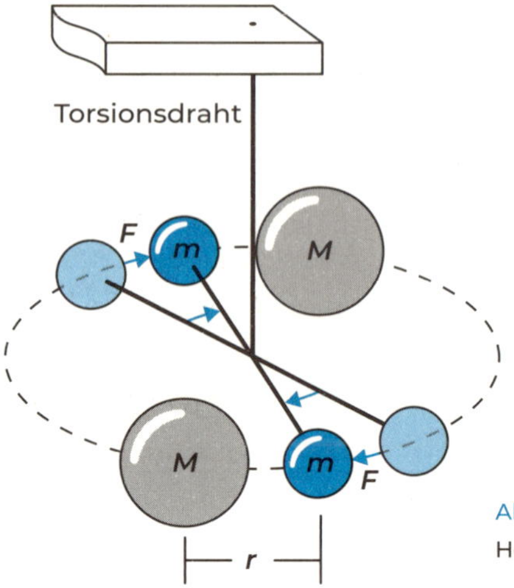

Abbildung 4.9:
Henry Cavendishs Torsionswaage

weiblichen Bediensteten die Anweisung, ihm ja nicht über den Weg zu laufen, andernfalls würde er sie feuern.* Als er einmal auf einer Party des damaligen Präsidenten der *Royal Society* als »talentierter Philosoph und Denker« vorgestellt wurde, war ihm das so unangenehm, dass er augenblicklich die Flucht ergriff: Er bahnte sich einen Weg durch die Anwesenden, stieg in seine Kutsche und fuhr nach Hause.[33]

Bekannt und respektiert war Mr. Cavendish bei seinen Kollegen damals vor allem für die beeindruckende Präzision, mit der er seine naturwissenschaftlichen Experimente durchführte. Nachdem er bereits den Wasserstoff entdeckt hatte, sollte er nun auch der erste Mensch sein, der die Masse der Erde bestimmen konnte, und das, ohne auch nur einen Fuß vor die Tür zu setzen.

Für das später nach ihm benannte *Cavendish-Experiment* konstruierte er in seinem Haus eine hochsensible Vorrichtung, mit der er feststellen wollte, wie stark unterschiedlich große Blei-

* Zu diesem Zweck ließ er in seinem Haus extra eine eigene Treppe für sein Personal einbauen.

kugeln einander anziehen. Denn Schwerkraft ist keine Einbahnstraße. Wie wir bereits gelernt haben, zieht sich alles im Universum gegenseitig an. Nicht nur die Erde zieht am Mond, der Mond zieht auch an der Erde. So entstehen Ebbe und Flut!

Und auch auf der Erde zieht sich alles an. Selbst dieses Buch wirkt in dem Moment, in dem ihr es in Händen haltet, im wahrsten Sinne des Wortes anziehend auf euch. Und das wollte Henry Cavendish in seinem Experiment genauer untersuchen. Dazu baute er sich eine Versuchsanordnung, die vom Prinzip her tatsächlich extrem simpel ist. Alle Physikstudierenden dürfen das Cavendish-Experiment vermutlich in ihrem ersten Semester an der Uni selbst im Hörsaal nachstellen.

Das Kernstück von Cavendishs Vorrichtung, seiner sogenannten Torsionswaage, ist ein etwa zwei Meter langer Holzstab, der in der Luft hängt. In der Mitte ist er mit einem dünnen Draht an der Decke angebracht, sodass er frei rotieren kann. An den Enden des Holzstabs befestigte Cavendish je eine kleine Bleikugel mit einem Durchmesser von fünf Zentimetern (m), deren Gewicht (Masse) er kannte. Nun wurden zwei große, massive Bleikugeln (M), jeweils etwa 160 Kilogramm schwer, an gegenüberliegenden Seiten an der Wand angebracht. Die Idee war simpel: Die Schwerkraft der großen Kugeln sollte auf die kleinen wirken und so den Stab langsam in Bewegung setzen. So weit, so gut. Aber wie wollte Cavendish mit einer derartigen Anordnung die Masse der Erde bestimmen? Das lässt sich tatsächlich relativ einfach errechnen, wenn wir die Formel für das Gravitationsgesetz von Newton kennen:

$$F = G \frac{m_1 \times m_2}{r^2}$$

Jetzt folgt ein klein bisschen Physik, aber wir machen ganz schnell, und es tut auch fast gar nicht weh, versprochen. Dabei nehmen wir einen Haufen Abkürzungen und verstoßen mehrfach gegen die Straßenverkehrsordnung, damit niemand einschläft oder aus Protest das Buch zuschlägt.

Letzten Endes besagt Newtons Formel, dass sich zwei Körper m1 und m2, die sich in der Entfernung r voneinander befinden, gegenseitig mit einer Kraft F anziehen.

Dröseln wir die Formel mal kurz auf und wenden sie auf Cavendishs Experiment an. Wir fangen oben im Bruch an. Die erste Variable m1 steht für die Masse einer der kleinen roten Bleikugeln. Logischerweise steht m2 dann für die Masse einer der größeren grauen Kugeln. Diese beiden Werte werden miteinander multipliziert und dann durch ihren Abstand zum Quadrat, also r^2, geteilt. Verstanden? Super. Das große G steht für die Gravitationskonstante. Konstanten sind super nice, weil sie immer denselben Wert haben und man sie deshalb nicht jedes Mal neu ausrechnen muss, sondern einfach nur den bekannten Wert in die Gleichung einsetzt. Pipifax also. Cavendishs Problem war allerdings, dass er den Wert der Konstante nicht kannte, weil sie noch nie von jemandem bestimmt worden war. Sein Experiment ist tatsächlich bis heute einer der besten Wege, um den Wert der Konstante G in Newtons Formel zu bestimmen. Nur, das ist sauschwer, weil G eine winzig kleine Zahl ist:

$$G \approx 0{,}00000000006721\ m^3/(kg\ s^2)$$

Das sind zehn Nullen nach dem Komma! Um eine so winzige Zahl messen zu können, musste Cavendish sein Experiment peinlichst genau auf Fehlerquellen überprüfen und diese möglichst beseitigen. Also baute er eine Holzbox, die etwa drei Meter breit, lang und hoch war. Damit das Experiment nicht von der Schwerkraft seines eigenen Körpers beeinflusst wurde, betätigte er Hebel und Schnüre von außerhalb der Box, um die Gewichte einzurichten, und beobachtete deren Bewegungen dann durch Teleskope, die rund um die Box angebracht waren. Und um sich wirklich sicher zu sein, führte er das Experiment nicht nur einmal, sondern gleich 17 Mal durch, bevor er seine Ergebnisse veröffentlichte.[34] Dem heute akzeptierten Wert der Gravitationskonstante G konnte Cavendish sich auf weniger als ein Prozent Abweichung nähern,* eine Präzision, die mal wieder absolut mind-blowing ist.

Versuchen wir also nun, die uns heute bekannte Formel des Gravitationsgesetzes so aufzulösen, dass wir am Ende die Masse der Erde rausbekommen:

$$F = G\frac{m \times m}{r^2}$$

In diesem Beispiel ist klein m die Masse einer uns bekannten Bleikugel und groß M die Masse der Erde, die wir noch nicht kennen. G ist die Gravitationskonstante, die Cavendish freundlicherweise für uns bestimmt hat, und r ist der durchschnittliche Radius der Erde, für dessen genaue Festlegung unsere wackeren französischen Wissenschaftler die Anden besteigen mussten. Groß F, die Gravitationskraft, ist definiert als Masse mal Beschleunigung oder auch: F=m*a. Mit anderen Worten: Jeder Körper mit einer Masse erfährt durch die Schwerkraft des Planeten, auf dem er sich befindet, eine Beschleunigung. Diese Gravitationsbeschleunigung hat den Wert a=9,81 m/s^2. Auch

* Cavendish selbst hatte übrigens nie vor, die Gravitationskonstante G mit seinem Experiment zu bestimmen, auch wenn wir sie mithilfe seiner Aufzeichnungen ganz einfach berechnen können. Warum? Nun, die komplette Formel des Gravitationsgesetzes gab es zu Cavendishs Zeiten noch gar nicht, die kam erst viel später. Er selbst arbeitete auch nicht mit Formeln, wie wir das heute tun, sondern mit Verhältnissen, weshalb es für Normalsterbliche wirklich äußerst schwierig ist, seine Logik nachzuvollziehen. Aus diesem Grund bestimmte er auch zunächst die Dichte und nicht die Masse der Erde, was mit der Formel viel leichter möglich ist. Wir müssen an dieser Stelle seine Logik nicht zur Gänze ausbreiten, sondern brauchen nur zu verstehen, dass er die Dichte der Erde bestimmte, indem er die Wirkung der Schwerkraft von zwei Bleikugeln aufeinander mit der Wirkung der Schwerkraft der Erde verglich.

diese Zahl kann experimentell bestimmt werden. So kann groß F ersetzt werden durch m*a und unsere Formel wird zu:

$$m \times a = G \frac{m \times M}{r^2}$$

Da klein m, die Masse unserer Bleikugel, nun auf beiden Seiten auftaucht, können wir sie wegkürzen und die Formel zur Masse der Erde umstellen. Damit erhalten wir:

$$M = \frac{a \times r^2}{G}$$

Nun fügen wir die Werte ein: $a=9{,}81\ m/s^2$, G ist die oben beschriebene winzige Gravitationskonstante, und für r setzen wir den Radius der Erde ein, also etwa 6370 Kilometer. Das Gewicht der Erde beträgt somit

$$M = 5{,}96 \times 10^{24} kg$$ [35]

Was etwa 6 Trillionen Tonnen entspricht – unsere Erde hat nun ein Gewicht. Oder besser gesagt: eine Masse!

Fun Fact: Henry Cavendish wollte mit seinem Experiment eigentlich »nur« die Dichte der Erde und damit auch ihre Masse bestimmen, fand nebenbei aber etwas weitaus Wichtigeres, worauf wir uns noch heute stützen und verlassen können: die Gravitationskonstante G. Mit der Zeit verlor die Versuchsanordnung immer mehr ihre ursprüngliche Bedeutung – ein Experiment zur Bestimmung des Gewichts der Erde – und gewann den Ruf, die wohl beste Methode zu sein, um den Wert von Newtons Gravitationskonstante herauszufinden. Heute wird teilweise sogar behauptet, Cavendish habe von vornherein versucht, G zu bestimmen, aber das ist großer Quark. Er wog die Erde und ahnte noch gar nicht, wofür sein Experiment später einmal gefeiert werden würde.

KAPITEL 5

HAPPY BEARTHDAY

Wann hat die Erde Geburtstag? Gibt es überhaupt diesen einen Moment, vor dem unser Planet noch nicht existierte, und dann, nur einen Wimpernschlag später, war da plötzlich ein fertiger runder Brocken mit Bergen, Tälern, Meeren und Lebewesen? Wenn man dem irischen Theologen James Ussher Glauben schenkt, gab es so einen Tag. Im Jahre 1650 veröffentlichte er eine Abhandlung, in der er kundtat, dass er das Alte Testament und andere religiöse Texte aufs Intensivste studiert habe und das Alter der Erde nun genau bestimmen könne. Sein Fazit: Unsere Erde erblickte das Licht der Welt am Sonntag, dem 23. Oktober 4004 vor Christi Geburt.[1] John Lightfoot, Vizekanzler der Universität zu Cambridge, kam auf ein ganz ähnliches Ergebnis, fügte aber noch hinzu, dass die Schöpfung exakt um 9 Uhr morgens passiert sei.[2] Gott muss ein Frühaufsteher gewesen sein!

Die Berechnungen von James Ussher wurden in kirchlichen Kreisen sofort gefeiert und für allgemeingültig erklärt. Dazu muss man wissen, dass die Idee, unser Planet sei irgendwann aus dem Nichts entstanden oder »erschaffen« worden, tatsächlich ein revolutionärer Gedanke des Christentums war. Bis dato hatten die meisten Schulen – allen voran die alten Griechen – geglaubt, die Erde sowie sämtliche Materie seien unendlich alt.[3] Als Anhaltspunkt hatte die zyklische Wiederkehr der Jahreszeiten gegolten: Bäume verlieren im Herbst ihre Blätter, Tiere verziehen sich im Winter in ihre Höhlen, im Frühling erblüht das Leben, und im Sommer scheint in Hamburg maximal an drei Tagen die Sonne, Jahr für Jahr, ohne Ausnahme. Und außerdem, so argumentierte Aristoteles, könne so etwas wie »die Zeit« gar keinen Anfang und kein Ende haben. Das würde ja sonst bedeuten, dass es vor der Zeit eine Zeit gab, in der es keine Zeit gab. Wenn euch jetzt schwindelig geworden ist, keine Sorge. Das ist ein Paradoxon, auf das auch die moderne Wissenschaft keine Antwort weiß, was sich immer dann zeigt, wenn Kinder die beliebte Frage stellen: »Was war vor dem Urknall?«

Nur ein unendliches Universum kann das beantworten, zum Beispiel mit der *Big Crunch*-Hypothese: Vielleicht hört das Universum ja irgendwann auf, sich auszudehnen, und fällt dann wieder in sich zusammen. Nachdem beim *Big Crunch* alles in einer neuerlichen Singularität geendet hat, könnte der nächste Urknall passieren. Am Ende steht womöglich ein neuer Anfang. Was war vor dem Urknall? Vielleicht unendlich viele Urknalle! Witzigerweise war das auch ein weitverbreiteter Glaube während der Han-Dynastie: Das Universum wird alle 23 639 040 Jahre zerstört und anschließend neugeboren.[4] Im Moment sieht es aber nicht so aus, als wäre die *Big Crunch*-Hypothese haltbar, alle Beobachtungsdaten sprechen dagegen.[5] Nur wussten das die alten Griechen natürlich nicht, da sie weder vom Urknall noch vom »großen Zusammenkrachen« jemals gehört hatten. So gründeten die meisten griechischen Schulen ihre Philosophie wie gesagt auf die Überzeugung des großen Aristoteles, dass die Erde unendlich alt sei. Als das Christentum sich in Europa ausbreitete, wurden aber immer mehr Stimmen laut, die empört fragten, wie denn ein unendliches Universum und damit eine unendliche Erde mit der Schöpfungsgeschichte der Bibel vereinbar sein solle. Und so begann ein paar Hundert Jahre nach Christi Geburt ein munteres Drauflosraten, wann unser Planet Geburtstag hat.

Der gute Johannes Kepler, der clever genug war, das von der Kirche so geliebte geozentrische Weltbild zu zerschlagen, errechnete den Geburtszeitpunkt unseres Universums auf den 27. April 4977 v. u. Z.[6] (Interessanterweise war der 27. April der Hochzeitstag von Kepler und seiner ersten Frau Barbara Müller. Zufälle gibt's!) Selbst Isaac Newton, ein Bibelfanatiker vor dem

Herrn, glaubte, die Erde sei nicht älter als 6000 Jahre,[7] was er, ganz ähnlich wie James Ussher, aus Zeitangaben berechnete, die er im Alten Testament gefunden hatte. Bis heute sind die Anhänger und Anhängerinnen der Glaubensbewegung des Kreationismus fest davon überzeugt, die Erde sei gut sechs Jahrtausende alt.

Im 18. Jahrhundert machte in Wissenschaftskreisen jedoch langsam die Runde, dass man, um Gewissheit zu erlangen, woanders nachschauen muss als in der Bibel. Nur wo? Gute Frage. Der Erste, der sich, leider wenig erfolgreich, darum bemühte, das Alter der Erde mit naturwissenschaftlichen Methoden zu bestimmen, war der französische Biologe Georges-Louis Leclerc de Buffon. Buffon hatte sich mit seiner vielbändigen naturkundlichen Abhandlung *Histoire naturelle* hohes Ansehen im Kreis seiner Fachkollegen erworben. 1775, im Alter von 71 Jahren, veröffentlichte er einen kleinen Band mit dem Titel *Des époques de la nature*. Es war der Versuch, eine ausführliche Geschichte des Planeten Erde zu schreiben.

Mit einem einfachen Experiment bestimmte Buffon dabei auch dessen Alter (Achtung, bitte nicht zu Hause nachmachen!): Er erhitzte in einem Ofen Kugeln, die in etwa aus denselben Materialien zusammengesetzt waren wie unsere Erde. Glaubte er zumindest. Hauptsächlich bestanden sie aus Eisen. Die Kugeln wurden bis zur Glut erhitzt, dann stoppte Buffon die Zeit, die es brauchte, bis sie wieder auf Zimmertemperatur abgekühlt waren. So in etwa, schlussfolgerte er, musste es der Erde ergangen sein, als sie bei ihrer Entstehung wie ein flüssiger Eisenball aus der Sonne gezogen wurde.

Und wie überprüfte er die Temperatur der Kugeln? Der Schmelzpunkt von Eisen liegt bei 1538° C, dafür hatte er doch sicherlich ein Spezialthermometer, oder? Na ja, nicht ganz. Er überprüfte die Temperatur, indem er die Kugeln mit der bloßen Hand anfasste.[8] Mit der einen Hand berührte er die abkühlende Kugel, mit der anderen eine nicht erhitzte Kugel auf Zimmertemperatur. Auf die Art wollte er herausfinden, ob sich beide gleich anfühlten. Zwar gab es schon zu Buffons Zeiten Thermometer, doch für die Durchführung dieses Experiments vertraute der Naturforscher auf seine Sinne, denn sie »sind verlässlicher als Instrumente, wenn es darum geht zu beurteilen, welche Dinge absolut identisch oder nahezu gleich sind«.[9] Wir sehen, Wissenschaft konnte manchmal schrecklich unwissenschaftlich sein.

Wenig überraschend, verbrannte sich Buffon an seinem Experiment die Finger – metaphorisch, nicht buchstäblich, schließlich fasste er die Kugeln nicht sofort an, wenn sie aus dem Ofen kamen. In der Folge schätzte er das Alter unseres Heimatplaneten auf circa 74 000 Jahre, was den wahren Wert um mehr als das 60 000-Fache verfehlte. Sein Irrtum: Er nahm an, dass die Eisenkugeln von der Oberfläche bis zum innersten Kern überall dieselbe Temperatur hatten. Was natürlich Unsinn ist. Außen kühlten die Kugeln ja viel schneller ab als in ihrem Kern. Und mit welcher Größe der Erde er gerechnet hatte, gab er in seinen Aufzeichnungen leider auch nicht an.

Zwar lag er mit seiner Schätzung gewaltig daneben, trotzdem zog er den Zorn der katholischen Kirche auf sich. Eine Erde mit derart hohem Alter widersprach den heiligen Texten, und das war ein No-Go! Also drohte man Buffon mit dem Ausschluss aus der Kirche, was ihn dazu brachte, rasch eine Entschuldigung zu veröffentlichen.[10] Privat wich er aber nie vom Ergebnis seines Experiments ab, und er hielt es sogar für möglich, dass die Erde noch viel älter sein könnte, vielleicht eine Million Jahre.

Das kirchliche Weltbild war mal wieder ins Wanken gebracht worden. Doch bis man ihm schlussendlich den Boden unter den Füßen wegziehen konnte, mussten noch einige Jahrhunderte ins Land gehen und einige Wissenschaftsdisziplinen erfunden werden. Allen voran die Geologie.

FISCHE ALS GIPFELSTÜRMER

Warum klettern Fische auf Berge? Das klingt wie der Anfang eines schlechten Witzes, ist aber tatsächlich eine Frage, die sich Menschen bereits seit Jahrtausenden stellen. Denn schon früh wurden bei Arbeiten in Steinbrüchen versteinerte Tierskelette gefunden, sogenannte Fossilien, und zwar an Orten, wo sie eigentlich nicht hingehörten. Zum Beispiel die Überreste von Fischen im Libanongebirge, etwa 500 Jahre v.u.Z.[11]

Aber was genau ist eigentlich ein Fossil? Laut Digitalem Wörterbuch der deutschen Sprache ist es ein »als Abdruck oder Versteinerung erhaltener Überrest vorzeitlicher Tiere oder Pflanzen«.[12] Das San Diego Natural History Museum betont noch, dass diese Überreste mindestens 10 000 Jahre alt sein müssen, sonst zählen sie nicht.[13] Diese 10 000 Jahre sind nicht willkürlich gewählt, sondern markieren – von heute aus rückwärts gerechnet – den Übergang zum Pleistozän, dem letzten großen geologischen Zeitalter vor der Jetztzeit, dem Holozän.

Schön und gut, aber wie kann ein Lebewesen denn bitte versteinern? Nun, stellen wir uns einen Fisch vor, der nach seinem Ableben am Strand angespült wird. Er fängt an zu verwesen und verliert allmählich Schuppen, Haut und weiteres organisches Material. Nach und nach wird er von einer Schicht Sand und Schlamm bedeckt, was den Prozess der Verwesung aufhält, da es den Fisch sozusagen »luftdicht« verpackt. Im Laufe der Zeit sammeln sich immer mehr Schichten Erde, Schlamm und Sand über ihm an; die Rede ist nun von Sedimenten. Und mit »im Laufe der Zeit« meine ich nicht ein paar Wochen, sondern eher ein paar Millionen Jahre. Diese Sedimentschichten üben zunehmend Druck auf das Skelett unseres Fisches aus, wodurch der Prozess der Versteinerung in Gang kommt. Später dann können die Sedimente durch Wind und Wasser wieder abgetragen werden; diesen Vorgang nennt man Erosion. So wird das Fossil frei-

Abbildung 5.1:
Tod des Tieres, Überschwemmung, Sediment- und Fossilbildung, Ausgrabung

gelegt und kann viele Millionen Jahre später von fleißigen Geologen und Geologinnen entdeckt werden.

Aber wie ist es nun zu erklären, dass man Fossilien urzeitlicher Fische in Bergregionen findet? Als Eusebius von Caesarea, der sogenannte Vater der Kirchengeschichte,[14] etwa im Jahr 300 seine große *Chronik* verfasste, ein wirklich beachtliches Werk, das die komplette Menschheitsgeschichte bis dato zusammenzufassen glaubte, schloss er aus dem Fund von Fischfossilien auf Bergspitzen, dass die biblische Geschichte der Sintflut wahr sein müsse.[15] Ein glorreicher Tag für die christliche Schöpfungsgeschichte! Doch mit der Zeit fand man mehr und mehr Fossilien und begann zu verstehen, woher sie kommen und welche Geschichte sie über unsere Erde erzählen.

Während der industriellen Revolution fing man Ende des 18. Jahrhunderts auf der Suche nach Kohle in großem Stil an, den Boden umzugraben, und stieß dabei tiefer ins Erdreich vor als je zuvor. Plötzlich konnte man Schlüsse ziehen, die die Erde (und alle christlichen Theorien über ihr Alter) ganz schön alt aussehen ließen. Der deutsche Mineraloge Abraham Gottlob Werner stellte im Jahr 1793 fest, dass sich im Boden immer wieder die gleichen Sedimentschichten befanden, selbst über enorme Distanzen hinweg.[16] Wo heute ein Wald stand, musste früher irgendwann mal Meer gewesen sein. Und das nicht nur in Deutschland und England, sondern womöglich auch in Südamerika und China. Das konnte nichts anderes bedeuten, als dass Veränderungen am »Gesicht« der Erde nicht nur lokal, sondern global vonstattengingen. Dem englischen Kanalarbeiter und Geologen William Smith fiel auf, dass diese Sedimentschichten außerdem immer dieselbe Reihenfolge aufwiesen und sich in den jeweiligen Schichten auch immer die gleichen Fossilarten befanden.[17] Wenn sich nun auch noch feststellen ließ, wie alt eine bestimmte Sedimentschicht war, konnte man damit klare Indizien für das wahre Alter der Erde sammeln. Wie lange es wohl gedauert hatte, bis sich die Erdoberfläche einmal von Meer zu Berg, von Berg zu Wald und von Wald zu Steppe geändert hatte? Konnte das Ganze wirklich, wie die Kirche behauptete, in nur wenigen Tausend Jahren passiert sein?

Das Zeitalter der Geologie war angebrochen, und auf einmal wollte jeder englische Gentleman, der etwas auf sich hielt, der 1807 frisch gegründeten *Geological Society* beitreten. Diese Organisation vereinte Männer gehobenen Standes, die in ihrer Freizeit gerne im Dreck spielten. Frauen war die Mitgliedschaft, wie in vielen Wissenschaftsvereinen der damaligen Zeit, strengstens verboten. Eine dämliche Entscheidung, denn nur 200 Kilometer südöstlich des Londoner Vereinssitzes schrieb eine junge Dame geologische Geschichte, ganz ohne wissenschaftliche Ausbildung oder finanzielle Mittel.

VON DINOSAURIERN UND MÄUSETOASTS

Als Mary Anning um das Jahr 1811 in der Nähe der Klippen der südenglischen Küstenstadt Lyme Regis ihren ersten großen Fossilfund machte, herrschte in der Welt der Wissenschaft noch die naive Ansicht vor, Tiere könnten gar nicht aussterben. Entdeckte man damals das Skelett einer bis dahin unbekannten Spezies, ging man davon aus, dass es irgendwo noch lebende Exemplare gab. So war der dritte Präsident der USA, Thomas Jefferson, besessen von der Idee, in Nordamerika würden noch Mammuts umherstreifen.[18] Doch zu Beginn des 19. Jahrhunderts stieg die Zahl der angeblich nur noch nicht entdeckten Lebewesen derart rapide an, dass die Erklärung langsam unplausibel wurde.

Die britische Fossiliensammlerin Mary Anning trug erheblich dazu bei, diese These zu widerlegen, und sorgte mit dafür, dass eine neue Wissenschaftsdisziplin ins Leben gerufen werden musste: die Paläontologie, also die Wissenschaft von den Lebewesen vergangener Erdzeitalter. Mary Anning wuchs in ärmlichen Verhältnissen auf; ihr Vater, ein gelernter Tischler, hielt die Familie mit dem Verkauf von vorzeitlichen Fossilien über Wasser. Dafür war ihr englischer Heimatort Lyme Regis eine perfekte Fundgrube: Heute wird der dortige Küstenabschnitt auch *Jurassic Coast* genannt, und die UNESCO hat ihn wegen der vielen Saurierfunde ins Weltnaturerbe aufgenommen. Da die dortigen Klippen vorwiegend aus Sand-, Ton- und Kalkstein bestehen, führten regelmäßige Erdrutsche dazu, dass immer wieder urzeitliche Überreste freigelegt wurden. Dies machte die Suche aber auch zu einem gefährlichen Unterfangen. Marys Vater stürzte eines Nachts unglücklich von einer Klippe, erkrankte infolge des Sturzes und starb wenig später.

Mary war damals gerade elf Jahre alt, und fortan musste sie gemeinsam mit ihrer Mutter und ihrem Bruder Joseph für das

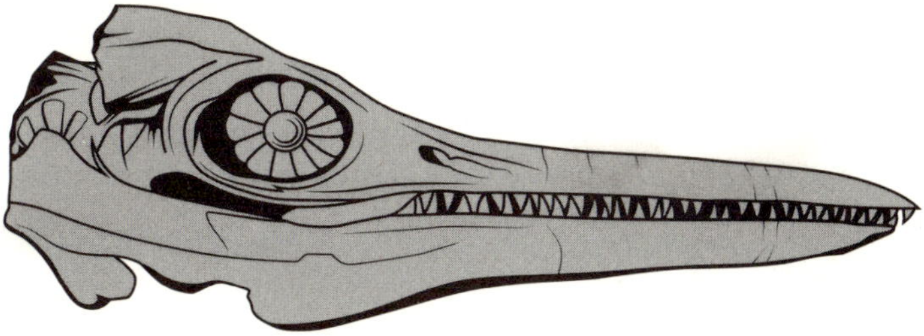

Abbildung 5.2:
Schädel eines Ichthyosauriers

Überleben der Familie sorgen. Den Naturgewalten trotzend, suchten die drei weiterhin Fossilien, um sie an Touristen zu verkaufen. Ihren bis dato größten Coup landeten sie ein Jahr nach dem Tod des Vaters, als Joseph einen 120 Zentimeter langen Schädel entdeckte.

Ein gewaltiger Fund, der die Familie in Staunen versetzte. Was das wohl für ein Tier gewesen war? Vielleicht ein großer Fisch? Oder doch ein Krokodil? Die Entdeckung ihres Bruders ließ die junge Mary nicht mehr los. Sie war sicher, dass der Rest des Fossils irgendwo noch zu finden sein musste. Also kehrte sie Tag für Tag zu den Klippen zurück, um zu überprüfen, ob weitere Skeletttteile durch Erosion freigelegt worden waren. Und tatsächlich, knapp ein Jahr später entdeckte sie eine Reihe monströser Wirbelknochen. Gemeinsam mit einigen helfenden Händen aus dem Dorf begann Mary zu graben, und was sie freilegten, war schlicht unglaublich: ein komplettes, über fünf Meter langes Rückgrat!

Was Mary Anning geborgen hatte, war das Skelett eines Ichthyosauriers,[19] umgangssprachlich auch Fischsaurier genannt. Wie wir heute wissen, durchstreiften diese Reptilien die Weltmeere bis vor ca. 90 Millionen Jahren. Die zwölfjährige Mary war die erste Person, die ein Exemplar dieser Spezies fand. Später entdeckte sie tatsächlich noch zwei weitere Saurierskelette: 1823 das eines Plesiosauriers, eines riesigen Ungeheuers der Urzeitmeere, das bis zu 15 Meter lang werden konnte. Und nur fünf Jahre später das Fossil eines Ptero- oder Flugsauriers. Was für eine Ausbeute!

Natürlich war Mary Anning nicht der erste Mensch, der jemals Saurierüberreste gefunden hatte. Schon vor 10 000 Jahren trugen Steinzeitmenschen in der Wüste Gobi Dinosaurier-Eischalen als Halsschmuck.[20] In China glaubte man, die gigantischen Knochen der Urzeitechsen gehörten sagenumwobenen riesigen Drachen, die übers Land geflogen seien. Nicht selten wurden die Knochen auch zu Medizin verarbeitet, da man an ihre heilenden Kräfte glaubte.[21] In Österreich, im Eingangsbereich des Stephansdoms in Wien, hängte man 1443 einen 86 Zentimeter langen Knochen über dem Eingangstor auf, von dem man annahm, er habe mal einem Riesen gehört.[22] Heute wissen wir, dass es sich um den Oberschenkelknochen eines Mammuts handelte. Dinosaurierknochen und andere Fossilien tauchten also nicht urplötzlich im 19. Jahrhundert auf, sie wurden schon seit Langem von Menschen gefunden. Doch erst Anfang des 19. Jahrhunderts waren ein paar kluge Köpfe endlich in der Lage, die Vergangenheit dieser Riesenechsen zu verstehen.

Mary Anning verkaufte ihren ersten großen Fund für £ 23 (heute etwa 2300 €) an einen wohlhabenden Lord aus der Umgebung. Von dort aus gelangte er über mehrere Sammler und Museen schließlich in die Hände von Wissenschaftlern und wurde 1821, zehn Jahre nach seiner Entdeckung, von der *Geological Society of London* als Reptil identifiziert.

Streng genommen hat Mary Anning eigentlich keinen einzigen Dinosaurier entdeckt, denn diese Bezeichnung verdienen nur die Landwirbeltiere unter den Riesenechsen. Der Erste, der öffentlich das Fossil eines Dinos vorstellte, war der damalige Präsident der *Geological Society*, ein gewisser William Buckland.

Dieser liebenswerte Exzentriker verkörperte beispielhaft den Widerspruch zwischen christlichem Weltbild und paläontologischen Erkenntnissen. Als studierter Theologe wünschte er sich nichts mehr, als mithilfe der Fossilien, die er fand, die biblische Sintflut wissenschaftlich belegen zu können. Eine unmögliche Aufgabe, da die Erzählung davon mit jedem weiteren Fund an Glaubwürdigkeit verlor. Denn wenn die Erde wirklich erst 6000 Jahre alt gewesen wäre, wie James Ussher und Konsorten postulierten, warum wurde dann in der Bibel nicht von Dinosauriern, Mammuts und Riesenfaultieren berichtet? Die einzige Erklärung: Die Erde musste viel älter sein, als es das Alte Testament nahelegte. Diese Einsicht führte dazu, dass Buckland später – im Angesicht der Fakten – seine Meinung änderte. Hut ab!

Aber warum habe ich ihn als Exzentriker bezeichnet? Nun, wo soll ich anfangen. Buckland hatte sich zum Beispiel vorgenommen, einmal im Leben ein Exemplar jeder Spezies auf Gottes grüner Erde persönlich zu verspeisen. Wer bei Familie Buckland zum Abendessen eingeladen war, der konnte sich auf Panther, Rhinozeros, Elefantenrüssel oder Mäusetoast freuen.[23] Für die Neugierigen: Am ekligsten schmeckte laut Bucklands eigener Aussage Maulwurf.[24] Unvergesslich war auch seine Kollektion ungewöhnlicher Haustiere. So hielt er neben Schakalen, Schlangen und Affen einen zahmen Bären, der auf den Namen Tiglat-Pileser hörte, benannt nach einem assyrischen König. Doch in die Geschichtsbücher sollte William Buckland für eine andere Leistung eingehen. Er war der erste Mensch, der einen Dinosaurier der Gattung Megalosaurus entdeckte und korrekt als neue Art identifizierte, die mittlerweile aber ausgestorben sei. Da war es, das schlimme Wort mit »a«: ausgestorben. Buckland schlug hier einen Pfad ein, den ihm der Franzose Georges Cuvier geebnet hatte.

Dass Tiere aussterben können, schien den meisten gläubigen Christen lange Zeit unvorstellbar. Gott habe die Welt perfekt erschaffen, da sei kein Platz für Verschwendung. Doch der Anatom Georges Cuvier stellte im Jahr 1798 fest, dass Tiere sehr wohl aussterben können. Als in der Nähe von Paris »Elefantenknochen« gefunden wurden, setzte man ihn auf die Sache an. Was hatte ein Elefant in Frankreich verloren? Cuvier verglich die Knochen mit denen von Elefanten aus Afrika und Indien. Dabei fiel ihm auf, dass sie sich dramatisch voneinander unterschieden, so dramatisch, dass es sich hier um eine komplett andere Spezies handeln musste: das Mammut.[25] Auf einmal existierte da eine »Welt vor der unseren«,[26] in der riesige Mammuts und auch Bucklands Megalosaurus, ein neun Meter langer Fleischfresser, das Antlitz unseres Planeten prägten. Das Verschwinden dieser Arten erklärte Cuvier mit einer Abfolge schrecklicher Naturkatastrophen, die die Erde im Laufe der Jahrtausende heimgesucht und dazu geführt hätten, dass unzählige Tier- und Pflanzenarten ausgestorben seien. Dieser von Cuvier begründete Erklärungsansatz heißt *Katastrophismus* und gilt als eine der bedeutendsten geologischen Theorien des 19. Jahrhunderts.

Warum fand man also Fischskelette auf Bergspitzen und Eisbärfossilien in den Tropen? Weil die Erdoberfläche wieder und wieder durch Katastrophen regelrecht umgekrempelt worden sei, so die Theorie. Damit ließen sich auch die verschiedenen Sedimentschichten erklären. Mal habe das Wasser der Meere bis über die Berggipfel gestanden, mal hätten heftige Erdbeben für die Entstehung neuer Landstriche gesorgt, und das alles innerhalb kürzester Zeit! Das Praktische dabei: Die biblische Timeline blieb unangetastet. Auch die Sintflut war noch im Rennen! Obwohl Cuvier mit seinem Katastrophismus einen Teil der Wahrheit entdeckt hatte, war er dennoch mit einem Bein auf dem Holzweg: Er glaubte nämlich an die Konstanz der Arten, also daran, dass im Laufe der Zeit keine neuen Spezies entstehen, sondern dass alle Tiere und Pflanzen von vornherein vorhanden waren. Wobei zu einem bestimmten Zeitpunkt nur diejenigen übrig sind, die es geschafft haben, die großen Naturkatastrophen zu überleben. Eine mögliche Evolution der Arten lehnte er vehement ab. Cuvier starb 1832, kurz nachdem ein gewisser Charles Darwin auf Weltreise gegangen war.

VOM KORALLENRIFF BIS ZUM ANFANG DER ERDE

Als Charles Darwin im Dezember 1831 seine fünfjährige Weltumseglung an Bord der *HMS Beagle* begann, war er gerade mal 22 Jahre alt. Der Kapitän des knapp 30 Meter langen Schiffs, Admiral Robert FitzRoy, gilt als Erfinder der Wettervorhersage[27] und hätte Darwin beinahe nicht mitgenommen, weil ihm dessen Nase nicht gefiel.[28] Wir können froh sein, dass er es dann doch tat, denn die nächsten Jahre sollten die eindrucksvollste Zeit in Charles Darwins Leben werden, und zum Glück hatte er sich für die einsamen Nächte in seiner Kajüte die passende Lektüre mitgenommen. Die Rede ist von Charles Lyells *Principles of Geology*. Lyell war Vertreter einer Gegenbewegung zu Cuviers Katastrophismus, dem sogenannten *Aktualismus* oder *Gleichförmigkeitsprinzip*. Er interpretierte die geologischen Funde der vergangenen Jahrzehnte folgendermaßen: Die Veränderung der Erdoberfläche geschehe nicht urplötzlich durch Katastrophen wie gewaltige Vulkanausbrüche oder biblische Sintfluten, sondern eher graduell, im Verlauf langer Zeitabschnitte. Zwar seien Vulkanausbrüche und Erdbeben daran beteiligt, aber eben viel langsamer, als es der Katastrophismus nahelegte. Die Veränderung in den Sedimentschichten und das Aussterben der Spezies begründete Lyell mit Erosion und langsamen Veränderungen des Klimas, wie wir sie auch heute beobachten können.

Die *Principles of Geology*, dessen ersten Band Lyell 1830 veröffentlichte, veränderten Charles Darwins Sicht auf die Welt, wie er sie von Bord der *HMS Beagle* aus beobachtete, maßgeblich. Er habe das Gefühl, seine Bücher und damit auch seine *Evolutionstheorie* entstammten zur Hälfte dem Gehirn von Sir Charles Lyell, gab er einmal sinngemäß zu.[29] Nicht nur der alten Streitfrage zu den bergsteigenden Fischen begegnete er – als er in den Anden Fossilien von Meereslebewesen auf über 3600 Meter fand – mit einer lyellschen Perspektive, wie wir gleich sehen werden.[30] Er hatte auch das »Glück«, am 20. Februar 1835 in Chile von einem Erdbeben der Stärke 8,5 aus dem Mittagsschlaf geweckt zu werden. Bei seinen späteren Untersuchungen stellte er fest, dass nur zwei Minuten des Erdbebens ausgereicht hatten, um die Insel Santa Maria um satte drei Meter anzuheben.[31] Dies sah er als weiteres Indiz für die Richtigkeit des lyellschen Aktualismus: Fischfossilien waren in Bergregionen zu finden, weil diese Bergspitzen einst unter Wasser gelegen und sich durch eine ganze Reihe natürlicher Phänomene wie Erdbeben und Vulkanausbrüche über Tausende, vielleicht sogar Millionen von Jahren nach und nach gen Himmel gehoben hatten.

Heute kennen und feiern wir Darwin als den großen Kopf hinter der Evolutionstheorie, zu der wir später noch kommen, aber er hat auch zur Streitfrage rund um das Alter unserer Erde Wichtiges beigetragen. Während seiner Reise staunte er nicht schlecht über Atolle, ringförmige Anordnungen von wunderschönen Korallenriffen, die er vom Schiff aus mitten im Pazifik entdeckte. Wie konnte es sein, dass diese Riffe aus den Tiefen des Meeres bis zur Oberfläche ragten? Korallen können eigentlich nur etwa zehn bis 50 Meter unter Wasser überleben, denn sie brauchen die Nähe zum Sonnenlicht. Dass ein paar waghalsige Exemplare einfach Hunderte Meter vom Grund des Meeres nach oben geklettert sein sollten, war komplett undenkbar. Darwins Kopf brummte. Doch er fand eine Antwort. Seine Theorie? Dass die Atolle fast perfekt ringförmig waren, liege daran, dass

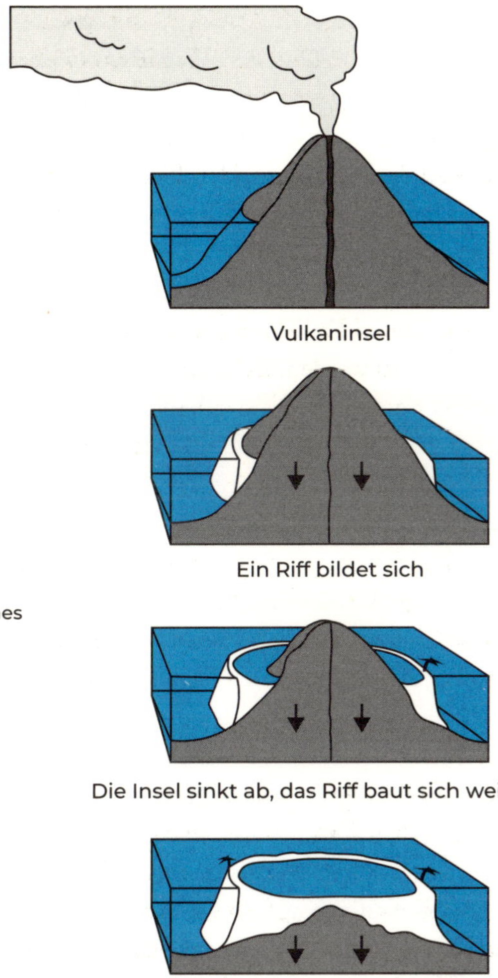

Abbildung 5.3: Entstehung eines Korallenatolls

sich in ihrer Mitte früher einmal eine Vulkaninsel befunden habe. Nur, wo war diese Insel jetzt? Kurz Zigaretten holen? Fast. Wenn Vulkane sich vom Meeresboden bis an die Wasseroberfläche und darüber hinaus erheben konnten, so musste es auch möglich sein, dass sie wieder darunter verschwanden, und zwar durch sukzessive Erosion. Die Insel wird Stück für Stück von der Witterung abgetragen und sinkt langsam hinab. Wenn sich aber, bevor die Insel erneut im Meer verschwindet, ein Korallenriff um sie herum gebildet hat, kann dieses Riff an der Wasseroberfläche bleiben, während sich die Insel nach unten zurückzieht. Denn Korallen bauen aufeinander auf: Die toten Korallen bleiben unten, die jungen klettern nach oben, um an der Meeresoberfläche zu sein.

Das war nicht nur eine verdammt gute Erklärung, es war auch ein K.-o.-Schlag für den Katastrophismus. Denn damit sich die Korallen an der Oberfläche halten konnten, musste das Absinken der Insel langsam und allmählich passiert sein und nicht urplötzlich. Wären die Vulkaninseln durch ein apokalyptisches Event in die Tiefe gestürzt, hätten die Korallen mit untergehen müssen. Die Korallenriffe im Pazifik waren der Schlüssel zum Alter der Erde, und Darwins Verstand war scharf genug, das zu erkennen. Denn wäre die Erde wirklich nur ein paar Tausend Jahre alt, dann hätten die Korallenriffe niemals genügend Zeit gehabt, sich so zu formen. Ein erstes, gutes Indiz, dass die Erde in Wahrheit viel, viel älter sein musste als bislang angenommen. Doch wie sollte man das beweisen? Dafür brauchte es noch weitaus mehr als nur eine gute Theorie zur Formung von ein paar Korallenriffen.

Darwins Idee

Darwin kehrte 1836 zurück in seine Heimat England. Er hatte die Welt gesehen und viele Prozesse im Zusammenhang mit ihrer Entwicklung so gut verstanden wie kaum jemand zuvor. Währenddessen hatte er Aberhunderte Seiten Notizen gemacht, geologische und zoologische Aufsätze geschrieben und schließlich knapp 4000 Fossilien, Pflanzen, ausgestopfte Tiere, einzelne Felle, Häute und Knochen auf dem Schiff mit nach Hause genommen, eine beachtliche Sammlung, die der Kapitän der *Beagle* als »wertlosen Plunder« bezeichnete.[32]

Merkwürdig nur, dass Darwin die Evolutionstheorie, für die er bis heute weltweiten Ruhm genießt, erst im Jahr 1859 als Buch veröffentlichte, unter dem Titel *On the Origin of Species* (Über die Entstehung der Arten). Also 23 Jahre später. Und das, obwohl er schon kurz nach seiner Rückkehr einen 230-seitigen Essay zu dem Thema fertiggestellt hatte, den er aber in einer Schreibtischschublade verstauben ließ, zusammen mit der klaren Anweisung, ihn im Falle seines Todes zu veröffentlichen. Warum also hielt er seine große Theorie so lange geheim? War er ein merkwürdiger Eigenbrötler, so wie Newton, der seine Wissenschaft nur für sich selbst betrieb? Keineswegs. In der Zwischenzeit zeugte er zehn Kinder, schrieb Bücher über seine Reise an Bord der *Beagle,* einen Aufsatz über seine Theorie zur Entstehung von Korallenriffen und, und, und. Der Grund, warum er seine Evolutionstheorie lange Zeit nicht veröffentlichte? Er hatte Respekt vor der Idee. Denn er ahnte, dass er etwas Monumentales in Gang setzen würde und dass es viele mächtige Leute gab, denen seine Erkenntnisse überhaupt nicht gefallen würden. In einem Brief an einen seiner engsten Vertrauten, den Botaniker Joseph Dalton Hooker, schrieb er, das Verfassen dieser Theorie fühle sich an, »als würde man einen Mord gestehen«.[33]

Dass er sich schließlich doch für eine Veröffentlichung entschied, lag daran, dass ihm jemand anderes fast zuvorgekommen wäre. Die Rede ist von Alfred Wallace, einem Naturforscher, der Darwin um die fachliche Einschätzung eines Aufsatzes gebeten hatte. Wallace wusste, dass Darwin der Idee der Evolution nicht ganz abgeneigt war. Schon dessen Großvater Erasmus Darwin hatte in seinem Buch *Zoonomia* davon gesprochen, er könne sich vorstellen, dass alle Lebewesen von einem einzigen Vorfahren abstammen.[34] Tatsächlich hatte Erasmus Darwin sogar ein ausführliches Manuskript dazu verfasst und eine eigene Evolutionstheorie aufgestellt.

Als das Schreiben von Alfred Wallace bei Charles Darwin eintraf, wäre der fast vom Stuhl gefallen, denn in dem Aufsatz mit dem Titel *Über die Neigung der Varietäten, sich unbegrenzt vom ursprünglichen Typus zu entfernen* führte Wallace etwas aus, das mit Darwins eigener Theorie fast identisch war. In einem Brief an Lyell, den Autor der *Principles of Geology,* die ihn so sehr beeindruckt hatten, als er auf der *HMS Beagle* unterwegs war, schrieb Darwin: »Wenn Wallace meinen handschriftlichen Entwurf von 1842 gehabt hätte, hätte er ihn nicht besser zusammenfassen können. Seine Fachbegriffe stehen nun sogar in meinen Kapitelüberschriften.«[35]

Die Lösung des Dilemmas? Um Plagiatsvorwürfe zu vermeiden, werden die Theorien von Wallace und Darwin im Juli des Jahres 1858 der Öffentlichkeit vorgestellt. Danach überlässt Wallace Darwin voll und ganz die Bühne, da Letzterer unzählige Belege für seine Theorie gesammelt hatte und mehr Erfahrung auf dem Gebiet der Evolutionsforschung besaß.

Charles Darwins Evolutionstheorie lässt sich auf drei einfache Ideen herunterbrechen. Erstens: Variation. Jedes Exemplar einer Spezies ist einzigartig und minimal anders als seine Artgenossen. Zweitens: Überfluss. Alle Lebewesen zeugen mehr Nachkommen als in ihrer natürlichen Umgebung überleben können. Ein Mechanismus, der dafür sorgt, dass es zu einem Kampf zwischen den Individuen kommt, was uns zu drittens führt: natürliche Selektion. Nur diejenigen überleben, die am besten an ihre Umwelt angepasst sind. »Survival of the fittest« bedeutet nicht, wie oft fälschlich behauptet, »das Überleben des Stärkeren«, sondern »das Überleben des am besten Angepassten«. Mit anderen Worten: Bären mit weißem Fell haben in Schneeregionen bessere Überlebenschancen, da sie vor einer weißen Schneelandschaft optisch verschwinden und so ihre Beute »aus dem Nichts« angreifen können. Braunbären haben den gleichen Vorteil in Wäldern. So sortiert die Natur diejenigen aus, die nicht gut in ihre Umgebung passen.

Darwins Buch *On the Origin of Species* schlägt ein wie eine Bombe. Gleich am ersten Tag wird die komplette erste Auflage verkauft.[36] Und es folgte exakt das wissenschaftliche Erdbeben, das Darwin antizipiert hatte. Viele seiner Kollegen schlugen sich sofort auf seine Seite. Thomas Henry Huxley, ein britischer Biologe und Mitglied der *Royal Society*, soll sogar gesagt haben: »Wie extrem blöd, dass ich da nicht draufgekommen bin!«[37] Doch auch die Kritiker ließen nicht lange auf sich warten. Samuel Wilberforce, Bischof der anglikanischen Kirche, sicherte sich mit seinem Auftritt bei einer legendären Debatte über Darwins Theorie einen Platz in den Geschichtsbüchern. Am 30. Juni 1860 versammelte sich alles, was Rang und Namen hatte, im Oxford University Museum of Natural History, um über *Die Entstehung der Arten* zu diskutieren. Nur Darwin selbst war nicht vor Ort. Er war so gut wie nie zugegen, wenn über seine Ideen gestritten wurde, denn er litt nach seiner Forschungsreise über 40 Jahre lang an einer unbekannten Krankheit. Mehr als 20 Ärzte behandelten ihn, alle ohne Erfolg, und noch heute, knapp 200 Jahre später, gibt es Versuche, ihn posthum zu diagnostizieren.[38] Statt seiner trat also Thomas Huxley an, der sich dank der Verbissenheit, mit der er die Standpunkte Darwins verteidigte, wenn dieser nicht zugegen war, den Spitznamen »Darwins Bulldogge«[39] erwarb. Bischof Samuel Wilberforce machte sich ausgiebig über die Abstammungstheorie Darwins lustig und fragte Huxley schließlich, ob er glaube, dass er über seine Großmutter oder doch eher über seinen Großvater vom Affen abstamme.[40] Eine Steilvorlage, die Huxley nicht ungenutzt ließ. Er stand auf, hielt ein Plädoyer für die Evolutionstheorie und endete mit der Aussage, er stamme lieber von einem Affen ab als von einem Kirchenmann, der keinen Plan habe, wovon er rede.[41] Daraufhin brach im Saal Tumult los. Männer sprangen von ihren Sitzen auf und protestierten lautstark gegen diese Beleidigung, eine Frau fiel in Ohnmacht, und Admiral Robert FitzRoy, der Kapitän der *Beagle,* rannte aufgeregt umher, fuchtelte mit einer Bibel und rief, nicht die Schlange, der er Unterschlupf in seinem Schiff gewährt habe, sei die wahre Autorität, sondern »dieses Buch«.[42]

Von diesem glorreichen Ereignis gibt es heute zahlreiche Versionen. Wer genau was gesagt hat, lässt sich mittlerweile kaum noch nachvollziehen, klar ist nur, dass die Hysterie über Darwins Evolutionstheorie mit der Huxley-Wilberforce-Debatte einen ihrer vielen Höhepunkte erreichte. (2010 wurde diesem Schlagabtausch auf dem Gelände des Oxford University Museum sogar ein Denkmal gesetzt.)

Doch außer überdrehten Debatten gab es auch wertvolles Feedback, das Darwins Theorie hervorragend ergänzte. Als er seine Ideen formulierte, waren »Gene« in der Welt der Wissenschaft noch gänzlich unbekannt. Fast zeitgleich mit der Entwicklung seiner Evolutionstheorie führte ein katholischer Mönch in einem Kloster in Tschechien eine Reihe von Experimenten zum Thema Vererbung durch. Gregor Mendel, geboren in Österreich, beschrieb 1866 in seinem Werk *Versuche über Pflanzen-Hybriden* die Ergebnisse seiner jahrelangen Arbeit.[43] Er hatte die Vererbungseigenschaften von 34 verschiedenen Erbsensorten untersucht, die er über Tausende Kreuzungsversuche hinweg penibel überwachte. Dabei prägte er für weitergegebene Merkmale wie Pflanzengröße oder Farbe der Samen die Begriffe »dominant« und »rezessiv«, sprich: Bestimmte Merkmale setzen sich gegenüber anderen eher durch.[44] Dominante Eigenschaften setzen sich gegenüber rezessiven durch. Zwei Jahre später bekam Mendel eine deutsche Übersetzung von Darwins Werk zur Evolutionstheorie in die Hände und erkannte schnell Parallelen zu seinen eigenen Ideen. Gleichzeitig konnte er anhand der unglaublichen Menge an Beobachtungsdaten, die er während seiner »Erbsenzählerei« gesammelt hatte, einige von Darwins Ansätzen auch korrigieren.[45] Beide Theorien wurden später zusammengeführt und ergänzt und bildeten das Fundament der modernen Biologie.

WENN GENIES SICH IRREN

Darwins Evolutionstheorie behauptete nicht nur, dass Mensch und Affe einen gemeinsamen Vorfahren teilten, nein, sie setzte auch voraus, dass das wahre Alter der Erde nicht ansatzweise in der Nähe der bislang akzeptierten Werte lag. Weder die 6000 Jahre der Kirchenfanatiker noch die 74000 Jahre des Georges-Louis Leclerc de Buffon reichten für die Prozesse aus, die Darwins Beobachtungen zugrunde lagen. Damit sich Berge aufgrund von Erdbeben bis in die Wolken strecken konnten und Vulkaninseln genug Zeit hatten, sich wie Maulwurfshügel aus dem Meer zu erheben, um anschließend wieder darin zu versinken und einen Fußabdruck aus Korallenriffen zu hinterlassen, brauchte der Engländer einen Planeten, der viele Millionen, ach was, sogar mehrere Milliarden Jahre alt war! Auch damit das Tierreich diese atemberaubende Artenvielfalt ausbilden konnte, waren Äonen an Trial-and-Error, an Werden und Vergehen notwendig.

Doch damit befand sich Darwin in einer Zwickmühle. Er hatte zwar jede Menge Anhaltspunkte gesammelt, die seine These untermauerten, aber es fehlte ihm an wissenschaftlicher Methodik, um das Alter der Erde definitiv dingfest machen zu können. Als dann der erste Mensch eine »verlässliche« Methode zur Bestimmung des Alters unseres Heimatplaneten entwickelte, sollte das dramatische Konsequenzen für Darwins Theorie haben: Das Ergebnis reichte nicht aus, seine Evolution hätte nicht genug Zeit gehabt, um sich zu entfalten. Doch wer war der Mann, der das Alter der Erde zu errechnen versuchte? Und wie machte er das?

Bühne frei für William Thomson, besser bekannt unter seinem späteren Adelsnamen: Lord Kelvin. Dieser clevere Kopf kam 1824 zur Welt, er war also gerade einmal sechs Jahre alt, als Darwin seine Weltumseglung begann. Mit zehn wurde er an der Universität zu Glasgow angenommen, mit 16 veröffentlichte er seinen ersten wissenschaftlichen Aufsatz, und mit 22 wurde er einstimmig zum neuen Professor für Naturphilosophie – später Physik – gewählt.[46] (Ich weiß, wenn man das liest, fühlt man sich, als würde man selbst überhaupt nichts auf die Reihe kriegen.) Kelvin gilt als der vielleicht schlaueste Mensch des 19. Jahrhunderts, er schrieb unzählige wissenschaftliche Abhandlungen, entwickelte die Temperaturskala, die wir heute noch »Kelvin« nennen, und prägte den Ersten und den Zweiten Hauptsatz der Thermodynamik. Die Lehre vom Wärme- und Energietransfer nutzte er auch, um das Alter der Erde zu berechnen – eines der wenigen wissenschaftlichen Unterfangen, die unserem guten Lord Kelvin leider nicht glückten.

Beim ersten Anlauf ging er von einer ganz ähnlichen Grundannahme aus wie Buffon, der mit den glühenden Eisenkugeln vom Anfang des Kapitels. Kelvin überlegte, wie lange die Erde hätte abkühlen müssen, wenn sie ursprünglich in einem geschmolzenen, dickflüssigen Zustand gewesen wäre. Im Gegensatz zu Buffon wusste er jedoch, dass die Außentemperatur eines heißen Körpers nicht seiner Kerntemperatur entspricht. Nur wenn man bestimmt, wie schnell die Abkühlung von außen nach innen fortschreitet, hat man eine Chance, den Geburtszeitpunkt der Erde zu berechnen.

Kelvin ging vor wie ein Rechtsmediziner, der bei einem Mordfall die Todesstunde feststellen muss. Eine mögliche Methode in der Gerichtsmedizin besteht darin, die Körperkerntemperatur der Leiche zu messen. Unsere Körpertemperatur in lebendigem Zustand liegt normalerweise bei 37° C, die Raumtemperatur bei etwa 21° C. Als Faustregel gilt, dass ein lebloser Körper etwa 1° C pro Stunde abkühlt, es also etwa 16 Stunden dauert, bis ein Temperaturausgleich stattgefunden hat. Dieses Verfahren funktioniert aber nur, wenn man die Leiche kurz nach der Tat entdeckt und direkt untersucht.

So ähnlich arbeitete sich auch Lord Kelvin zum Alter unserer Erde vor. Mit seinem Verständnis vom Wärmetransfer innerhalb eines Körpers legte er eine Kerntemperatur der Erde fest, anhand derer er zurückrechnete, dass sich unser Planet vor etwa 100, maximal aber 200 Millionen Jahren geformt haben musste.[47] Ein riesiger Sprung von Buffons 74 000 Jahren, trotzdem ein desaströses Ergebnis für Darwins Evolutionstheorie. 200 Millionen Jahre waren immer noch zu wenig; in so kurzer Zeit hätten sich die Prozesse der Evolutionstheorie nicht entfalten können. Doch es wurde noch schlimmer: Mit jeder neuen Berechnung, die Kelvin im Laufe der Jahre anstellte, erschien ihm die Erde jünger, bis er bei seiner finalen Schätzung ankam: Zwischen 20 und 40 Millionen Jahre existierte unser Planet angeblich.

Nun entstand ein Kampf um das Alter der Erde, der nicht länger zwischen Kirche und Wissenschaft, sondern zwischen Physikern und Geologen ausgetragen wurde. Kelvin erhielt Unterstützung von dem deutschen Physiker Hermann von Helmholtz, der berechnete, wie lange es dauern würde, bis eine Gaswolke im Weltall unter ihrer eigenen Schwerkraft zusammenfällt und zur Größe der Sonne heranwächst. Mit diesen Berechnungen legte er ein maximales Alter für unsere Sonne und damit auch für unsere Erde fest: 100 Millionen Jahre. Im Laufe der nächsten Jahrzehnte wurde diese Zahl von verschiedenen Physikern mit verschiedenen Methoden in etwa bestätigt. Irgendetwas zwischen 80 und 100 Millionen Jahren schien die Obergrenze für das Alter unserer Sonne zu sein, folglich auch für das der Erde.

Selbst Darwins Sohn George mischte sich in die Diskussion ein. Er postulierte, der Mond sei einst Teil der Erde gewesen. Ganz am Anfang, vermutete er, habe sich unser Heimatplanet viel schneller gedreht als heute, und bei dieser Rotation habe sich der Klumpen, aus dem dann unser Mond wurde, von ihm gelöst. George H. Darwin berechnete die Zeit, die vergangen sein musste, damit die gegenseitige Anziehungskraft von Erde und Mond die Erdrotation so weit verlangsamt haben konnte, bis eine Umdrehung 24 Stunden dauerte. Das niederschmetternde Ergebnis: knapp 100 Millionen Jahre.* Die Verfechter von Darwins Evolutionstheorie verstanden die Welt nicht mehr. Alle Indizien, die sie hatten, sprachen dafür, dass die Erde viele Milliarden Jahre alt sein musste. Was war da los?!

Charles Darwin starb 1882 im Alter von 73 Jahren. Den wichtigsten Beweis für seine Evolutionstheorie, die Bestimmung des wahren Alters der Erde, sollte er nicht mehr erleben. Erst als man einige Jahrzehnte später das Verfahren der radiometrischen Datierung entwickelt hatte, war man in der Lage, ihm schlussendlich recht zu geben. Die Erde ist über vier Milliarden Jahre alt, die Sonne leuchtet schon mindestens genauso lange und wird dies auch noch ungefähr fünf Milliarden Jahre lang tun. Dafür nutzt sie die Kernfusion, einen Vorgang, den die Physiker rund um Kelvin, Helmholtz und Co. noch nicht kannten. Dafür mussten erst die Chemie geboren, das Atom entdeckt und die radioaktive Strahlung erforscht werden. Wie genau all das vor sich ging und welche unglaublichen Geschichten sich hinter diesen Entdeckungen verbergen, das schauen wir uns im nächsten Kapitel an.

* Heute geht man davon aus, dass sich der Mond tatsächlich aus unserer Erde gelöst hat, aber nicht infolge ihrer rasanten Drehung, sondern weil ein Himmelskörper von der Größe des Mars mit ihr zusammenstieß. Der Mond verlangsamt wirklich mit seiner Schwerkraft die Erdrotation, komplett auf dem Holzweg war George Darwin also nicht.

KAPITEL 6

TANZ DER ELEMENTE

Im Laufe des 17. und 18. Jahrhunderts hatte sich die Physik, nicht zuletzt dank Isaac Newton, zu einer verlässlichen, ernst zu nehmenden Wissenschaft gemausert. Die Bewegungen von Körpern konnten präzise beobachtet, dokumentiert und vorhergesagt werden, und es entwickelte sich ein immer besseres Verständnis davon, wie die Schwerkraft funktioniert. Von der Chemie ließ sich dasselbe allerdings nicht behaupten. Tatsächlich hatte man immer noch keine wirkliche Ahnung, woraus Materie überhaupt besteht oder warum sich Substanzen so verhalten, wie sie sich verhalten, wenn sie miteinander reagieren. Die Chemie war damals noch keine eigene Wissenschaftsdisziplin, sondern der Alchemie untergeordnet.

Aber was ist eigentlich der Unterschied zwischen Chemie und Alchemie? War das nicht ursprünglich mal dasselbe? Nun, Alchemie beschäftigte sich zunächst, ähnlich wie die Chemie, mit der Verarbeitung verschiedener Stoffe. Zum Beispiel stellten Alchemisten Schießpulver her oder entwickelten frühe Formen pharmazeutischer Medizin. Aber sie glaubten auch, man könne mithilfe des sogenannten Steins der Weisen unedle Metalle wie Quecksilber in Gold und Silber verwandeln.[1] Auf der (vergeblichen) Suche nach dieser Substanz, die sich dabei nicht verbrauchen würde, erlangten Alchemisten einige beeindruckende wissenschaftliche Erkenntnisse, und so kam es, dass sich die »seriöse« Chemie irgendwann abspaltete und die Alchemie mehr und mehr zur Pseudowissenschaft verkam.

Der deutsche Apotheker und Alchemist Hennig Brand entdeckte zum Beispiel im Jahr 1669 das Element Phosphor, als er Urin bei großer Hitze verdampfen ließ (eine Prozedur, die ganz fürchterlich gestunken haben muss). Das Verfahren verkaufte er gewinnbringend weiter, und Phosphor wurde zunächst als Heilmittel, schließlich aber vor allem für die Produktion von Streichholzköpfen verwendet.[2]

Eine andere Frage, die man sich zu jener Zeit stellte, war, wieso Dinge überhaupt brennen. Was ist Feuer, was hat es damit auf sich? Der deutsche Wissenschaftler Georg Ernst Stahl glaubte, dass alles, was brennen kann, eine Komponente namens »Phlogiston« enthält.[3] Wenn zum Beispiel Kohle verbrannt werde, verliere sie einen Teil ihres Phlogiston-Anteils und werde deshalb messbar leichter. Diese über viele Jahre erfolgreiche These zweifelte der Franzose Antoine-Laurent Lavoisier Ende des 18. Jahrhunderts an. Er selbst verbrannte Stoffe wie Schwefel oder Phosphor (auch er spielte anscheinend gerne mit Urin) und stellte fest, dass sie dabei Gewicht hinzugewinnen, nicht verlieren. Später entdeckte er, dass Sauerstoff für die Reaktion verantwortlich ist, und schrieb einen Aufsatz, der die beliebte Phlogiston-Theorie aus dem Rennen kegelte.

Lavoisier war damit den chemischen Elementen auf der Spur, und er fing nun an, durch vorsichtiges Experimentieren und präzises Dokumentieren Substanzen in ihre Einzelteile zu zerlegen. Er versuchte, bis zum kleinsten unteilbaren Level der Elemente vorzustoßen; dabei teilte er Gase wieder und wieder in ihre Bestandteile, bis nichts mehr ging. Unterstützung erhielt er von seiner Frau Marie-Anne Paulze, die nicht nur maßgeblich daran beteiligt war, neue Maßstäbe für die wissenschaftliche Methodik zu entwickeln, sondern auch dazu beitrug, dass Lavoisiers Erkenntnisse nicht in Vergessenheit gerieten. Aber zunächst zu seinem bekanntesten Experiment:

Im Jahr 1783 experimentierte Lavoisier mit einem Gas, das knapp 20 Jahre zuvor von Henry Cavendish entdeckt und als »inflammable air«[4] bezeichnet worden war. Cavendish (wir erinnern uns aus Kapitel 4 an den Engländer, der die Masse der

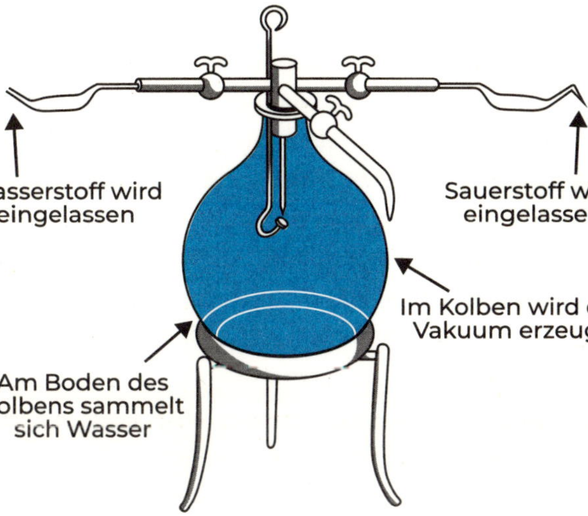

Abbildung 6.1:
Apparatur für Lavoisiers Wasserstoff-Sauerstoff-Experiment

Erde bestimmte, ohne sein Haus zu verlassen) hatte diese »brennbare Luft« in einem geschlossenen System mit normaler Luft reagieren lassen und festgestellt, dass sich dabei Tau bildete. Der Forscher erklärte das mit der damals noch weitverbreiteten Phlogiston-Theorie[5] und schenkte der Sache wenig Beachtung. Lavoisier ließ nun ebenfalls reine Luft (oder Sauerstoff, wie er es mittlerweile nannte) mit Cavendishs »brennbarer Luft« (heute bekannt als Wasserstoff) reagieren. Dafür stellte er in einem Glasbehälter ein Vakuum her (Abbildung 6.1) und ließ anschließend Wasser- und Sauerstoff im Verhältnis 2:1 hinein. Als dabei in seinem Apparat ebenfalls Tau entstand, verstand Lavoisier, dass er Wasser erschaffen hatte, dass Wasser also irgendwie aus Wasser- und Sauerstoff bestehen musste.[6] Eine Annahme, mit der er absolut recht hatte, denn Wasser ist, wie wir heute wissen, aus zwei Wasseratomen und einem Sauerstoffatom zusammengesetzt: H_2O.

Basierend auf dieser Erkenntnis legte Lavoisier nicht nur den Grundstein für das heutige Periodensystem, sondern formulierte auch das Prinzip der Massenerhaltung aus, das Folgendes besagt: Vor und nach jedem Experiment in einem geschlossenen System existiert stets die gleiche Masse an Materie. Nichts geht verloren!

Eine wichtige Erkenntnis.

Lavoisiers Hauptwerk, *Traité élémentaire de chimie,* erschien 1789, in dem Jahr, als im Zuge der Französischen Revolution die Bastille gestürmt wurde, was auch für Lavoisier dramatische Folgen haben sollte. Da er über 20 Jahre als Leiter des Pariser Schießpulver-Arsenals sowie als Steuereintreiber gearbeitet hatte, geriet er auf die schwarze Liste der Generalversammlung, die ihn am 8. Mai 1794 schließlich zum Tode verurteilte. Seine Frau versuchte verzweifelt, gegen das Urteil vorzugehen, doch ohne Erfolg. Noch am selben Tag wurde er zur Guillotine gezerrt, wo er der Legende nach ein letztes Experiment durchführte. Angeblich hatte er sich vorgenommen, noch so oft wie möglich zu blinzeln, nachdem sein Kopf von seinem Körper abgetrennt worden war. Damit wollte er zeigen, wie lange ein Mensch nach seiner Enthauptung weiterlebt. Er soll es elf Mal geschafft haben.[7]

Marie-Anne, nun Witwe, machte sich daran, die Arbeiten ihres verstorbenen Mannes ins Englische zu übersetzen und zu veröffentlichen. Die neue Regierung hatte seine Notizbücher und seine Laborausrüstung beschlagnahmt, und so ist es allein Marie-Anne Paulze zu verdanken, dass viele Erkenntnisse und Experimente von Lavoisier bis heute »überlebt« haben und die Wissenschaft damals vor einem neuerlichen Absturz in ein dunkles Zeitalter bewahrt wurde.

WAS IST EIN ATOM?

Das Ehepaar Lavoisier ging mit seinen Experimenten und mit der Suche nach der kleinsten unteilbaren Einheit einer Frage nach, die schon Tausende von Jahren alt war: Woraus besteht eigentlich alles? Wie weit kann ich Dinge in ihre Einzelteile zerlegen, bis es nicht mehr weitergeht? Der große griechische Denker Platon war zu dem Ergebnis gekommen, dass alles, was wir sehen können, aus vier grundlegenden Elementen besteht: Feuer, Wasser, Luft und Erde.[8] Heute haben wir ein wesentlich besseres Verständnis von der Beschaffenheit unserer Welt: Schon in der Schule lernen wir, dass alles um uns herum aus Atomen zusammengesetzt ist.* Und wir wissen auch, dass verschiedene Atome so ziemlich alles abbilden, was Materie ist. Ein 80 kg schwerer Mensch zum Beispiel besteht aus etwa 52 kg Sauerstoff, 14,4 kg Kohlenstoff, 8 kg Wasserstoff, 2,4 kg Stickstoff sowie kleineren Mengen Kalzium, Phosphor, Magnesium und so weiter.[9] Aber was soll das überhaupt sein, ein Atom? Und wie kommt man auf so eine Idee?

Der wohl erste Mensch, der eine Art Atomtheorie entwickelte, war der indische Gelehrte Kanada, der irgendwann zwischen dem 6. und 2. Jahrhundert v. u. Z. lebte. Über die indischen Philosophen ist nur sehr wenig überliefert, und so erreichte die Hypothese Kanadas (dessen traditioneller Name übersetzt »Atom-Esser« bedeutet[10]) die wissenschaftliche Revolution in Europa gar nicht, aus der schließlich das Teilgebiet der Chemie hervorging. Seine Idee, die Welt könnte aus Atomen – er nannte sie *paramanu*[11] – bestehen, also winzigen, untrennbaren Teilchen, wurde einige Hundert Jahre nach seinem Tod, komplett unab-

* Ein Element besteht aus einer einzelnen Atomsorte, und ein einzelnes Atom wird auch als Element bezeichnet, deshalb werde ich die Begriffe manchmal synonym benutzen.

hängig von ihm, erneut von einem griechischen Philosophen geäußert.

Die Rede ist von Demokrit, einem Gelehrten, der vor über 2400 Jahren den Begriff *atomon* prägte, was so viel bedeutet wie »unteilbar«.[12] In unserem heutigen westlichen Verständnis gilt Demokrit als Großvater der Atomtheorie, auch wenn wir mittlerweile wissen, dass ihm vermutlich ein indischer Gelehrter zuvorgekommen ist (und wer weiß, wie viele andere Denkerinnen und Gelehrte, deren Ideen und Schriften nicht überliefert sind, diesen Gedanken schon hatten). Demokrit glaubte, dass man, wenn man Objekte immer weiter zerteilen könnte, irgendwann auf eine Ebene winziger Teilchen stoßen würde, die sich nicht weiter zertrennen ließen: die Atome. Demokrits atomare Welt bestand aus unendlich vielen solcher Atome, die alle unterschiedlich geformt waren und sich in unendlich vielen Konstellationen miteinander kombinieren ließen.

Hunderte Jahre später stellte der arabische Alchemist Jabir ibn Ḥayyan fest, dass man Objekte tatsächlich in kleinere, reinere Einzelteile trennen kann. Seine Experimente legten das Fundament für die Alchemie, die sich bis nach Europa ausbreiten sollte.[13] Er entdeckte grundlegende chemische Prozesse wie zum Beispiel die Kristallisation, bei der Flüssigkeiten oder Gas in Kristalle umgewandelt werden können.[14]

Als sich im 17. Jahrhundert langsam die modernen Naturwissenschaften von den Pseudowissenschaften abspalteten – so die Chemie von der Alchemie und die Astronomie von der Astrologie –, machte sich in der Elemente-Lehre vor allem ein Mann einen Namen: Robert Boyle. Er lehnte die Vier-Elemente-Theorie von Platon ab und trug jede Menge zum heutigen Verständnis der chemischen Elemente bei. So prägte er den Begriff des »Elements« als eines chemisch unzerlegbaren Bausteins der Materie.[15] In seinem 1661 erschienenen Buch *Der skeptische Chemiker* spricht er sich außerdem vehement für die Empirie, also die wissenschaftliche Erschließung neuer Theorien durch Experimente und Beobachtungen, aus. Zudem gründete er die erste große Wissenschaftsakademie der Welt: die *Royal Society* in London.

Die erste konkrete Definition des Atoms stammt von dem englischen Naturforscher John Dalton. Und zwar vermutete er, dass Atome die Basis jeglicher Materie darstellen. Würde man dieses Buch in unendlich kleine Teile zerlegen, müsste man also irgendwann auf die kleinstmögliche Einheit stoßen. Atome sind laut Dalton nicht weiter zertrennbar, wie auch Demokrit es schon behauptet hatte. Heute wissen wir, dass das nicht so ganz stimmt, aber dazu gleich mehr. Dalton fügte noch hinzu, dass Atome sich vor allem durch ihre Masse unterscheiden. Alle Atome eines Elements haben die gleiche Größe und Masse. Die Atome anderer Elemente haben eine andere Masse.[16]

Die Atomtheorie Daltons half Chemikerinnen und Physikern dabei, Elemente zu entdecken und Moleküle, also die Kombination solcher Elemente, weiter in ihre Einzelteile zu zerlegen und zu kategorisieren.

Der britische Physiker J.J. Thomson führte 1897 ein Experiment durch, welches das Undenkbare mit Daltons Atom anstellte: Es enthüllte die Existenz eines noch kleineren Bestandteils desselben. In seinem Experiment stellte Thomson in einer Röhre einen vakuumähnlichen Zustand her und schickte Teilchen hindurch, die er elektrisch sowie magnetisch ablenken konnte. Mit anderen Worten, er untersuchte die Ladung von Atomen, wollte überprüfen, ob sie eher positiv oder negativ geladen waren. Und siehe da: Als sich die Teilchen wieder und wieder in Richtung einer positiv geladenen Metallplatte innerhalb der Röhre orientierten, schlussfolgerte Thomson, dass Atome negativ geladene Partikel enthalten müssen. Damit bekamen Atome erstmals eine Struktur, die komplexer war als die »grobe« Vorstellung von Dalton. Thomson hatte gerade das erste subatomare Teilchen ent-

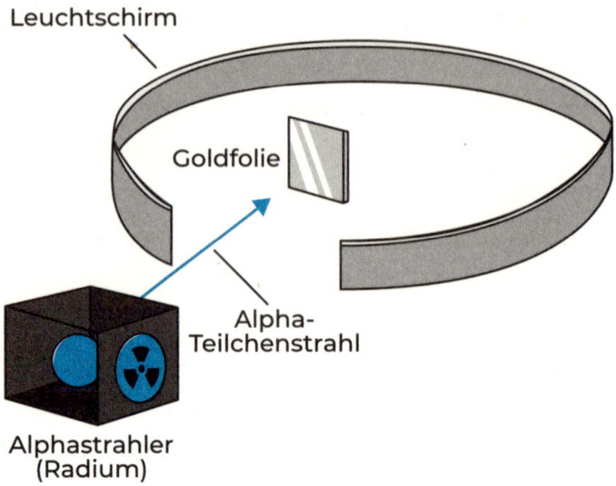

Abbildung 6.2:
Aufbau des Goldfolien-Experiments

deckt: das Elektron.[17] Da Atome insgesamt aber neutral geladen sind, konstruierte er das »Plumpudding-Modell«, das davon ausgeht, dass Atome zusätzlich noch eine Massekugel mit positiver Ladung besitzen. Seine neu entdeckten Elektronen (er nannte sie damals noch Korpuskel) seien innerhalb dieser Massekugel gleichmäßig verteilt, wie Trockenobst in einem englischen Pudding oder Rosinen in einem Brötchen. Für die Entdeckung der Elektronen erhielt Thomson 1906 den Nobelpreis für Physik.

Das Plumpudding-Modell begann aber schon bald zu wackeln (kein Wunder, war ja auch Pudding), als einer der wohl talentiertesten experimentellen Physiker aller Zeiten sich der Sache annahm: Ernest Rutherford sollte im Laufe seines Lebens unser Verständnis des Atoms mehrfach revolutionieren. Gemeinsam mit seinen Mitarbeitern Hans Geiger und Ernest Marsden entwickelte er 1909 das Goldfolien-Experiment, auch rutherfordscher Streuversuch genannt, bei dem etwas wahrhaft Merkwürdiges passierte.

Im Zentrum der Versuchsanordnung befindet sich eine dünne

Goldfolie, die mit Alphateilchen beschossen wird. Ein Alphateilchen entsteht, wenn ein spezieller radioaktiver Atomkern zerfällt, zum Beispiel Radium.[18] Der Kern ist instabil und wirft ein Teilchen ab, um einen stabileren Zustand zu erreichen.* Um die Goldfolie herum wurde ein Leuchtschirm aufgebaut, der messen sollte, was mit den Alphateilchen passierte, wenn sie auf die Goldfolie trafen.

Nach dem Plumpudding-Modell von Thomson, das eine gleichmäßige Verteilung von positiver und negativer Ladung innerhalb des Atoms postulierte, hätten die Alphateilchen allesamt durch die Goldfolie hindurchfliegen müssen, als würde sie nicht existieren. Genau das erwarteten Rutherford, Geiger und Marsden bei ihrer Versuchsanordnung, doch dann staunten sie nicht schlecht, als sie sahen, was tatsächlich passierte.

Wie erwartet, gingen die meisten Alphateilchen durch die Goldfolie wie ein Messer durch warme Butter. Anschließend landeten sie auf der gegenüberliegenden Seite an dem Leuchtschirm, wo Rutherford und Kollegen sie als Lichtblitze registrierten. Doch etwa eins von 8000 Teilchen wurde von der Folie nicht durchgelassen. Schlimmer noch: Es wurde sogar »zurückgeschossen«, also um 90° oder sogar mehr abgelenkt.[19] Rutherford traute seinen Augen nicht: »Es war das wohl unglaublichste Erlebnis, das ich je hatte. Es war fast so, als würde man mit einem Raketenwerfer auf ein Papiertaschentuch schießen, und die Rakete prallt davon ab und trifft den Schützen!«[20]

Seine Erklärung dafür lautete wie folgt: Atome sind anders strukturiert, als Thomson angenommen hatte. Sie müssen einen winzigen positiv geladenen Kern besitzen, in dem sich fast die komplette Masse konzentriert. Die negativ geladene Elektronenhülle umgibt diesen winzigen Atomkern.[21]

* Radioaktivität war ein bekanntes Phänomen, das Rutherford ebenfalls erforschte (dazu später mehr).

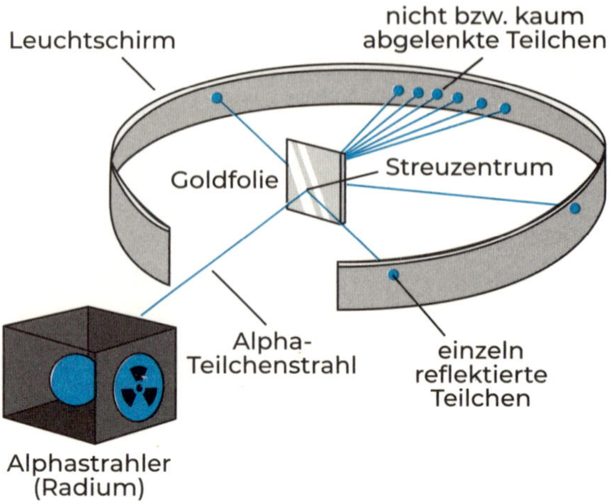

Abbildung 6.3:
Tatsächliches Ergebnis des Goldfolien-Experiments

Es wurden nur so wenige Alphateilchen von den Atomen innerhalb der Metallfolie abgelenkt, weil sie nur in den seltensten Fällen direkt auf den winzigen Atomkern trafen (siehe Abbildung 6.4). Und warum wurden sie in diesen Fällen zurückgeschleudert? Weil der Atomkern, auf den sie trafen, positiv geladen war, genau wie sie selbst, und gleiche Ladungen stoßen sich ab.

Damit hatte Rutherford einen weiteren wichtigen Schritt bei der Suche nach der wahren Struktur des Atoms getan. Der Atomkern ist, wie wir heute wissen, tatsächlich verantwortlich für über 99,9 Prozent der Masse eines jeden Atoms. In ihm finden wir weitere subatomare Teilchen: die positiv geladenen Protonen und die ladungslosen Neutronen. Dabei ist der Atomkern winzig im Vergleich zur Elektronenhülle, die ihn umgibt. Wenn der Kern etwa so groß ist wie eine Erbse, dann entspricht die Elektronenhülle einem Fußballstadion, in dessen Mitte sie liegt.[22] Ein Atom ist etwa 10^{-10} Meter groß, das heißt, wenn

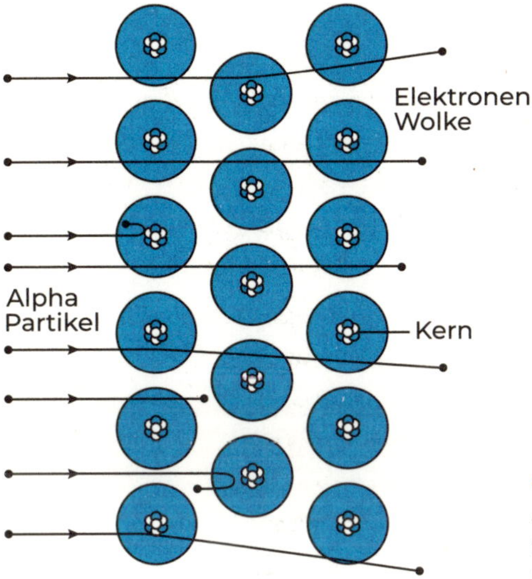

Abbildung 6.4:
Ablenkung eines Alphateilchens im Goldfolien-Experiment

man etwa 100 Millionen Atome nebeneinander platzieren würde, wären sie gerade mal einen Fingernagel breit.

Mit ihren Experimenten öffneten Rutherford und Thomson die Büchse der Pandora. Bei genauerer Untersuchung des Verhaltens subatomarer Partikel stellten Wissenschaftlerinnen und Physiker in der Folge nämlich fest, dass ihre Vorstellungen darüber, wie unser Universum aufgebaut ist, dringend eine Reform nötig hatte. Die Rede ist von der Entwicklung der Quantenmechanik, auf die wir in Kapitel 8 noch näher eingehen werden. Zunächst werfen wir aber einen Blick auf die Alphateilchen, die Rutherford in seinem Experiment so nonchalant nutzte, und auf eine Entdeckung, die ungeahnte und vor allem weitreichende Folgen gehabt hatte: die der Radioaktivität.

HILFE, ICH LEUCHTE IM DUNKELN

Die Geburtsstunde der Radioaktivität fällt in die Nacht des 8. November 1895, als in einem abgedunkelten Labor in Würzburg der Physiker Wilhelm Conrad Röntgen lange nach Feierabend mit verdünnten Gasen in einer Röhre experimentierte.[23] Er setzte die Röhre unter Spannung, und plötzlich bemerkte er, dass etwa einen Meter von ihr entfernt eine mit Barium, Zyanid und Platin beschichtete Pappe zu leuchten begann. Selbst als er die Röhre mit schwarzer Pappe abschirmte, hörte das Leuchten nicht auf. Röntgen hantierte mit den Gerätschaften und hielt schließlich seine Hand zwischen Röhre und Platte. Nanu, die Hand war auf einmal durchsichtig! Haut und Fleisch waren verschwunden, und die Knochen seiner Finger leuchteten im Dunkeln.[24] Er hatte die Röntgenstrahlen entdeckt, welche er noch im selben Jahr in einer kleinen Abhandlung mit dem Titel *Über eine neue Art von Strahlen* beschrieb, ergänzt um das erste Foto eines durchstrahlten Körperteils: die Hand seiner Frau Bertha.[25]

Röntgens Entdeckung war mehr oder weniger ein glücklicher Zufall, und seine Arbeit wurde von einem weiteren Glückspilz ergänzt, dem Franzosen Henri Becquerel. Becquerel war der Dritte in seiner Familie, der als Physiker am Naturkundemuseum in Paris arbeitete. Er forschte auf dem Teilgebiet der Phosphoreszenz, also der Eigenschaft von Stoffen, im Dunkeln zu leuchten, nachdem sie mit UV-Licht bestrahlt worden sind. Als er von Röntgens X-Strahlung hörte,* war er ganz Ohr und versuchte, dem Phänomen auf die Schliche zu kommen. In einem Experiment wickelte Becquerel Fotoplatten in schwarzes Papier, legte ein Stück Uransalz darauf und stellte alles zusammen in

* So hatte Röntgen die neu entdeckten Strahlen ursprünglich genannt. Die Bezeichnung setzte sich im angloamerikanischen Raum durch, dort wird bis heute von *x-rays* gesprochen, im Deutschen hingegen von *Röntgen*strahlen.

die Sonne. Seine Theorie lautete, dass Uransalze Röntgenstrahlen abgeben, wenn sie von Sonnenlicht getroffen werden.[26] Diese Strahlung sollte man dann später auf den Fotoplatten sehen können. Und tatsächlich: Nach der Entwicklung der Platten bemerkte er, dass sich die Umrisse des Urans darauf abzeichneten. Damit sah Becquerel (fälschlicherweise) seine Theorie als bestätigt an, dass das Sonnenlicht etwas mit den Röntgenstrahlen zu tun hatte. *Case closed!* Oder … doch nicht?! Als er das Experiment eine Woche später mit neuen Platten und weiteren Uransalzen wiederholen wollte, machte ihm der Himmel über Paris glücklicherweise einen Strich durch die Rechnung. Es war bewölkt, die Sonne hielt anscheinend gerade ein Nickerchen, also legte er alles zusammen in die Schublade seines Schreibtischs. Als er die Platten wenige Tage später, am 1. März 1896, herausholte, beschloss er, sie ebenfalls zu entwickeln, auch wenn er absolut kein Ergebnis erwartete. Warum er das tat, ist unklar,[27] aber er dürfte im Nachhinein recht froh über seine Entscheidung gewesen sein. Denn auch diesmal zeichnete sich ein klarer Umriss der Uransalze auf den Platten ab. Daraus folgerte er, diesmal korrekt, dass die Strahlung der Uransalze doch nicht aus der Sonne bezogen wurde, sondern die Substanz irgendwie von alleine strahlte. Becquerel hatte damit eine völlig neue Art von Strahlung entdeckt, die sich in einer Hinsicht von den Röntgenstrahlen unterschied: Seine Strahlen ließen sich elektrisch und magnetisch ablenken, sprich: Sie wiesen positive oder negative Ladungen auf. Er hatte die Radioaktivität entdeckt.

Aber was genau ist Radioaktivität? Kurz gesagt bedeutet es, dass gewisse Atomkerne Strahlung oder Energie abgeben. Radioaktive Atomkerne sind instabil und »zerfallen« in einen etwas stabileren Atomkern. Wie das funktioniert? Nun, während die Hülle des Atoms aus negativ geladenen Elektronen besteht, besteht der Atomkern aus positiv geladenen Protonen und neutralen Neutronen. Die Anzahl der Protonen und Elektronen ist in der Regel gleich und definiert auch die sogenannte Ordnungszahl des betreffenden Atoms. Sprich: Wasserstoff, das erste Element im Periodensystem, besitzt einen Atomkern mit einem Proton und eine Hülle mit einem Elektron. Helium, das zweite Element, besitzt zwei Protonen und zwei Elektronen und so weiter. Das radioaktive Element Uran, welches Becquerel untersuchte, hat einen instabilen Atomkern, der durchgängig Alphateilchen abgibt in der »Hoffnung«, dass er irgendwann einen stabileren Zustand erreicht. Diese Alphateilchen entsprechen Helium-Atomkernen, weil sie zwei Protonen und zwei Neutronen besitzen.[28]

Je nachdem, mit welchem radioaktiven Kern man es zu tun hat, wird unterschiedliche Strahlung abgegeben. Manche Kerne sondern Alpha-, andere Beta- oder Gammastrahlung ab.

Dabei bilden radioaktive Stoffe sogenannte Zerfallsreihen, was bedeutet, dass der eine radioaktive Kern in den nächsten übergeht, der wiederum eine eigene Art von Strahlung abgibt, bis ein stabiler Kern erreicht ist. Das kann man sich vorstellen wie einen Ball, der eine Treppe hinunterhüpft, Stufe für Stufe, bis er ganz unten angekommen ist. Uran-238 hat zum Beispiel eine wahnsinnig lange Zerfallsreihe, die über Thorium, Radium, Radon und viele andere Kerne bis zu Blei hinuntergeht, wo es seine stabilste Stufe erreicht.[29]

Die Strahlung, die bei diesem Umwandlungsprozess abgegeben wird, kann extrem gefährlich sein. Je nach Art und Dosis, die einen Menschen beim Umgang mit radioaktivem Material erreicht, können Verbrennungen auftreten oder Zellen zerstört werden. Letzteres kann Krebs oder andere schwere Krankheiten verursachen.[30] Nur wussten die Physiker und Chemikerinnen des frühen 20. Jahrhunderts das leider noch nicht …

DIE CURIES: EIN STRAHLENDES EHEPAAR

Fünf Jahre vor Entdeckung der radioaktiven Eigenschaften von Uran durch Henri Becquerel zog die polnische Lehrerin Maria Skłodowska nach Paris, um an der renommierten Sorbonne ein Physikstudium aufzunehmen. Ihre Studentinnenjahre verbrachte sie äußerst spartanisch, sie arbeitete bis spät in die Nacht und aß so gut wie nichts außer Brot und Butter (heute wären es wahrscheinlich Nudeln mit Pesto oder Instant-Ramen). Maria, die sich inzwischen den französischen Vornamen Marie zugelegt hatte, schloss das Studium im Jahr 1893 mit Bravour ab und lernte im darauffolgenden Frühjahr ihren späteren Mann, den Chemiker Pierre Curie kennen. Die beiden sollten zu einem der einflussreichsten Wissenschaftspaare aller Zeiten werden. Gemeinsam mit Henri Becquerel erhielten sie 1903 den Nobelpreis für Physik, und zwar für die Entdeckung der Radioaktivität. Marie Curie bekam für ihre Arbeiten rund um das Radium im Jahr 1911 außerdem noch einen Nobelpreis für Chemie.[31] Damit war sie die erste Frau überhaupt, die mit einem Nobelpreis ausgezeichnet wurde, und der erste Mensch, der ihn gleich zwei Mal absahnte.[32]

Ihre wissenschaftliche Leidenschaft für die Radioaktivität begann, als sie von den Röntgenstrahlen und den damit verbundenen Entdeckungen Becquerels erfuhr. Ganz Europa war fasziniert von dem Stoff, mit dem man durch Haut und sogar Wände gucken konnte. Kein Wunder, es grenzte ja auch fast an Zauberei! Nachdem Becquerel 1896 die Strahlung von Uran festgestellt hatte, untersuchte Marie das Ganze genauer, und zwar mit einem Elektrometer, das Pierre für seine Doktorarbeit gebaut hatte. Kurz darauf entdeckte sie, dass Thorium dieselbe Strahlung wie Uran abgab. Gemeinsam machten sich Marie und Pierre auf die Suche nach noch mehr Stoffen, die diese merkwürdige Strahlung absonderten. Sie arbeiteten jahrelang Tag und Nacht, um Erze, Minerale und seltene Steine in kleinste Teile zu zerlegen und zu testen. 1898 stießen sie auf eine Substanz, die 300-mal aktiver war als Uran. Sie vermuteten, dass sie ein bislang unbekanntes Metall gefunden hatten, und nannten es Polonium, zu Ehren von Maries Heimatland.[33] Kurze Zeit später entdeckten sie Radium, eine ebenfalls stark strahlende Substanz. In derselben Arbeit, in der sie die Existenz von Polonium beschrieben, verwendeten sie auch zum ersten Mal das Wort »Radioaktivität«.

Dabei war ihnen noch komplett schleierhaft, wie gefährlich das Material war, mit dem sie Tag für Tag ihre Experimente durchführten. So band sich Pierre Curie für zehn Stunden ein Stück Radium am Arm fest, um zu sehen, was das radioaktive Material mit seiner Haut anstellte. Er trug eine Verbrennung davon, deren Heilungsprozess er genauestens verfolgte und die als graue Narbe sichtbar blieb.[34] Pierre Curie folgerte daraus, dass man Radium eventuell in der Medizin nutzen könnte, um Hautkrebs effektiv »herauszubrennen«[35], eine Idee die eine Zeit lang tatsächlich umgesetzt wurde.[36]

Mit der Zeit bemerkten Pierre und Marie jedoch, dass es ihnen gesundheitlich nicht gut ging. Pierre konnte kaum mehr aufrecht stehen, Maries Finger waren vernarbt, und beide waren ständig müde. Kein Wunder, sie waren ja auch ununterbrochen radioaktiver Strahlung ausgesetzt: Pierre trug ein Stück Radium in einem Beutel am Gürtel mit sich, da er es gerne spontan herumzeigte, und Marie hatte eine Röhre mit Radium auf ihrem Nachttisch liegen und benutzte sie, weil sie im Dunkeln leuchtete, als Leselampe.[37] In der *Bibliothèque Nationale* in Paris sind heute ihre Notizbücher ausgestellt, die noch immer Strahlung absondern. Es dauert sage und schreibe 1620 Jahre, bis die Strahlenaktivität von Radium nur noch halb so stark ist wie zu Beginn.

1903 bemerkte Pierre Curie, dass Radium eine Menge Energie in Form von Hitze abgab. So viel, dass ein Kilogramm Radium innerhalb von einer Stunde ein Kilogramm Eis zum Schmelzen bringen konnte![38]

Drei Jahre später kommt Pierre Curie bei einem Unfall mit einer Pferdekutsche zu Tode. Marie stirbt 1934 an Leukämie, ausgelöst vermutlich durch die Strahlung, mit der sie sich tagtäglich umgab. Doch ihre Entdeckungen und die unermüdliche Arbeit, die sie in die Erforschung radioaktiver Stoffe steckten, bescherten ihnen einen Ruhm, der bis heute anhält. Unter anderem hatte das Forscherpaar auch die Bestimmung des Alters der Erde auf ein neues Erkenntnislevel befördert.

WIE ALT DIE ERDE WIRKLICH IST

Ernest Rutherford, der Mann, der 1909 mit einem Raketenwerfer auf ein Taschentuch schoss und von dem zurückprallenden Projektil getroffen wurde, war ebenfalls schon früh fasziniert von der neuen Strahlung, die Becquerel und Röntgen entdeckt hatten. Er arbeitete an der McGill University in Montreal, Kanada, und sein Goldfolien-Experiment lag noch einige Jahre in der Zukunft. Unter anderem untersuchte er damals die Energie, die Radium abgab und die Pierre Curie schon entdeckt hatte. Rutherfords Erklärung: Die von Radium generierte Hitze ist proportional zur Anzahl der Alphateilchen, die es abgibt. Wir erinnern uns: Alphateilchen sind kleine Kerne mit zwei Protonen und zwei Neutronen, also denselben Eigenschaften wie ein Helium-Atomkern. Radioaktives Radium sprüht geradezu vor Alphateilchen und schleudert diese umher wie eine Konfettikanone. Wenn einige von ihnen auf umliegende Atomkerne stoßen, wird die kinetische Energie (also Bewegungsenergie), die beim Zusammenprall der positiv geladenen Atomkerne entsteht, in Hitze umgewandelt.

Und genau hier schlagen wir jetzt einen großen Bogen zum Alter der Erde. Geologinnen und Geologen erkannten, dass die Radioaktivität der Schlüssel zu dessen Bestimmung sein musste. Als Lord Kelvin das Alter der Erde berechnet hatte, war er davon ausgegangen, dass der Großteil der Wärme unseres Planeten von der Sonne, also einer externen Energiequelle, stammte. Was aber, wenn die Erde selbst so viel radioaktives Material besitzt, dass sie sich von allein warm hält, und die Sonne nur für einen Bruchteil der Oberflächenwärme verantwortlich ist?

Schon bald entdeckten Geologen und Physikerinnen Radioaktivität überall: in der Luft, in der Erde, im Regen, im Schnee. Der Planet war radioaktiv, so weit das Auge reichte.[39] Das Zauberwort, um daraus nun das Alter der Erde zu bestimmen, lautet »Halbwertszeit«. Wie wir wissen, zerfallen radioaktive Elemente durch Abgabe stetiger Strahlung in einer festen Abfolge in ein anderes Element. Die Zeit, die es braucht, bis die Hälfte aller Atome eines Radioelements, wie zum Beispiel Radium oder Uran, in das Abfallprodukt umgewandelt sind, nennt man Halbwertszeit. Wobei die Zeitspannen extrem unterschiedlich sind: Einige Halbwertszeiten dauern mehrere Milliarden Jahre, andere nur den Bruchteil einer Sekunde. Da Radium und Uran sehr lange Halbwertszeiten besitzen, gibt es von beidem eine Menge auf der Erde, andere Stoffe zerfallen so schnell, dass sie nur kurz existieren. Wenn wir uns nun die Zusammensetzung einer Gesteinsprobe anschauen und einen Blick auf die radioaktiven Elemente werfen, die wir darin finden, können wir mit den uns bekannten Halbwertszeiten zurückverfolgen, wie alt der Stein ist. Genauso berechnete Bertram Boltwood, ein Schüler Rutherfords, das Alter der Erde, und zwar auf unglaubliche 2,2 Milliarden Jahre. Zwar verfehlte auch er wieder den tatsächlichen Wert, doch der bislang akzeptierte Wert von knapp 100 Millionen Jahren, aufgestellt von Lord Kelvin und Konsorten nur wenige Jahre zuvor, sah im Vergleich geradezu lächerlich niedrig aus.

Es dauerte noch einige Jahrzehnte, bis die Überzeugung, das Sonnensystem sei maximal 100 Millionen Jahre alt, endlich auf dem Müllhaufen der Geschichte landete. Heutzutage können wir mit der radiometrischen Datierung sicher bestimmen, dass unser Planet vor etwa 4,5 Milliarden Jahren entstanden ist[40] und sich dessen Kruste vor etwa 3,8 Milliarden Jahren gefestigt hat. 1955 wurde das erste Mal ein Meteorit mithilfe dieses Verfahrens untersucht und das Alter unseres Sonnensystems auf etwa 4,5 Milliarden Jahre geschätzt.[41] Aber was hat ein Meteorit mit dem Alter unseres Sonnensystems zu tun? Nun, alles, was Teil unseres Sonnensystems ist, von der Sonne über die Erde und den Mond bis hin zum Jupiter und zu allen Asteroiden und Kometen, die wir regelmäßig beobachten können, hat einen gemeinsamen Ursprung. Bevor sich all diese Planeten und Himmelskörper gebildet haben, war unser Sonnensystem eine riesige Gaswolke, die irgendwann unter ihrer eigenen Schwerkraft zusammengebrochen ist. Dabei sammelte sich fast ihre gesamte Masse, etwa 99,8 Prozent, in ihrer Mitte und formte die Sonne.[42] Um sie herum bildete sich eine große, sich schnell drehende Scheibe, aus der die Planeten, Monde und Kometen entstanden, die bis heute um die Sonne kreisen. Deshalb drehen sich Planeten auch um sich selbst: Beim Zusammenkrachen der Gaswolke wurden sie in diese Drehbewegung gebracht, und bis heute hat niemand sie angehalten.

Wie schafft es die Sonne eigentlich, bis heute zu brennen? Wie kann sie Milliarden von Jahren Hitze erzeugen, ohne »Treibstoff« zu verlieren? Und überhaupt: Wie kann die Oberfläche der Sonne »brennen«, obwohl es im Weltall keinen Sauerstoff gibt? Fragen über Fragen. Nun, in Wahrheit brennt die Sonne gar nicht. Der Prozess, der hinter ihrem scheinbar nicht enden wollenden Energievorrat steckt, ist die Kernfusion. Zwei Atomkerne verschmelzen zu einem neuen, und dabei wird ungeheuer viel Energie freigesetzt.

Für eine Kernfusion braucht man spezielle Umstände, die in unserer Sonne gegeben sind: Temperaturen von 15 Millionen Grad und ein enormer Druck, der infolge der extremen Schwerkraft in ihrem Zentrum herrscht, sodass pro Sekunde etwa 600 Millionen Tonnen Wasserstoff in 596 Millionen Tonnen Helium umgewandelt werden.[43] Wo sind die restlichen vier Tonnen hin? Verschwunden? Nein, bei diesem Prozess geht nichts verloren. Die vier Tonnen Wasserstoff werden in Energie umgewandelt, welche wir dann in Form von Licht, Wärme und Strahlung auf der Erde empfangen.

Das also ist der »Brennstoff«, das »Benzin« der Sonne: Wasserstoffatome. Die gibt es in ihrem Zentrum zwar zuhauf, aber eben nicht endlos, nicht für immer. In schätzungsweise sechs Milliarden Jahren wird die Sonne keinen Wasserstoff mehr übrig haben, den sie in Helium umwandeln könnte. Dann wird sie sich aufblähen, Merkur, Venus und auch unsere Erde verschlucken, anschließend wieder in sich zusammenfallen und sich zu einem kleinen, kompakten Stern entwickeln, einem Weißen Zwerg. So bezeichnen wir Sterne, die den Treibstoff für ihre Kernfusion aufgebraucht haben.

Dass Darwin, Helmholtz und Co. das Alter der Erde noch nicht annähernd präzise bestimmen konnten (siehe Kapitel 5), lag unter anderem daran, dass sie nicht wussten, was ein Atom ist und wie Atome unter gewissen Voraussetzungen miteinander interagieren. Vor allem aber fehlte ihnen die Einsicht, dass sich Masse in Energie umwandeln lässt. Dass Masse und Energie also praktisch dasselbe sind, nur in unterschiedlicher Form. Genau das behauptete ein junger Mann, der Anfang des 20. Jahrhunderts am Patentamt in Bern angestellt war. Die Rede ist von der bekanntesten Formel aller Zeiten: $E = mc^2$, und vom sympathischsten und vielleicht größten Genie aller Zeiten: Albert Einstein.

KAPITEL 7

EINSTEIN, ABER EINFACH

Es war einmal vor langer Zeit, genau genommen vor 1,3 Milliarden Jahren, als sich in einer weit, weit entfernten Galaxie etwas Gewaltiges abspielte. Zwei riesige schwarze Löcher, die jeweils die 30-fache Masse unserer Sonne hatten, umkreisten einander mit zunehmend dramatischer Geschwindigkeit. Schwarze Löcher, das sind Himmelskörper mit einer immens hohen Anziehungskraft. Sie entstehen, wenn riesige Sterne sterben und in sich zusammenfallen. Dabei komprimiert sich ihre ganze Masse in der Mitte, in einem unendlich kleinen, unendlich dichten Punkt.[1] Und von diesen Objekten umrundeten sich nun zwei in einem gewaltigen, aber auch fast unsichtbaren Spektakel. Es war das Grand Finale eines Tanzes, der bereits einige Milliarden Jahre zuvor begonnen hatte. Anfangs hatten sich die schwarzen Löcher noch langsam und beständig umeinander bewegt. Doch in den letzten Minuten wird ihr Tanz immer gewaltiger und chaotischer. Sie umkreisen sich mit 200 000 km/s, etwa zwei Drittel der Lichtgeschwindigkeit,[2] und kommen sich immer näher, bis sie schließlich kollidieren und zu einem neuen, großen schwarzen Loch verschmelzen. Dabei erzeugen sie kurzzeitig mehr Energie als das komplette restliche Universum und lösen, wie ein Felsbrocken, der ins Wasser geworfen wird, eine Welle aus, die sich in alle Richtungen gleichzeitig ausbreitet. Nur, die Welle, die sie hervorrufen, verformt kein Wasser, sondern die Raumzeit selbst und breitet sich dabei mit Lichtgeschwindigkeit aus.

Verschmelzen schwarzer Löcher, werden deren Massen derart heftig beschleunigt, dass sie den Raum und die Zeit um sich herum verbiegen und das Echo ihrer Kollision in Form von Gravitationswellen durch das ganze Universum schallt.

Dieses Echo, so postulierte ein deutscher Wissenschaftler im Jahr 1916, müsse man auch hier auf der Erde registrieren können. Bleiben wir also bei der Kollision der schwarzen Löcher und reiten die Gravitationswellen wie ein kosmischer Surfer bis nach Hause zur Erde. Als die Wellen ausgelöst wurden, vor über einer Milliarde Jahre, begann sich die Atmosphäre unseres Planeten gerade mit Sauerstoff zu füllen. Cyanobakterien, eine der ersten irdischen Lebensformen, erzeugten als Abfallprodukt ihrer Fotosynthese Sauerstoff und legten so das Fundament für komplexeres Leben auf dem Blauen Planeten.[3] Die Gravitationswellen der Kollision breiteten sich weiter aus, und nach etwa 650 Millionen Jahren hatten sie die Hälfte der Strecke zurückgelegt. Auf der Erde entwickelten sich gerade die ersten Tiere, simple, einzellige Organismen. Etwa 100 Millionen Jahre später entstanden die ersten Fische, noch mal 130 Millionen Jahre später formte der Sauerstoff, den die Cyanobakterien produziert hatten, langsam die Ozonschicht, eine Art Schutzschild in der Stratosphäre, der uns vor Weltraumstrahlung schützt. Dank dieses Schildes konnten sich die ersten Pflanzen und bald auch die ersten Tiere an Land ausbreiten. Die Gravitationswellen reisten mit Lichtgeschwindigkeit weiter und verformten überall, wo sie vorbeikamen, Raum und Zeit, wenn auch nur minimal. Vor 225 Millionen Jahren entwickelten sich bei uns die Dinosaurier, die 160 Millionen Jahre später wieder ausstarben (warum genau, schauen wir uns in Kapitel 9 an). Vor gerade mal 130 000 Jahren betraten schließlich die ersten Vertreter des Homo sapiens in Ostafrika die Bühne des Lebens.

Die Gravitationswellen haben unsere Erde nun fast erreicht. Wenn die 1,3 Milliarden Lichtjahre, die sie bis dorthin zurücklegen mussten, ein 100-Meter-Lauf wären, dann wären sie jetzt nur noch einen Meter von der Ziellinie entfernt. Auf diesem letzten Meter ereignet sich auf der Erde mal eben die komplette Geschichte der Menschheit. Der Homo sapiens pflanzt sich immer weiter fort, lässt sich nieder und erfindet Geld, Gott und Gesetze. Newton entwickelt seine Theorie zur Schwerkraft, und schließlich kommt am 14. März 1879 in Ulm ein gewisser Albert Einstein zur Welt, der 1916 mit seiner *Allgemeinen Relativitätstheorie* die Existenz von Gravitationswellen vorhersagt. Die Wellen von der Kollision der schwarzen Löcher stehen nun einen Mikrometer vor der Ziellinie ihres 100-Meter-Sprints und werden unseren Planeten gleich durchlaufen.

Doch vorher müssen drei Physiker – der US-Amerikaner Kip Thorne, der Schotte Ronald Drever und der gebürtige Deutsche Rainer Weiss – im Jahr 1992 noch schnell das LIGO gründen, das *Laser-Interferometer Gravitationswellen-Observatorium*. Eigentlich müsste man sagen, *die* Observatorien. Denn das LIGO besteht aus zwei Einrichtungen: eine in Hanford im US-Bundesstaat Washington und eine weitere im 3000 Kilometer entfernten Livingston in Louisiana. Beide Institute sind dazu gedacht, Einsteins kühne Vorhersage über die Existenz von Gravitationswellen zu bestätigen und aus der trockenen Theorie endlich greifbare Praxis zu machen. Man will echte Gravitationswellen messen! Aber warum braucht man dafür zwei Observatorien? Nun, Gravitationswellen haben fast keine merkliche Auswirkung auf Materie, also müssen die Geräte zu ihrer Messung extrem sensibel auf die kleinsten Veränderungen in der Raumzeit reagieren. Weshalb sie leider äußerst fehleranfällig sind. Würde man nur ein einzelnes Observatorium betreiben, könnte man nie ganz sicher sein, ob man gerade eine Gravitationswelle oder das Husten einer Fliege gemessen hat. Um die 3000 Kilometer zwischen den beiden Observatorien zurückzulegen, braucht Licht bis zu zehn Millisekunden, und da Gravitationswellen mit Lichtgeschwindigkeit reisen, müsste erst der eine Detektor ausschlagen und maximal zehn Millisekunden später der andere.[4] Der Prozess ist so komplex und der Effekt der Wellen so winzig, dass Einstein 20 Jahre nach seiner Vorhersage selbst schon nicht mehr daran glaubte, dass sie tatsächlich existierten.[5]

Zum Glück verloren die vielen Physikerinnen und Wissenschaftler, die jahrzehntelang an der Entwicklung des LIGO arbeiteten, nie den Glauben an Einsteins Theorie. Im Mai 2015 erneuerte man die Gerätschaften noch einmal, damit sie noch empfindlicher auf potenzielle Gravitationswellen reagieren konnten. Fünf Jahre lang waren sie zuvor ausgeschaltet gewesen, und dann fuhr man am 14. September 2015 alles wieder hoch. Gerade rechtzeitig, denn nur wenige Minuten nachdem die Messapparate eingeschaltet worden waren, passierte es: Die Gravitationswellen von der Kollision der schwarzen Löcher, die ich eben beschrieben habe, erreichten die Detektoren.[6] Erst schlug das Gerät in Livingston Alarm, dann, nur sieben Millisekunden später, das in Hanford. 0,2 Sekunden lang rauschten die Gravitationswellen durch unseren Planeten und verformten ihn dabei minimal. Gemessen wurde das von Lasern, die sich in zwei L-förmigen Röhren von jeweils vier Kilometern Länge befinden und feststellen können, wenn sich die Raumzeit auf atomarem Level verändert. Bei dem beschriebenen Ereignis registrierten sie eine Erdverformung von 1/1000stel des Durchmessers eines Atomkerns![7]

Die zuständigen Forschenden erhielten einen E-Mail-Alarm in ihr Postfach und trauten ihren Augen kaum. Sie überprüften die Daten und versuchten herauszufinden, ob es sich nicht doch um einen Fehlalarm oder ein Testsignal handelte. Aber schnell war klar: Man hatte gerade tatsächlich Gravitationswellen gemessen, 99 Jahre nach Einsteins Vorhersage. Ein unglaublicher Moment in der Geschichte der Wissenschaft! Einstein war erneut bestätigt worden. Seine Theorie hatte die Realität mal wieder besser beschrieben, als er selbst es für möglich gehalten hätte.

Doch wer war dieser Mann eigentlich?

DAS LEBEN DES ALBERT E.

Albert Einstein kam wie gesagt 1879 in Ulm zur Welt. Er hatte fünf Geschwister, sein Vater war Teilhaber einer Bettfedernfabrik. Kurz nach Alberts Geburt zog die Familie nach München – Vater und Onkel eröffneten einen Installationsbetrieb für Gas, Wasser, Schei-, äh, Strom und eine kleine Fabrik für elektrische Geräte. In München verbrachte Albert Einstein seine Schulzeit. Er interessierte sich besonders für die Naturwissenschaften und spielte gerne Geige. 1894 zog die Familie nach Mailand. Einstein verließ das Gymnasium mit 15 Jahren ohne Abschluss. Zunächst folgte er den Eltern nach Italien und wollte dann 1895, im zarten Alter von 16, an der Eidgenössischen Polytechnischen Schule (der späteren ETH) in Zürich studieren. Doch er fiel trotz brillanter Leistungen in Physik und Mathe durch die Aufnahmeprüfung und holte anschließend an der Kantonsschule Aarau seine Matura nach, das Schweizer Abitur.[8] Sein Abschlusszeugnis war voller Fünfen und Sechsen. Eine Sechs in Algebra, eine Sechs in Physik, eine Fünf in Chemie.[9] Und dieser junge Mann sollte sich zu einem der größten Genies aller Zeiten entwickeln?

Ja, genau. Denn die Sechs steht in der Schweiz für die Note »sehr gut«.

Einstein studierte schließlich in Zürich Mathematik und Physik auf Lehramt und machte vier Jahre später, mit 21, seinen Abschluss. Damit absolvierte er das Physikstudium weitaus schneller als die meisten Studierenden heutzutage, was aber auch kein Wunder ist. Denn wie der Experimentalphysiker Gerd Ganteför einst in einem Vortrag scherzhaft bemerkte: Einstein musste ja auch nie die Relativitätstheorie pauken.[10] Die musste nämlich erst noch erfunden werden … von Einstein selbst!

Nach seinem Abschluss bewarb sich Einstein als Assistent an verschiedenen Hochschulen, jedoch ohne Erfolg. Er arbeitete als Aushilfslehrer am Polytechnikum Winterthur und als Hauslehrer in Schaffhausen. Dann ging er zum Schweizer Patentamt nach Bern – als »Technischer Experte 3. Klasse« – und promovierte schließlich an der Universität Zürich. Seine Arbeit im Patentamt beanspruchte Albert Einstein nicht sonderlich, und so hatte er jede Menge Zeit zum Nachdenken. Im Jahr 1905 veröffentlichte er fünf wissenschaftliche Artikel, die zu seinen wichtigsten Arbeiten überhaupt zählen. Was für Newton die Jahre der Isolation von 1665/66 waren, das war für Einstein das Jahr 1905. Von den fünf Werken seien hier aber nur zwei erwähnt: Sein Aufsatz über den photoelektrischen Effekt vom 17. März legte einen wichtigen Grundstein für die Quantenmechanik und bescherte ihm einige Jahre später den Nobelpreis (siehe Kapitel 8). Im Juni 1905 folgte dann der nächste Geniestreich: In seiner Abhandlung *Zur Elektrodynamik bewegter Körper* begründete der 26-Jährige seine Idee der *Speziellen Relativitätstheorie*. Wenig später reichte er einen Nachtrag ein, in dem dann auch die wohl berühmteste Formel aller Zeiten zu finden ist:

$$E = mc^2$$

Damit stellte Einstein fest, dass Energie und Masse dieselbe Sache in unterschiedlicher Form sind. In der Formel steht E für Energie, gemessen in Joule, m für Masse, gemessen in Kilogramm, und c steht für die Lichtgeschwindigkeit, ausgedrückt in Metern pro Sekunde – und das noch mal zum Quadrat. Eine wahrhaft gigantische Zahl. In dieser Formel manifestiert sich die Erkenntnis, dass in einer 65 Kilogramm schweren Person etwa 5,8-mal 10^{12} Megajoule an Energie stecken, was der Kraft von etwa 97 400 Hiroshima-Atombomben entspricht.[11] Bisher hat die Menschheit noch nicht herausgefunden, wie sie diese Energie effizient freisetzen kann, was erklärt, warum ich manchmal lieber einen ganzen Tag auf der Couch herumlümmle, anstatt vor Energie zu explodieren.

Doch am größten und weitreichendsten war Einsteins Erkenntnis, dass Raum und Zeit relativ sind. Aber was heißt das eigentlich? Ist es für Laien überhaupt möglich, die Relativitätstheorie nachzuvollziehen? Ich glaube schon. Und genau das ist das Ziel dieses Kapitels. Lasst uns der Sache auf den Grund gehen.

DIE RELATIVITÄTSTHEORIE: EIN SPEZIELLER GEDANKE

Bereits 300 Jahre vor Einstein hatte Galileo Galilei postuliert, dass alle Bewegungen relativ sind und es eigentlich keinen Punkt gibt, der tatsächlich »stillsteht«.[12] Es kommt immer auf die Position des Betrachters an. Ein Beispiel: Wenn ich in einem ICE sitze, der mit über 250 km/h über die Schienen rast, dann wirkt es aus meiner Perspektive so, als stünde ich still und die Landschaft draußen flöge in einem irren Tempo an mir vorbei. Ich kann in Ruhe trinken und essen und merke vom Tempo des Zuges nichts. Der Zug und ich haben dieselbe Geschwindigkeit. Innerhalb des Zuges herrschen auch einheitlich dieselben physikalischen Gesetze. Wenn ich in die Luft springe, lande ich auf derselben Stelle, von der ich abgesprungen bin.* Wenn ich mit Bällen jongliere, fliegen sie nicht wild durch die Gegend. Ich stehe also, in Relation zum Zug, still. Ein Betrachter von draußen, der den Zug an sich vorbeifahren sieht, würde allerdings das Gegenteil behaupten: Der Zug bewegt sich, ich bewege mich, und er, der Betrachter steht still. Aber stimmt das denn?

* Wenn man übrigens *auf* einem Zug steht und hochspringt, landet man nicht auf derselben Stelle. Warum? Weil der Luftwiderstand dafür sorgt, dass man an Geschwindigkeit verliert, während der Zug unter einem weiterfährt.

Der gesamte Planet, auf dem sich der Betrachter befindet, bewegt sich ja gerade um die Sonne, und die Sonne wiederum um das Zentrum der Milchstraße, und so weiter, und so fort. Welche Betrachtung ist also die richtige? Relativität bringt uns bei, dass jede dieser Perspektiven für sich genommen korrekt ist. Es gibt keine allgemeingültige Wahrheit, es gibt nicht den ultimativen, stillstehenden Spot, von dem aus man das ganze Universum beobachten könnte. Alles ist relativ. Diesen Gedanken erforschte Einstein in seiner Relativitätstheorie und wandte ihn auf Raum und Zeit an.

Grundsätzlich besteht die Theorie aus zwei Teilen: der *Speziellen Relativitätstheorie*, kurz SRT, die Einstein 1905 formulierte, und der *Allgemeinen Relativitätstheorie*, kurz ART, die er 1916 fertigstellte. Moment: Warum hat er denn mit der speziellen angefangen? Sollte man nicht erst mal die allgemeine Theorie aufstellen, bevor man mit Spezialfällen um sich schmeißt? Das Ganze löst sich auf, wenn wir verstehen, warum die beiden Theorieteile so heißen, wie sie heißen. Die spezielle Relativitätstheorie beschäftigt sich mit der Bewegung von Dingen aus *speziellen* Betrachtungswinkeln. Deshalb kam dieser Teil auch zuerst, denn Einstein machte sich zunächst Gedanken über ganz bestimmte Perspektiven und wie sich deren Beobachtungswinkel auf eine Bewegung und damit auch auf Raum und Zeit auswirkt. Erst später schaffte er es, seine Überlegungen in einer allgemeinen Theorie zu formulieren, die nicht nur Raum und Zeit auf den Grund ging, sondern auch das Wesen der Gravitation besser beschreiben konnte, als Newtons klassische Mechanik es vermochte.

Die große Frage bei der Relativität lautet nicht nur: Was verändert sich, wenn wir unseren Betrachtungswinkel ändern? Sondern auch: Was verändert sich *nicht?* Einstein verstand, dass sich *eine* Sache nie veränderte, aus welcher Perspektive auch immer man guckte: die Lichtgeschwindigkeit. Sie ist eine Naturkonstante! Egal, aus welchem Winkel man Licht betrachtet, es bewegt sich immer mit 299 729 458 Metern pro Sekunde fort. Aber wie misst man so etwas? Tatsächlich gab es einen Haufen Experimente, die dazu geführt haben, dass wir die Geschwindigkeit des Lichts, also das c aus $E=mc^2$, als absolute Konstante ansehen.

DIE MESSUNG DER LICHTGESCHWINDIGKEIT

Wann hat man wohl das erste Mal die Lichtgeschwindigkeit berechnet? Vielleicht in den 60er-Jahren des 20. Jahrhunderts, als Computer und Laser aufkamen, mit denen man gezielte Experimente und Messungen vornehmen konnte? Nicht ganz. Die

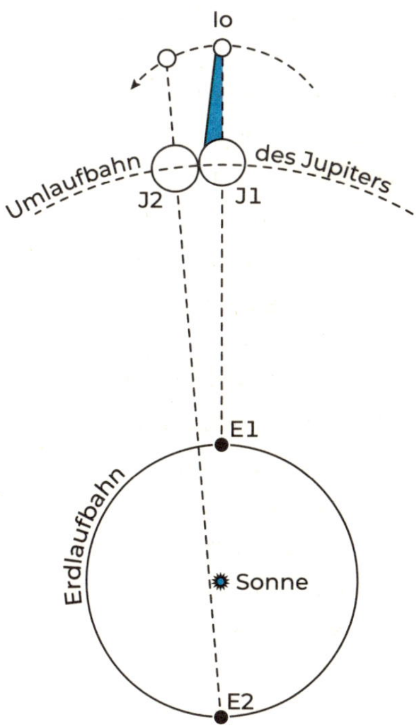

Abbildung 7.1:
Berechnung der Lichtgeschwindigkeit im Jahr 1676

erste Berechnung stellte der dänische Astronom Ole Christensen Rømer im Jahr 1676 an.[13] Lange Zeit hatte man vermutet, dass Licht möglicherweise unendlich schnell sei. Doch Rømers Experimente belehrten die Fachwelt eines Besseren.

66 Jahre nachdem Galileo Galilei durch sein Fernrohr die Monde des Jupiters entdeckt hatte (siehe Kapitel 2), stellte Ole Rømer Nachforschungen über den innersten Jupiter-Trabanten Io an.* Io umkreist den Jupiter innerhalb von ca. 1,8 Erdtagen einmal und wird, von der Erde aus gesehen, pro Umrundung einmal vom Jupiter verdeckt (man spricht dabei von einer Eklipse). Bei seinen Beobachtungen stellte Rømer Erstaunliches fest: Je näher die Erde am Jupiter ist, desto früher findet diese Eklipse statt, und je weiter sie sich von ihm wegbewegt, desto später wird Io von seinem Planeten verdeckt. Der Astronom berechnete, dass die Eklipse etwa elf Minuten früher stattfand, als die bis dato akzeptierten Vorhersagen behaupteten, wenn die Erde an E1 stand (Abbildung 7.1), also in kürzestmöglicher Entfernung vom Jupiter. Diese Vorhersagen beruhten auf durchschnittlichen Werten, die man anhand von Beobachtungsdaten über die Jahre gesammelt hatte. Rund sechseinhalb Monate später, wenn die Erde am weitesten vom Jupiter entfernt ist (an Punkt E2 in Abbildung 7.1), verdeckt der Jupiter den Mond rund elf Minuten später als vorhergesagt. Rømer erkannte, dass diese zeitliche Verschiebung nicht mit einer tatsächlichen Veränderung in der Umlaufbahn des Mondes Io um Jupiter zusammenhing, sondern mit der Lichtgeschwindigkeit zu tun haben musste. Viele Gelehrte nahmen damals an, Licht sei unendlich schnell,[14] doch der Däne hatte gerade einen Gegenbeweis zu dieser These gefunden. Denn wenn Licht unendlich schnell wäre, dann dürfte es bei der Eklip-

* Es gibt noch vier weitere Monde, die als die innersten gelten, aber die sind mit maximal 160 Kilometern Durchmesser eher winzig. Deshalb gilt Io mit seinen 3643 Kilometern Durchmesser als der innerste »richtige« Mond.

se des Jupitermonds keine Verzögerung geben. Aber genau das hatte Rømer beobachtet, woraus er schloss: Die Lichtgeschwindigkeit muss begrenzt sein. Ein genialer Gedanke! Anscheinend variierte die Distanz zwischen Erde und Jupiter innerhalb eines Jahres so stark, dass das Sonnenlicht, das von seiner Oberfläche reflektiert wird, unterschiedlich lange braucht, um bis zu uns zu gelangen. Tatsächlich trennen uns »nur« 588 Millionen Kilometer, wenn wir dem Jupiter am nächsten stehen.[15] Für diese Distanz braucht Licht ca. 32,5 Minuten. Steht die Erde sechs Monate später auf der anderen Seite der Sonne, haben wir unsere maximale Distanz erreicht, und der Jupiter ist 968 Millionen Kilometer von uns entfernt. Das Licht braucht knapp 54 Minuten, also etwa 22 Minuten länger, um diese Strecke zurückzulegen. Genau diese 22 Minuten Unterschied hatte Rømer durch Beobachtung der Regelmäßigkeiten bei den Eklipsen festgestellt.

Mit dieser zeitlichen Differenz und der genauen Entfernung zwischen Erde und Jupiter hätte man nun die Lichtgeschwindigkeit berechnen können, doch Rømer lag bei seinen ersten Versuchen leider daneben. Der damals akzeptierte Wert für die Distanz zwischen Erde und Sonne beziehungsweise Erde und Jupiter war nämlich nicht korrekt, außerdem hatte er einen kleinen Fehler beim Messen der Eklipsen gemacht.[16] Doch wichtiger als den genauen Wert zu kennen, ist es, zu verstehen, dass Rømers Erkenntnis über die Begrenztheit der Lichtgeschwindigkeit den ersten großen Schritt auf dem Weg zu Einsteins Relativitätstheorie bildete.

Wissenschaftler führten wieder und wieder Experimente zur Lichtgeschwindigkeit durch, oft mit verblüffenden Ergebnissen. Das Experiment von Albert Michelson und Edward Morley ist so eines. Eigentlich wollten die beiden die Existenz eines »ruhenden Äthers« nachweisen, durch den sich die Erde und auch das Licht angeblich bewegten. Dieser ruhende Äther, so vermutete man in der Wissenschaft lange Zeit, sei das Medium, in welchem sich Licht ausbreite, so wie sich zum Beispiel Schall in der Luft ausbreitet. Michelson, der das Experiment erdachte und es 1881 in Potsdam erstmals durchführte, stellte zunächst fest, dass sich die Erde mit ca. 30 km/s um die Sonne bewegt. So weit, so richtig. Nun vermutete er, dass die Geschwindigkeit des Lichts in Richtung der Erdbewegung eine andere sein müsse als die Lichtgeschwindigkeit senkrecht zur Erdbewegung.

Als Beispiel tauschen wir mal die Erde gegen einen Zug und das Licht gegen einen Ball. Wenn ich in einem Zug stehe, der mit 100 km/h fährt, und einen Ball mit 5 km/h in Fahrtrichtung werfe, so addieren sich die Geschwindigkeiten, der Ball fliegt also mit 105 km/h (relativ zum stillstehenden Boden). Wenn ich ihn aus dem Fenster werfe, bewegt er sich mit weniger als 105 km/h.

So ähnlich stellte sich Michelson das mit der Lichtgeschwindigkeit vor. In Richtung der Erdumlaufbahn müsste sie größer sein als senkrecht dazu. Nun wollte er schauen, ob er diesen Unterschied messen konnte. Seine Versuchsanordnung sah vor,

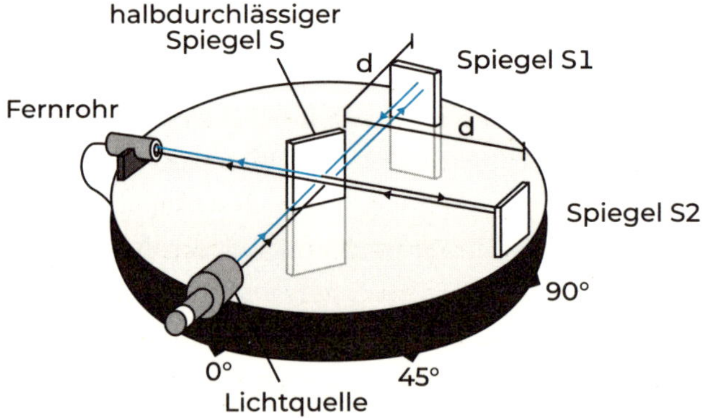

Abbildung 7.2:
Das Michelson-Morley-Experiment

Licht durch einen halbdurchlässigen Spiegel zu schicken (siehe Abbildung 7.2).

Der halbdurchlässige Spiegel S in der Mitte spaltet das Licht aus der Quelle in zwei Strahlen auf, sodass es zum einen geradeaus auf den Spiegel S1 trifft, von dort reflektiert und über den mittleren Spiegel in ein Fernrohr geleitet wird, zu sehen links in der Versuchsanordnung. Zum anderen wird das Licht aus der Quelle um 90° abgelenkt, trifft auf den Spiegel S2 und geht von dort ins Fernrohr, den Detektor der Lichtgeschwindigkeit. Michelson vermutete nun, dass es im Fernrohr zu einer Überlagerung der Lichtwellen, einer sogenannten *Interferenz*, kommen müsse. Das Licht, das in Richtung der Erdumlaufbahn gesendet wurde, hätte eher im Fernrohr ankommen müssen als das Licht, das um 90° umgelenkt wurde. Wenn man dann die ganze Versuchsanordnung um 90° Grad rotierte, würde sich das Muster verlagern. Darauf hofften zumindest Michelson und Morley, als sie das Experiment durchführten.

Nur leider hatten sie sich getäuscht. Obwohl ihre Apparaturen im Laufe der Zeit immer präziser wurden, konnten sie den erhofften Effekt niemals feststellen.[17] Merkwürdig. Licht schien sich also nicht so zu verhalten wie ein Ball im Zug. Um bei dem Beispiel zu bleiben: Michelson und Morley warfen ihren Ball (das Licht) aus einem fahrenden Zug in alle möglichen Richtungen. Nur irgendwie erreichte der Ball dabei immer dieselbe Geschwindigkeit. Das widersprach den Gesetzen der Physik, wie die beiden Forscher sie kannten, weshalb sie kaum fassen konnten, dass sich ihre Ergebnisse wieder und wieder bestätigten.

Und das war nicht der einzige Fall, in dem die Physik von damals an der Nase herumgeführt wurde: Ende des 19. Jahrhunderts sammelte man Unmengen von Beobachtungsdaten, in denen sich Licht einfach nicht wie vermutet verhielt. Und dann betrat Albert Einstein 1905 mit seiner Speziellen Relativitätstheorie die Bühne und postulierte, dass die Geschwindigkeit von Licht in jedem Bezugssystem immer konstant ist, egal, von wo aus man sie betrachtet. Eine geniale Erkenntnis mit weitreichenden Folgen. Denn wenn Licht aus jedem Blickwinkel immer mit derselben Geschwindigkeit unterwegs ist – und das wurde nun in unzähligen Experimenten nachgewiesen –, dann hat das dramatische Konsequenzen für Raum und Zeit. Und die schauen wir uns jetzt an.

ZEITREISEN SIND MÖGLICH!

Einstein war ein Meister der Gedankenexperimente. Viele Stunden seiner Arbeitszeit im Schweizer Patentamt hat er offenbar einfach still dagesessen und nachgedacht. Wir können froh sein, dass er Phasen der Langeweile damals sinnvoll genutzt hat. Wer weiß, wie viele geniale physikalische Errungenschaften uns vorenthalten bleiben, weil unterforderte Genies auf der Arbeit lieber Solitär oder Candy Crush spielen, als sich Gedanken über Raum und Zeit zu machen.

Nachdem wir verstanden haben, dass die Lichtgeschwindigkeit eine Konstante ist, können wir jetzt versuchen nachzuvollziehen, warum daraus folgt, dass Raum und Zeit relativ sein müssen. Zur Veranschaulichung stellen wir uns eine Lichtuhr vor (siehe Abbildung 7.3).

Eine Lichtuhr ist ein imaginärer Apparat mit zwei Spiegeln, einem oben und einem unten, die im Abstand d voneinander entfernt sind. Zwischen diesen Spiegeln wird ein Lichtimpuls hin- und hergeschickt. Er beginnt am oberen Spiegel, reist mit der Lichtgeschwindigkeit c zum unteren Spiegel und wird von dort wieder zurückgeworfen. Wenn er erneut am Ausgangsort oben angekommen ist, haben wir eine volle Wiederholung geschafft. Der Einfachheit halber stellen wir unsere Spiegel 150 000 Kilometer entfernt voneinander auf, sodass der Lichtimpuls für eine

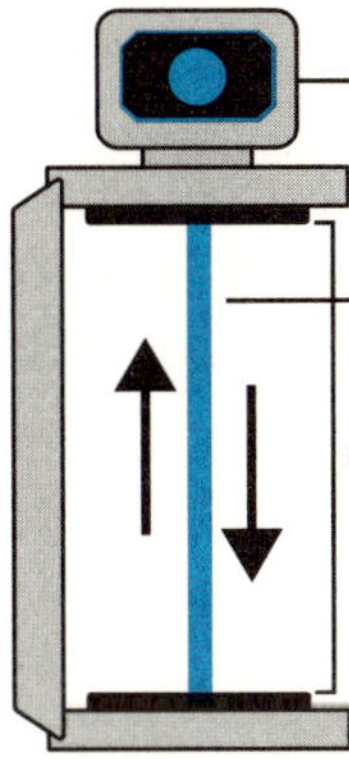

Abbildung 7.3:
Lichtuhr

Wiederholung genau eine Sekunde braucht. Wir haben jetzt also eine Lichtuhr, die exakt eine Sekunde Zeit misst. Oben auf der Apparatur ist ein Bildschirm angebracht, der mitzählt, wenn ein Lichtimpuls hin- und wieder zurückgesprungen ist. Nach einer Sekunde zählt er eins, nach zwei Sekunden zwei, nach drei Sekunden drei und so weiter. Diese Uhr positionieren wir nun im Universum über unserem Planeten. Ein Beobachter, der auf der Erde steht und eine eigene Lichtuhr besitzt, kann eindeutig sehen, dass während jeder Sekunde, die er auf die Lichtuhr im Weltall schaut, auch auf seiner Uhr eine Sekunde vergeht. Sprich, nach fünf Sekunden auf der Erde zeigt sowohl der Zähler der Lichtuhr im Weltall als auch die Uhr des Betrachters auf der Erde »5« an. Sie sind perfekt synchron.

Jetzt nehmen wir unsere Lichtuhr im All und packen sie in ein Raumschiff. Dieses Raumschiff fliegt mit 86,7 Prozent der Lichtgeschwindigkeit an der Erde vorbei, während die Uhr in ihm weiter »tickt«.

Was hat sich dadurch verändert? Für den Betrachter auf der Erde scheint nun die Strecke, die das Licht zwischen den Spiegeln im Raumschiff zurücklegen muss, länger geworden zu sein (gestrichelte Linie in Abb. 7.4). Es handelt sich jetzt um eine

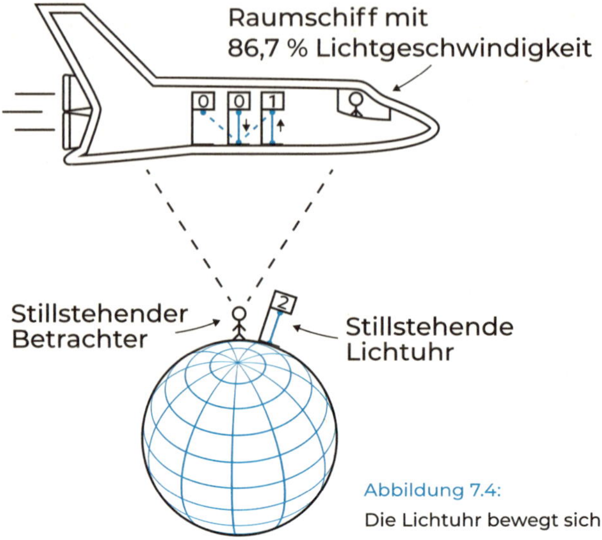

Abbildung 7.4:
Die Lichtuhr bewegt sich

diagonale Strecke, nicht mehr um eine senkrechte. Da sich die Uhr mit konstanter Geschwindigkeit nach rechts bewegt, bewegt sich der Lichtimpuls zwischen den Spiegeln für den irdischen Betrachter nun nicht mehr gerade von oben nach unten, sondern in einer Zickzacklinie. Bei der gewählten Geschwindigkeit des Raumschiffs von 86,7 Prozent scheint die Strecke genau doppelt so lang zu sein wie vorher. Und da die Lichtgeschwindigkeit konstant ist, braucht die Uhr im Raumschiff nun also zwei Erdsekunden, um einmal hin- und herzuspringen. Besser gesagt: Die Lichtuhr auf der Erde zählt zwei Sekunden, während die Uhr im Raumschiff nur eine Sekunde zählt. Die Zeit im Raumschiff scheint von der Erde aus gesehen also langsamer zu vergehen!

Das ist die berühmte *Zeitdilatation,* die auch Einstein in seiner Speziellen Relativitätstheorie postulierte. Demnach ist Zeit relativ, das heißt: Sie ist abhängig davon, wie schnell wir uns bewegen. Für den Betrachter auf der Erde scheint alles im Raumschiff wie in Zeitlupe abzulaufen. Für die Insassen des Raumschiffs hingegen ist alles wie immer. Für sie fühlt sich die Zeit ganz normal an. Wenn sie ihr Essen zwei Minuten in der Mikrowelle erwärmen, vergehen für sie zwei Minuten, und das Essen ist fertig. Von der Erde aus gesehen war das Essen vier Minuten in der Mikrowelle, es ist aber trotzdem nicht zu heiß, wenn es herausgenommen wird.

Um dieses irre Phänomen noch anschaulicher zu machen, führen wir ein weiteres Gedankenexperiment durch: das *Zwillingsparadoxon.* Ein Zwillingspaar, wir nennen sie Tim und Karl, verabschieden sich an ihrem 20. Geburtstag voneinander. Tim bleibt auf der Erde, Karl steigt in ein Raumschiff und fliegt mit 0,8-facher Lichtgeschwindigkeit zehn Erdjahre lang in eine Richtung, dreht dann um und kehrt schließlich zurück. Auf der Erde sind also inzwischen 20 Jahre vergangen, und Tim, der die ganze Zeit dortgeblieben ist, feiert seinen 40. Geburtstag. Karls Zeit hingegen ist langsamer vergangen, weil er sich mit hoher Geschwindigkeit bewegt hat. Wie viel langsamer genau? Für diese Berechnung hat Einstein eine Formel aufgestellt:

$$\sqrt{1-\left(\frac{v}{c}\right)^2} \times \text{Vergangene Erdjahre}$$

Das *v* steht für die Geschwindigkeit, mit der Karl unterwegs ist, *c* für die Lichtgeschwindigkeit. Da Karl mit 0,8-facher Lichtgeschwindigkeit unterwegs ist, können wir den Bruch einfach durch 0,8 ersetzen. Und da wir wissen, dass auf der Erde 20 Jahre vergangen sind, können wir auch diesen Wert einsetzen und erhalten nun folgende Lösung:

$$\sqrt{1-0{,}8^2} \times 20 = 12$$

Wegen der Zeitdilatation sind für Karl nur zwölf Jahre vergangen.* Wenn sich die Zwillinge wieder treffen, wäre Karl acht Jahre jünger, sein Körper acht Jahre weniger gealtert als der seines Bruders Tim, der die ganze Zeit auf der Erde war.[18] Man könnte auch sagen: Zeitreisen sind (theoretisch) möglich. Karl wäre gewissermaßen acht Jahre in die Zukunft gereist.

Vielleicht haben Neugierige unter euch nun schon mit der Formel oben etwas herumgespielt, um zu sehen, was passiert, wenn Karl mit 100 Prozent der Lichtgeschwindigkeit unterwegs gewesen wäre. Wie viele Jahre wären dann vergangen? Die überraschende Antwort: null. Für Objekte, die sich mit Lichtgeschwindigkeit bewegen, steht die Zeit komplett still. Wäre Karl mit Lichtgeschwindigkeit 20 Erdjahre unterwegs gewesen, hätte es sich für ihn angefühlt, als wären Abflug und Ankunft in derselben Sekunde passiert. Alles, was wir tun müssten, um diesen Zustand zu erlangen, wäre, uns mit Lichtgeschwindigkeit zu bewegen. Nur, das muss man erst mal schaffen. Für Dinge, die Masse besitzen, ist das nach unserem aktuellen physikalischen Verständnis leider nicht möglich.

Wie aber soll man eine solche Theorie überprüfen? Wir haben ja keine Raumschiffe, die mit 0,8-facher Lichtgeschwindigkeit fliegen können, nicht einmal ansatzweise! Das schnellste je von Menschen gebaute Objekt ist die Raumsonde *Parker Solar Probe,* die 2021 die Korona der Sonne berührte[19] – das ist der äußere Bereich ihrer Atmosphäre – und dabei auf 530 000 km/h beschleunigte.[20] Das ist zwar irre schnell, entspricht aber gerade mal der 0,05-fachen Lichtgeschwindigkeit. Also ist dieses Zwillingsparadoxon zwar ein nettes Gedankenexperiment, mit dem wahren Leben hat es aber wenig zu tun.

Lässt sich die Zeitdilatation in der echten Welt eventuell auch

* Um es verständlich und simpel zu halten, gehen wir davon aus, dass Karl nicht beschleunigen musste, um Lichtgeschwindigkeit zu erreichen.

irgendwie anders nachweisen? Das wollten die Physiker Joseph Hafele und Richard Keating 1971 überprüfen. Dazu verfrachteten sie vier Atomuhren an Bord eines Linienflugzeuges und schickten es ostwärts und dann noch mal westwärts um den Globus. Als Vergleichsuhren fungierten die des *United States Naval Observatory* in Washington. Als die Atomuhren wieder landeten und man sie miteinander verglich, stellte man fest, dass sie, genau wie Einstein vorhergesagt hätte, unterschiedlich tickten.[21] Mit Einsteins Theorien konnte man nicht nur vorhersagen, dass die Uhren unterschiedlich laufen würden, sondern auch den exakten Wert berechnen, um den sie sich unterscheiden würden.

Interessant ist nun Folgendes: Wenn die Uhren ostwärts fliegen, also in Richtung der Erdrotation, dann vergeht die Zeit an Bord langsamer als auf der Erde, da sich die Uhren schneller bewegen als die Uhren am Boden. Fliegen sie aber westwärts, also entgegen der Rotation der Erde, dann bewegen sie sich, relativ zur Uhr am Boden, langsamer, und somit läuft ihre Zeit schneller! Genau das konnte das Hafele-Keating-Experiment belegen, und damit bestätigten die beiden Physiker sowohl Einsteins Spezielle als auch seine Allgemeine Relativitätstheorie (wie unzählige andere Experimente auch).

Die SRT hat uns beigebracht, wie Bewegung Raum und Zeit beeinflusst. Doch es gibt noch eine zweite »Kraft«, die das Ticken der fliegenden Atomuhren steuert: Auch die Gravitation wirkt sich auf die Relativität von Raum und Zeit aus.

NEWTON VS. EINSTEIN

Der Tag, an dem Albert Einstein weltweiten Ruhm erlangte, war der 7. November 1919. Die Londoner *Times* titelte: »Wissenschaftliche Sensation: Neue Theorie des Universums – Newtons Vorstellung gestürzt.«[22] Drei Tage später zog die *New York*

Times nach: »Lichter am Himmel alle schief – Einsteins Theorie triumphiert.«[23] Vorausgegangen war die Veröffentlichung der Experimente zweier britischer Wissenschaftler durch die *Royal Astronomical Society*. Der englische Astronomieprofessor Arthur Stanley Eddington – derselbe Eddington, der die Anzahl der Protonen im Universum berechnete und auf das gleiche Ergebnis kam wie Archimedes (siehe Kapitel 4) – und sein Kollege Andrew Crommelin hatten die totale Sonnenfinsternis am 29. Mai 1919 genutzt, um Einsteins Allgemeine Relativitätstheorie auf den ultimativen Prüfstand zu stellen.

Einstein hatte nicht nur festgestellt, dass Raum und Zeit relativ sind und sich aus der Perspektive sich bewegender bzw. stillstehender Körper unterschiedlich verhalten, nein, er hatte auch Newtons Theorie der Schwerkraft angegriffen und revolutioniert. Während Newton 200 Jahre zuvor noch davon ausgegangen war, die Schwerkraft sei eine unsichtbare mystische Kraft, die irgendwie von einem Körper (zum Beispiel der Erde) auf einen anderen (zum Beispiel den Mond) wirkt, realisierte Einstein, dass die Schwerkraft vielmehr eine Eigenschaft des Raumes ist, der diese Körper umgibt.

Das klingt im ersten Moment komplizierter, als es ist. Zum besseren Verständnis stellen wir uns ein großes Trampolin vor und legen in dessen Mitte eine Bowlingkugel. Die Kugel beult das Trampolin aus und verursacht eine tiefe Kuhle im Sprungtuch. Einstein realisierte, dass große, massereiche Körper wie Planeten, Sterne und Co. den Raum um sich herum genauso verformen wie eine Bowlingkugel das Netz eines Trampolins. Wenn wir nun einen kleinen Tennisball auf das Trampolin rollen, so wird dieser nach ein paar Umrundungen irgendwann mit der Bowlingkugel in der Mitte zusammenstoßen.

Und exakt so verhält es sich auch im Weltall. Ein großer Körper sorgt für eine große Delle im Raum und zieht dadurch kleinere Körper um sich herum an. Aber nicht nur große, auch klei-

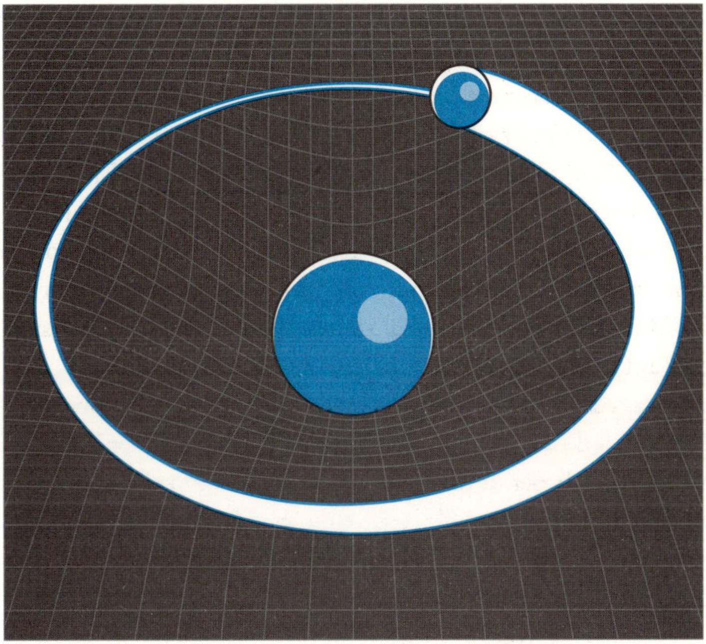

Abbildung 7.5:
Eine Kugel mit geringerer Masse befindet sich auf einem Orbit in der verzerrten Raumzeit, die eine Kugel mit größerer Masse verursacht hat.

nere Körper, ja, *alle* Körper verformen die Raumzeit, die sie umgibt. Deshalb kreist die Erde um die Sonne und der Mond um die Erde. Je massereicher ein Körper, desto größer die Delle. Die Gravitation ist folglich keine unsichtbare Kraft, die magischerweise über große Distanzen auf Körper wirkt, sondern eine klare Eigenschaft des Raumes.

Hier kommt nun die zweite wissenschaftliche Revolution, die wir Einstein verdanken: Raum und Zeit lassen sich nicht separat betrachten. Es gibt nicht Raum und Zeit, es gibt nur eins: Raumzeit. Das bedeutet, große Körper verformen nicht nur den Raum, sie verformen auch die Zeit um sich herum.

Eben haben wir Atomuhren in Flugzeugen um die Welt geschickt. Während anhand der SRT vorhersagbar war, dass sie, je nach Flugrichtung, schneller oder langsamer ticken, lässt sich mithilfe der ART vorhersagen, dass sie schneller ticken, je weiter sie sich vom Gravitationsfeld der Erde (oder dem eines anderen Körpers) entfernen. Zeit vergeht langsamer, je näher man dem Erdboden ist, und sie vergeht schneller, je weiter man davon entfernt ist. Wer im Erdgeschoss wohnt, altert langsamer als die Bewohner des Penthouse im obersten Stock. Zwar nur minimal, aber dennoch, es ist eine Tatsache! Um dieses Prinzip anschaulich zu erleben, empfehle ich dringend, den Film *Interstellar* von Christopher Nolan aus dem Jahr 2014 anzuschauen. Ohne zu viel von der Handlung verraten zu wollen, kann ich sagen, dass man hier die Relativität der Zeit in der Nähe eines schwarzen Lochs unterhaltsam und wissenschaftlich fundiert erklärt bekommt. Wissenschaftlicher Berater des Films war übrigens kein Geringerer als Kip Thorne, der Physiker, von dem ich zu Anfang des Kapitels berichtet habe, dass er das LIGO mitgegründet und die Gravitationswellen entdeckt hat.[24]

Ob massereiche Körper tatsächlich die Raumzeit verbiegen können, wollten Eddington und Crommelin 1919 überprüfen. Denn wenn Einsteins Theorie stimmte, dann musste auch die Sonne den Raum um sich herum messbar verformen. Und zwar so stark, dass das Licht von Sternen in ihrem direkten Umfeld von ihrer Masse abgelenkt würde. Nur leider war es schwierig, das zu überprüfen, denn tagsüber scheint die Sonne zu hell, als dass man die Sterne neben ihr beobachten könnte. Genau aus diesem Grund musste Einsteins Allgemeine Relativitätstheorie bei einer Sonnenfinsternis überprüft werden.

Eddington und Crommelin wollten die Eklipse im Mai 1919 nutzen und leiteten dafür zwei Expeditionen ein. Eddington reiste zur Insel Príncipe im Golf von Guinea, Westafrika. Crommelin machte sich auf den Weg nach Sobral in Brasilien.

Sechs Monate vor dem Stichtag fotografierten sie an ihren entlegenen Orten jede Nacht den Sternenhimmel. Am 29. Mai 1919 justierten sie erneut ihre Fernrohre. Die Sonne würde sich an diesem Tag vor dem Sternenhaufen der Hyaden befinden. Die Wissenschaftler wollten während der Sonnenfinsternis die Sterne fotografieren, um dann deren aktuelle Positionen mit den Aufnahmen zu vergleichen, die sie sechs Monate zuvor angefertigt hatten, als sich die Sonne noch nicht vor den Hyaden befand.[25] Die Eklipse kam, und es schlug die Stunde der Wahrheit: Eddington hatte blöderweise schlechtes Wetter, sodass nachher nur zwei Fotos halbwegs brauchbar waren. Crommelin konnte immerhin acht gestochen scharfe Bilder vorweisen.

Als sie, zurück in England, die Aufnahmen der verfinsterten Sonne mit jenen der zuvor abgelichteten Sterne verglichen, staunten sie nicht schlecht: Die Positionen der Hyaden waren minimal verschoben, die Sonne verformte die Raumzeit um sich herum also tatsächlich! Und nicht nur das: Die Werte entsprachen sogar exakt Einsteins Vorhersagen.[26]

Damit war Newtons Theorie der Schwerkraft revolutioniert. Wobei es wichtig ist zu betonen, dass sie nicht grundlegend falsch war. Seine Gesetze zur Schwerkraft und die dazugehörigen Formeln (siehe Kapitel 3) sind auch heute noch *meistens* präzise genug, um Planeten- und Kometenumlaufbahnen vorherzusagen. Doch in bestimmten Fällen brechen sie zusammen, und genau da kommt Einsteins Allgemeine Relativitätstheorie ins Spiel, wie wir gleich an einem Beispiel sehen werden.

VULKAN – DER PLANET, DER NIE EXISTIERTE

Am 23. September 1846 entdeckte Johann Gottfried Galle durch das Teleskop der Berliner Sternwarte einen neuen Planeten: Neptun. Wobei die Entdeckung nicht zufällig passierte,* sondern auf eine geniale internationale Kooperation zurückging. Neptun wurde nämlich nicht klassisch aufgespürt, sondern seine Existenz wurde theoretisch vorhergesagt! Und das kam so: Bei genauer Beobachtung des Planeten Uranus hatte der französische Astronom Urbain Le Verrier Unregelmäßigkeiten an dessen Umlaufbahn festgestellt. Unter Anwendung der Formeln der klassischen Mechanik nach Newton fiel ihm auf, dass Uranus nicht exakt so um die Sonne kreiste, wie er das eigentlich hätte tun sollen. Nachdem Le Verrier einige Berechnungen angestellt und ein paar Zahlen hin und her geschubst hatte, fand er eine theoretische Erklärung für das merkwürdige Verhalten des drittgrößten Planeten im Sonnensystem: Ein bisher unbekannter Planet musste ihn auf seiner Umlaufbahn um die Sonne manipulieren. Die Schwerkraft dieses unentdeckten Planeten übte offenbar einen so starken Einfluss auf Uranus aus, dass der von seinem regulären Orbit abgebracht wurde. Le Verrier ging noch weiter und berechnete, wo man den unbekannten Planeten finden können müsste. Diese Daten schickte er an Galle in Berlin, der noch in derselben Nacht das Teleskop der Neuen Sternwarte in Kreuzberg auf eine Stelle am Nachthimmel zwischen den Sternbildern Steinbock und Wassermann richtete, und siehe da: Le Verriers These bestätigte sich.[27] Gemeinsam hatten sie einen neuen Planeten entdeckt, nur mittels

* Anders als der Uranus, der 65 Jahre zuvor von dem Musiker und »Hobby«-Astronomen Friedrich Wilhelm Herschel mit einem selbst gebauten Spiegelteleskop mehr oder weniger durch »Glück« am Nachthimmel erspäht worden war: https://www.deutschlandfunk.de/die-entdeckung-des-uranus-100.html.

theoretischer Vorhersagen, die sich auf die Formeln von Isaac Newton stützten.

Doch die Geschichte geht noch weiter. 1859, 13 Jahre später, bemerkte Le Verrier auch eine Unregelmäßigkeit in der Umlaufbahn des Planeten Merkur, des innersten Planeten unseres Sonnensystems. Merkur wich, ganz ähnlich wie damals Uranus, von seiner elliptischen Umlaufbahn ab, er »wobbelte« ab und zu. In der Astronomie spricht man hier von einer Periheldrehung. Le Verrier, befeuert von seinem sensationellen Erfolg mit der Entdeckung des Neptun, behauptete, dass sich vor dem Planeten Merkur noch ein weiterer unentdeckter Planet befinden müsse: Er nannte ihn Vulkan. Sogleich stürzten sich Astronomen und Physikerinnen auf die Vorhersage und suchten den Sternenhimmel 50 Jahre lang ab, doch von dem ominösen Vulkan war keine Spur zu finden.

Erst als Albert Einsteins Allgemeine Relativitätstheorie vollständig veröffentlicht war, konnte man die Suche offiziell einstellen. Denn dessen Theorie, dass die Sonne den Raum um sich herum verformt, lieferte eine perfekte Erklärung für das »Wobbeln« des Planeten Merkur.[28] Newtons klassische Mechanik bricht immer dann zusammen, wenn große Massen und winzige, präzise Bewegungen im Spiel sind. Seine Formeln zur Schwerkraft reichen in diesen Fällen nicht aus, um die Realität zutreffend zu beschreiben und vorherzusagen.

In der Fachwelt bescherte die Erklärung der Periheldrehung des Merkur Einstein und seiner Relativitätstheorie schon 1915 große Anerkennung.[29] Doch weltweiten Ruhm erlangte er erst 1919, als Eddington und Crommelin die Biegung der Raumzeit anhand der Sonnenfinsternis bestätigten. Den Nobelpreis erhielt Einstein für diese Erkenntnisse aber nie. Stattdessen bekam er ihn für seine Erklärung des fotoelektrischen Effekts. Was das ist, und wie die newtonsche Weltsicht dadurch erneut ad absurdum geführt wurde, das schauen wir uns im nächsten Kapitel an.

KAPITEL 8

PHYSIK MIT ECKEN UND QUANTEN

Niemand muss Angst vor Quantenphysik haben. Ich weiß, der Welt der kleinsten aller Dinge haftet ein Stigma an, das sie einfach nicht loswird. Quantenmechanik, das ist angeblich vollkommen unverständlicher und hyperkomplizierter Firlefanz, den nur die Schlausten der Schlauen kapieren, und nicht mal die wissen genau, wovon sie reden. »Ich glaube, man kann mit Sicherheit sagen, dass niemand die Quantenmechanik versteht«,[1] behauptete einst der Quantenmechaniker und Nobelpreisträger Richard Feynman bei einem Vortrag an der Cornell University.

Wenn selbst einer ihrer kompetentesten Vertreter eine derart niederschmetternde Erkenntnis teilt, ist es kein Wunder, dass dieser Teilbereich der Physik noch immer derart gefürchtet ist – 100 Jahre nach seiner Einführung.

Keine Frage, die Quantenmechanik ist merkwürdig, das liegt in der Natur der Sache. Trotzdem, selbst für Laien ist es nicht komplett unmöglich, sie zumindest in ihren Grundzügen nachzuvollziehen. Auch wenn sie sich gänzlich unintuitiv anfühlt, da sie sich in einem Punkt fundamental von der klassischen newtonschen Mechanik unterscheidet: Die Welt, die wir sehen können, ist ihr zufolge nicht das, was wirklich da ist.

Die Welt nach Newton, wie wir sie in Kapitel 3 kennengelernt haben, ist hingegen ziemlich einfach zu verstehen. Da fliegt eine Kanonenkugel, und wenn wir ihre Position im Raum und ihre Geschwindigkeit kennen, können wir vorhersagen, wo sie in Zukunft sein wird, solange keine andere Kraft auf sie einwirkt. Die Vorhersagen nach Newton sind also in der Theorie einfach aufzustellen und in der Praxis noch leichter zu überprüfen. Ich kann berechnen, ob ein Fußball ins Tor treffen oder eine Rakete auf dem Mond landen wird, und wenn ich meine Berechnungen überprüfen will, muss ich nur eins tun: Ich muss in der echten Welt nachschauen, ob das Ergebnis eingetroffen ist.

In der Welt der Quanten ist das nicht ganz so einfach. Insbesondere unterscheidet sich dort das, was passiert, wenn wir hinschauen, dramatisch von dem, was passiert, wenn wir *nicht* hinschauen. Aber wir steigen besser langsam ein, damit ihr nicht gleich zu Beginn dieses Kapitels mit dampfendem Kopf das Buch beiseitelegt.

Der Schlamassel beginnt im Jahr 1874, als sich ein junger Mann in München fragt, was er studieren soll. Er schwankt zwischen Musik, Sprachwissenschaften und Physik. Da er sich extrem unsicher ist, lässt er sich schließlich beraten, welches Gebiet denn wohl am besten zu ihm passe. Als er den Physikprofessor Philipp von Jolly konsultiert, rät ihm dieser davon ab, ein Studium der Physik zu beginnen, da bereits alles erforscht sei und es nur noch ein paar irrelevante Kleinigkeiten zu entdecken gebe.[2] Ein hervorragendes Beispiel dafür, dass man öfter mal auf den Rat von Autoritätspersonen pfeifen sollte! Zum Glück hört der junge Mann – Max Planck ist sein Name – nicht auf den Professor und schreibt sich zum Wintersemester für das naturwissenschaftliche Studium in München ein. Nur fünf Jahre später, im Alter von 21 Jahren, promoviert er und nimmt 1889 seine Arbeit als Professor für Physik an der Friedrich-Wilhelms-Universität in Berlin auf. Hier tritt er, fast schon widerwillig (er selbst bezeichnet es als »Akt der Verzweiflung«[3]), eine der größten Revolutionen der modernen Physik los.

Ende des 19. Jahrhunderts boomte der Markt der Leuchtmittel. 1880 hatte ein gewisser Thomas Alva Edison das Patent für die Glühbirne erhalten (die er übrigens nicht erfunden, sondern nur verbessert hatte), und nun wollte fast jeder Haushalt eine solche Lampe besitzen. Physiker zerbrachen sich derweil den Kopf, wie man einen möglichst effizienten Leuchteffekt erzielen, also mit möglichst wenig Energieaufwand möglichst viel Helligkeit aus der Lampe herausholen konnte. Auf diese harmlos klingende Reise begab sich auch Max Planck – und biss sich an der Aufgabenstellung die Zähne aus.

Zu jener Zeit kursierten verschiedene Formeln, mit denen man Wärmestrahlung, also Lichterzeugung durch Erhitzung, berechnen konnte. Nur leider waren diese Formeln unzulänglich. Bei zunehmender Hitze, hieß es, würde die Strahlung, die ein Körper abgibt, ins Unendliche steigen. Das hätte in der Praxis zur Folge gehabt, dass, wenn man beispielsweise Stahl immer weiter erhitzt, die Strahlung des Stahls irgendwann in den ultravioletten Bereich rutscht, welcher für Menschen im nicht sichtbaren Teil des Wellenspektrums liegt. Mit anderen Worten: Stahl müsste, wenn man ihn ausreichend erhitzt, irgendwann unsichtbar werden. Dem ist zum Glück aber nicht so. Dieses Dilemma wurde in der Welt der Wissenschaft bekannt als die *Ultraviolett-Katastrophe*.[4]

Planck setzte sich also im stillen Kämmerlein an die Problemstellung und jonglierte mit ein paar bereits bekannten Formeln. Doch egal, was er tat, er kam einfach nicht auf die Lösung. Schließlich dachte er sich einen Wert aus, den er als Hilfskonstante *h* bezeichnete. Und mit deren Hilfe gelang es ihm, ein Strahlungsgesetz aufzustellen, das mit den Beobachtungen der Realität vereinbar war. Nur hatte er damit auch etwas in die Naturwissenschaft eingeführt, worauf er am liebsten verzichtet hätte: die sogenannten »Quantensprünge«. Was das bedeutet? Nun, in den allerkleinsten Einheiten der Natur schien Energie nicht kontinuierlich anzusteigen, sondern kleine Sprünge zu machen.

Hier ein Beispiel aus unserer Alltagswelt: Um von 1,99 € auf 2,00 € zu kommen, brauchen wir einen Cent mehr. Es gibt keinen kontinuierlichen Anstieg zwischen diesen beiden Stufen, zumindest nicht in der Welt des Bargelds. Wir machen einen winzigen Sprung, und die kleinste uns zur Verfügung stehende Einheit dafür ist das 1-Cent-Stück. Das Äquivalent einer 1-Cent-Münze hatte Planck nun in der Natur gefunden. Denn die Hilfskonstante *h* in seiner Formel zur Wärmestrahlung setzte voraus, dass Energie in winzig kleinen »Päckchen« abgegeben wird, den Quanten.[5] Damit widersprach er einer jahrhundertealten und in den Wissenschaften weitverbreiteten Überzeugung, nämlich: *Natura non facit saltus* – Die Natur macht keine Sprünge.[6] Von Aristoteles über Newton und Leibniz bis hin zu Kant vertraten viele große Denker diese Auffassung. Und nun kam Planck daher und behauptete mit seinen Energiequanten das genaue Gegenteil: Die Natur macht sehr wohl Sprünge. Zwar unvorstellbar kleine, aber immerhin. Ihn selbst frustrierte diese Entdeckung so sehr, dass er zunächst nicht über sie reden und sie bis zum Ende seines Lebens auch nicht so richtig wahrhaben wollte.[7]

Doch es kam noch dicker: Albert Einstein machte sich die neu entdeckten Quanten gleich zunutze, und zwar bei dem Versuch, den sogenannten fotoelektrischen Effekt zu erklären. Beim Fotoeffekt werden Elektronen aus einem Metall herausgelöst, wenn dieses mit Licht bestrahlt wird. Einsteins Erklärung: Licht besteht aus einzelnen Energiequanten, also winzigen Teilchen, die dafür sorgen, dass die Elektronen beim Aufprall von ihrem Körper gelöst werden.[8] Für diese Erkenntnis wurde ihm 1921 der Nobelpreis verliehen. Aber was bitte war daran so genial? Nun, Einstein lieferte damit einen starken Beleg für Plancks Quantentheorie. Seine Formeln passten perfekt zu den Beobachtungen, die mit dem Fotoeffekt einhergehen.

Doch Planck gefiel das zunächst überhaupt nicht. Wenn Einstein recht hatte, würde das ja bedeuten, dass die allgemein akzeptierte Auffassung über die Beschaffenheit von Licht falsch war. »Die Theorie des Lichtes würde nicht um Jahrzehnte, sondern um Jahrhunderte zurückgeworfen«,[9] beschwerte sich

Planck. Doch tatsächlich sollte sich seine aus purer Verzweiflung erdachte Hilfsvariable *h* als absolute Naturkonstante erweisen, die wir heute als Plancksches Wirkungsquantum bezeichnen. Für sein Strahlungsgesetz erhielt er übrigens 1919 den Nobelpreis. Aber was hatte er damit gemeint? Die Theorie des Lichts – zurückgeworfen? Tatsächlich hatten Planck und Einstein ein Erdbeben ausgelöst, dessen Auswirkungen sie damals noch nicht erahnen konnten.

LICHT MACHT WELLE

Die Natur des Lichts war schon zu Isaac Newtons Zeiten ein umstrittenes Thema. Newton selbst vertrat die Auffassung, Licht bestehe aus einzelnen Teilchen, sogenannten »Korpuskeln«. Sein größter Widersacher in der Angelegenheit, der Niederländer Christiaan Huygens, meinte hingegen, das Verhalten von Licht erinnere an Wellen.[10] Beide Theorien konnten gewisse optische Phänomene erklären, aber man gab damals Newtons Ansicht den Vorzug, da er der etabliertere Physiker war.

Im Jahr 1801 machte sich der englische Forscher Thomas Young daran, die beiden Theorien mit einem fürchterlich einfachen Experiment zu überprüfen: dem *Doppelspaltexperiment* (siehe Abbildung 8.1). Es könne »mit großer Leichtigkeit wiederholt werden, wo immer die Sonne scheint«, betonte Young bei einer Präsentation im Jahr 1803.[11] Young ließ etwas Sonnenlicht durch ein Loch in einer Wand fallen und leitete es durch zwei Spalte in einer Trennwand. Hinter der Trennwand installierte er eine Leinwand, auf die das Licht unterschiedliche Muster werfen würde, je nachdem, ob es aus Teilchen bestand oder aus Wellen.

Wenn Licht, wie Newton behauptete, aus Korpuskeln bestand, mussten die einzelnen Teilchen durch die zwei Spalte gehen und

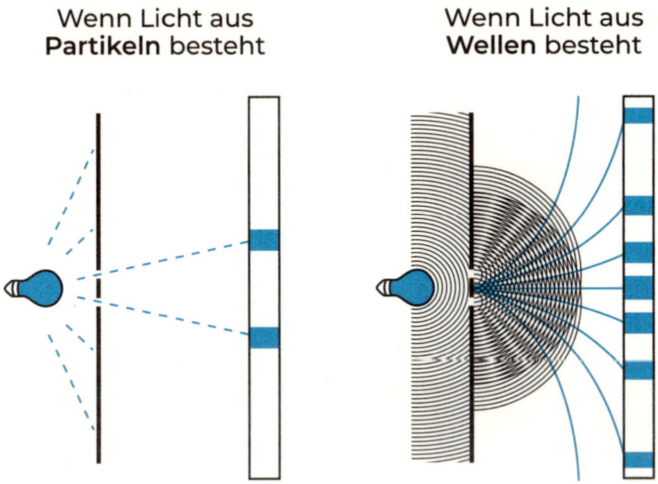

Abbildung 8.1:
Zwei mögliche Ergebnisse des Doppelspaltexperiments: wenn Licht aus Teilchen besteht (links), wenn Licht aus Wellen besteht (rechts)

an zwei Stellen auf der Leinwand auftreffen. Nur dort wäre es dann hell. Wenn Licht aber eher eine Welle war, dann würden sich die beiden Wellen, die aus den Spalten heraustraten, überlagern und ein spezielles Muster auf die Leinwand werfen: das sogenannte *Interferenzmuster* (s. Abb. 8.1 oben). Es entsteht dadurch, dass sich zwei Wellen gegenseitig verstärken oder auslöschen, wenn sie aufeinandertreffen: An einigen Stellen verstärkt sich das Licht, dort wird es auf der Leinwand hell, an anderen Stellen löschen sich die Wellen gegenseitig aus, dort bleibt es dunkel.

Und siehe da: Das Licht, das auf Youngs Leinwand traf, wies eindeutig Welleneigenschaften auf. Der Streit zwischen Newton und Huygens war endlich beigelegt. Huygens hatte gewonnen. Vorerst!

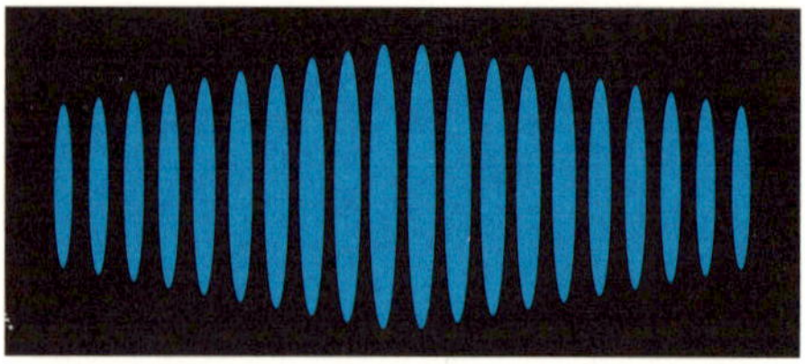

Abbildung 8.2:
Interferenzmuster bei Wellennatur des Lichts

Als Einstein mithilfe von Plancks Quanten 100 Jahre nach Youngs Doppelspaltexperiment den Fotoeffekt erklärte, widersprach er also der Erkenntnis, dass Licht aus Wellen besteht. Genau das hatte Planck so alarmiert, denn nun hing über den Köpfen der größten Physiker ein noch größeres Fragezeichen: Bestand Licht etwa *doch* aus Teilchen?

Nachdem Einstein ernsthafte Zweifel an der Beschaffenheit von Licht gesät hatte, wurde Youngs Doppelspaltexperiment im 20. Jahrhundert auf verschiedene Arten und Weisen immer wieder von Neuem wiederholt. Mit Ergebnissen, die die Wissenschaftler und Physikerinnen an der wahren Natur unserer Realität zweifeln ließen. Da Young das Experiment mit Sonnenlicht durchgeführt hatte, wollte man nun untersuchen, ob sich der *Welle-Teilchen-Dualismus* – so lautet der fancy Wissenschaftstitel für diese Problemstellung – nicht auch anders erforschen ließe. Zunächst versuchte man es mit nur einem Spalt statt mit zweien und schickte Photonen, also Lichtquanten, einzeln durch die Trennwand. Man ging davon aus, dass sie sich, da sie ja wirklich »jeder für sich« durch den Spalt geschickt wurden, wie Teilchen verhalten würden. Das Ergebnis des Experiments? Die Photonen trafen exakt dort auf der Detektorleinwand auf, wo man sie erwartet hatte, nämlich genau hinter dem Spalt (siehe Abbildung 8.3).

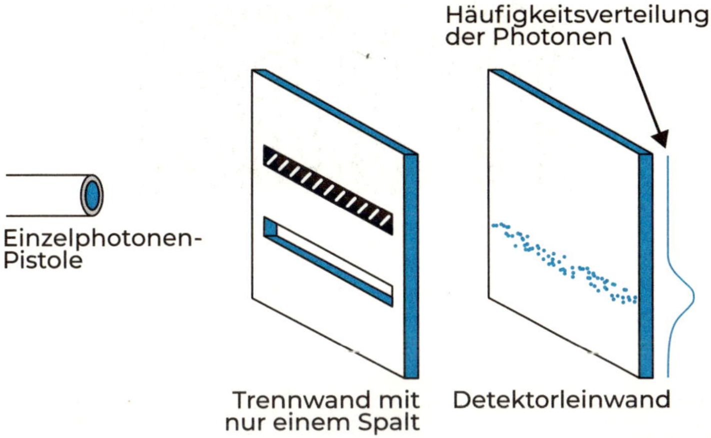

Abbildung 8.3:
Photonen verhalten sich beim Einzelspaltexperiment wie Teilchen.

Also keine große Überraschung. Doch wenn wir jetzt den zweiten Spalt öffnen, beginnt das große Mysterium. Plötzlich zeigt sich auf der Leinwand ein Interferenzmuster, was – wie in Youngs Doppelspaltexperiment – dafür spricht, dass die Photonen doch aus Wellen und nicht aus Teilchen bestehen (siehe Abbildung 8.4).

Und das, obwohl sie einzeln abgefeuert wurden! Das Frustrierende: Es ließ sich unmöglich vorhersagen, wo die Photonen landen würden. Jedes schien seinen Weg durch den Schlitz komplett eigenständig und zufällig zu wählen. Zwar traf es punktuell, also wie ein Teilchen, auf die Detektorleinwand, aber wo genau es das tun würde, wusste man vorher nicht.

Stellt euch vor, wir würden keine Photonen, sondern Tennisbälle aus der Pistole abschießen. Sie könnten eigentlich nur an zwei Orten auf der Leinwand auftreffen: jeweils direkt hinter den Schlitzen in der Trennwand. Doch die Photonen landeten auch an Punkten, wo kein Teilchen jemals hinkommen könnte!

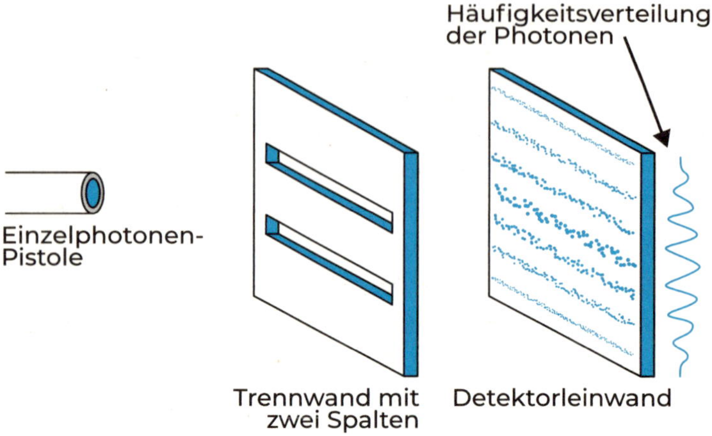

Abbildung 8.4:
Photonen verhalten sich beim Doppelspaltexperiment wie Wellen.

Ganz oben, ganz unten und am häufigsten sogar mittig zwischen den beiden Schlitzen!

Versuchen wir einmal, dieses Ergebnis Schritt für Schritt nachzuvollziehen: Ein Photon verlässt die Photonenpistole. Kurz darauf piept es, und die Forschenden können auf der Detektorleinwand nachschauen, wo es gelandet ist. Nun schickt man ein zweites Photon hinterher, wieder piept es, wieder wird der Ort des Auftreffens auf der Leinwand registriert. Ein drittes und ein viertes Photon werden abgeschossen, dann Hunderte oder Tausende. Das Komische ist: Jedes Photon bahnt sich eigenständig einen Weg durch die beiden Spalte und trifft an einem scheinbar willkürlichen Ort auf der Leinwand auf. Doch wenn wir am Ende schauen, wie die Photonen sich verteilt haben, sehen wir ein Interferenzmuster. Das heißt, irgendwie scheinen sie zusammenzuarbeiten, auch wenn wir sie unabhängig voneinander abfeuern und registrieren. Es ist ein bisschen so, als würde jedes einzelne Photon als Welle durch beide Spalte gleichzeitig treten und sich dann, in dem Moment, wenn es auf die Detektorleinwand trifft, dazu entscheiden, jetzt doch ein Teilchen zu sein und nur an einem Ort aufzukommen. Das klingt absolut verrückt, aber nur so ließe sich erklären, warum alle Photonen, auch wenn sie einzeln und mit viel Abstand voneinander durch die Trennwand geschickt werden, am Ende sozusagen im Kollektiv ein Wellenmuster bilden.

Doch wir sind noch nicht am Ende der Merkwürdigkeiten. Im nächsten Schritt installierte man einen weiteren Detektor, so etwas wie eine subatomare Überwachungskamera, die hinter der Doppelspalttrennwand die austretenden Photonen beobachtete, um herauszufinden, durch welchen Spalt sie wanderten. Diese Änderung hatte folgenschwere Konsequenzen für das Experiment. Denn plötzlich verhielten sich die Photonen wieder wie Teilchen und landeten, wie ursprünglich erwartet worden war, an zwei fixen Orten auf der Leinwand!

Es war zum Mäusemelken! Die gleiche Versuchsanordnung, dieselben Photonen, alles wie vorher, nur mit dem »winzigen«

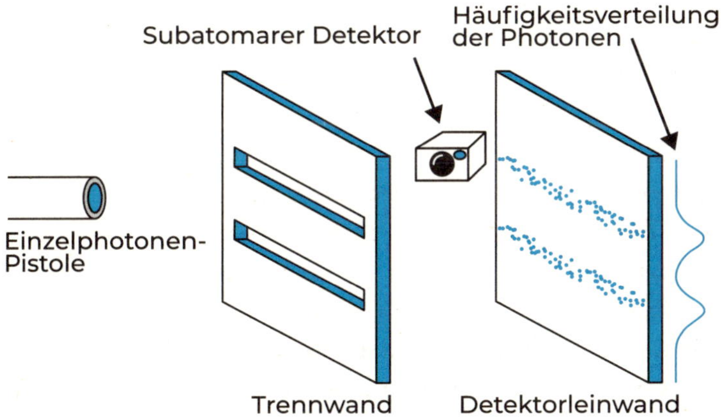

Abbildung 8.5:
Doppelspaltexperiment mit Detektor

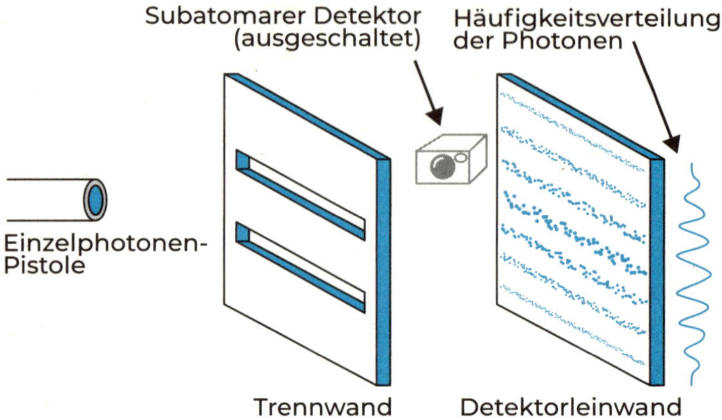

Abbildung 8.6:
Das Doppelspaltexperiment mit deaktiviertem Detektor

Unterschied, dass wir sie nun ausspionieren, wenn sie durch den Schlitz in der Trennwand kommen. Es liegt wohl auf der Hand, dass die Wissenschaft ratlos war, womit sie es hier zu tun hatte.

Aus purer Verzweiflung führte man noch eine letzte Variante des Experiments durch. Was passiert, wenn der Kameradetektor an Ort und Stelle bleibt, wir ihn aber heimlich ausschalten, sodass die Photonen es nicht mitbekommen? So denken sie vielleicht, wir würden sie beim Austreten aus dem Spalt beobachten, aber wir tun es gar nicht! Das Ergebnis? Richtig, ein Interferenzmuster.

Nicht nur verhielten sich die Photonen also abwechselnd wie Wellen oder wie Teilchen, nein, sie »wussten« anscheinend auch, wann sie beobachtet wurden und wann nicht. Wenn wir ihren Austritt aus der Trennwand messen, verhalten sie sich wie Teilchen, wenn wir sie ungestört auf die Detektorleinwand treffen lassen, sind sie Wellen. Ein Phänomen, das die Wissenschaft bis heute nicht eindeutig erklären kann. Wie der britische Physiker

Jim Al-Khalili in einem Vortrag am Royal Institute 2013 sagte: »Wenn Sie dieses Ergebnis mit gesundem Menschenverstand und Logik erklären können, lassen Sie es mich bitte wissen, denn dafür gibt es einen Nobelpreis.«[12]

Das größte Problem war die fehlende Vorhersagbarkeit. Das steckt auch dahinter, wenn ich sage, die Quantenmechanik unterscheide sich in einem Punkt fundamental von der klassischen Mechanik nach Newton. Wenn wir einen Stein auf die Detektorleinwand im Doppelspaltexperiment werfen, können wir – sofern wir seine Masse und seine Geschwindigkeit kennen sowie die Kräfte, die im Moment des Abwurfs auf ihn wirken – genau berechnen, wie seine Flugbahn sein und wo er auf die Leinwand treffen wird. Wir kennen seine Position zu jedem Zeitpunkt während seines Flugs. Wenn wir ein Photon abschießen, haben wir absolut keine Ahnung, wo es landen wird. Und wir können auch nicht sagen, wo genau es sich zwischen Abschuss und Auftreffen jeweils befindet. Wir können lediglich eine Wahrscheinlichkeit aussprechen, wo wir das Photon finden *könnten,* wenn wir gucken *würden.* In dem Moment, wo wir nachschauen, bekommt es einen fixen Punkt im Raum, aber bis dahin befindet es sich in einer *Superposition:* Es ist überall, wo es sein kann. Ein einzelnes Photon tritt durch beide Schlitze gleichzeitig und interagiert mit sich selbst, als wäre es eine Welle.

DIE AVENGERS DER QUANTENPHYSIK

Im Laufe der Zeit wurde das Doppelspaltexperiment mit immer größeren Teilchen durchgeführt. Photonen, Elektronen, ganze Atome bis hin zu größeren Molekülketten, alle zeigten Teilchen- und Welleneigenschaften, je nachdem, ob man sie beobachtete oder nicht.[13] Das heißt, nicht nur Licht kann mal eine Welle und mal ein Teilchen sein, sondern andere Systeme ebenfalls.* Verständlicherweise fanden das die Physiker und Chemikerinnen Anfang des 20. Jahrhunderts überhaupt nicht witzig. Die Kacke war am Dampfen, und man wusste nicht mal mehr, ob die Kacke aus Teilchen oder aus Wellen bestand. So organisierten die renommiertesten Forscher und Wissenschaftlerinnen ihrer Zeit ein Treffen, um über die aktuellen Entwicklungen in der Quantenphysik zu sprechen. Die *Solvay-Konferenz* hatte sich schon einen Namen als Meetingpoint für die Avengers der Wissenschaft gemacht. Wieder und wieder kamen die schlauesten Köpfe der Welt zusammen, um die wichtigsten Neuerungen im Bereich der Physik zu besprechen. Bei ihrem fünften Treffen, im Jahr 1927, ereignete sich die wohl größte Auseinandersetzung in der Geschichte der Quantenphysik.

Unter den Teilnehmenden: die Crème de la Crème der Wissenschaftswelt, von Marie Curie über Erwin Schrödinger bis zu Albert Einstein und Co. In die Geschichtsbücher eingehen sollte der Streit zwischen dem damals 48 Jahre alten Einstein und dem dänischen Physiker Niels Bohr. Bohr hatte wenige Jahre zuvor dafür gesorgt, dass die Welt der Quanten auch in unserem Verständnis des Atoms berücksichtigt wurde. Zwar hielt sich seine Vorstellung nicht lange, dennoch verdanken wir es ihm, dass sich unser Atommodell grundsätzlich von dem unterscheidet, was Ernest Rutherford noch geglaubt hatte.

Wir erinnern uns an Kapitel 6: Das rutherfordsche Atommodell postulierte einen winzigen, massereichen Atomkern und eine Elektronenhülle, in der sich Elektronen auf Umlaufbahnen um ihren Kern bewegen. Das Ganze sieht aus wie ein kleines Sonnensystem und ist die bekannteste Atomdarstellung, die es

* Die Forscher versuchten ständig, einander zu überbieten. Den Weltrekord hält ein deutscher Physiker namens Markus Arndt, der es 2013 schaffte, ein Molekül, das aus 810 Atomen bestand und 10000 Protonen schwer war, bei einem Doppelspaltexperiment durch zwei Schlitze gleichzeitig zu schießen, ohne dass es sich aufteilte.

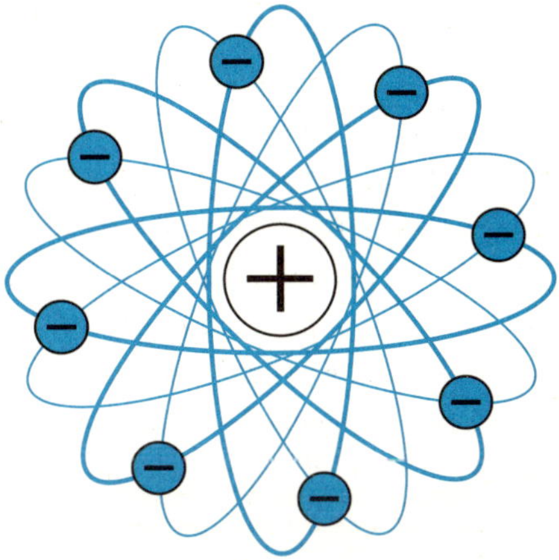

Abbildung 8.7:
Das planetare Atommodell nach Rutherford

gibt; wir alle haben das Bild sofort vor Augen, wenn die Rede von diesen unvorstellbar kleinen Konstrukten ist (siehe Abbildung 8.7). Nur leider ist es kompletter Mumpitz.

Rutherfords Modell erzeugte ein theoretisches Desaster. Wenn sich die Elektronen wirklich auf Kreisbahnen um den Nukleus bewegen würden, müssten sie die ganze Zeit Energie abgeben, und wenn sie das täten, sollten sie eigentlich innerhalb von 10^{-11} Sekunden in den Atomkern krachen, den sie umrunden. Mit anderen Worten: Eigentlich müsste das komplette Universum in sich zusammenfallen. Sterne, Planeten, schwarze Löcher, alle Materie würde im Bruchteil einer Nanosekunde zerstört. Der Bus, der gerade vor meinem Fenster vorbeigefahren ist, wirkte aber relativ stabil. Der Stuhl, auf dem ich sitze, scheint es auch zu sein. Was ist da los?

Bohr versuchte, dieses Problem mit seinem Atommodell zu lösen. Er behauptete, die Elektronen würden den Kern auf vorgegebenen Kreisbahnen umrunden, die jeweils bestimmten Energieleveln entsprächen. Je näher die Bahn am Atomkern liege, desto niedriger ihre Energie. Die Elektronen, so Bohr, können von einem auf den anderen Orbit wechseln, und zwar mit soge-

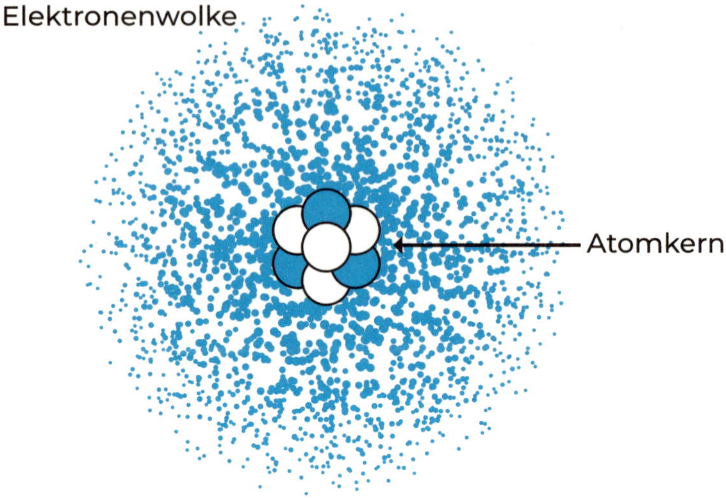

Abbildung 8.8:
Atom nach Schrödinger: Die Elektronenwolke gibt die Wahrscheinlichkeit an, wo wir das Elektron finden können. Je dichter die Wolke, desto höher die Wahrscheinlichkeit.

nannten Quantensprüngen. Wenn sie weiter nach innen, also auf niedrige Energielevel, springen, geben sie etwas Energie in Form von Strahlung ab. Wenn sie auf äußere Umlaufbahnen springen, absorbieren sie etwas Energie aus der Umgebung.[14] Bohrs Modell genügte aber leider nicht. Es gelang ihm damit so gerade eben, das erste Atom des Periodensystems, Wasserstoff, theoretisch zu erklären. Beim Helium machte sein Konstrukt schon wieder schlapp.

Das bohrsche Modell wurde schließlich durch das von Erwin Schrödinger abgelöst, der die Überzeugung vertrat, dass wir grundsätzlich aufhören müssten, uns das Elektron als kleinen Punkt auf einer Kreisbahn vorzustellen. Sein Atommodell, das heute allgemein akzeptiert ist, zeigt einen winzigen Atomkern, umgeben von einer Art »Wolke der Wahrscheinlichkeit« (siehe

Abbildung 8.8). Wir wissen nicht, wo sich das Elektron befindet, wir können lediglich Wahrscheinlichkeiten angeben, wo wir es finden würden, wenn wir nachschauten, denn es handelt sich um ein Quantensystem. Stellt euch einen Helikopter vor. Seine Rotorblätter drehen sich so schnell, dass es wirkt, als wären sie eine große Scheibe, als wären sie an allen möglichen Positionen gleichzeitig. So ähnlich ist es auch bei Elektronen, die einen Atomkern umgeben, mit dem entscheidenden Unterschied, dass es nicht nur so *scheint,* als wären sie überall gleichzeitig. Sie sind es tatsächlich!

1927 war die experimentelle Datenlage höchst beunruhigend, um es vorsichtig auszudrücken. Der Welle-Teilchen-Dualismus war in mehreren Fällen nachgewiesen worden, und nun musste die Wissenschaft eine neue Theorie aufstellen, womit dieses Phänomen zu erklären sei. Eine Deutung, die zu großem Ansehen gelangte, war die sogenannte *Kopenhagener Interpretation,* die die Überzeugungen von Physikern wie Niels Bohr und Werner Heisenberg in sich vereinte. Hier zeigt sich wieder ein fundamentaler Unterschied zur klassischen Physik: Die newtonschen Theorien musste niemand »interpretieren«. Sie waren so einleuchtend, so intuitiv verständlich, dass man sofort wusste, wie man sie anzuwenden hatte. Ein Grund, warum die Quantenmechanik auf Außenstehende, ja sogar auf Insider so Furcht einflößend wirkt, ist, dass es viele verschiedene Interpretationen und noch mehr Kritik an diesen Interpretationen gibt. Die Kopenhagener Deutung gilt bis heute als Lehrbuchstandard der Quantenmechanik und wird Physikstudierenden überall auf dem Globus als erste mögliche Herangehensweise beigebracht.* Und die geht ungefähr wie folgt: Ähnlich wie bei Newton gibt es hier eine Formel,

* Wenn man es ganz genau nimmt, gibt es keine offizielle Definition der Kopenhagener Deutung. Es ist eine Kombination aus den Ansichten ihrer stärksten Vertreter, die ich hier unter dieser Bezeichnung zusammenfasse.

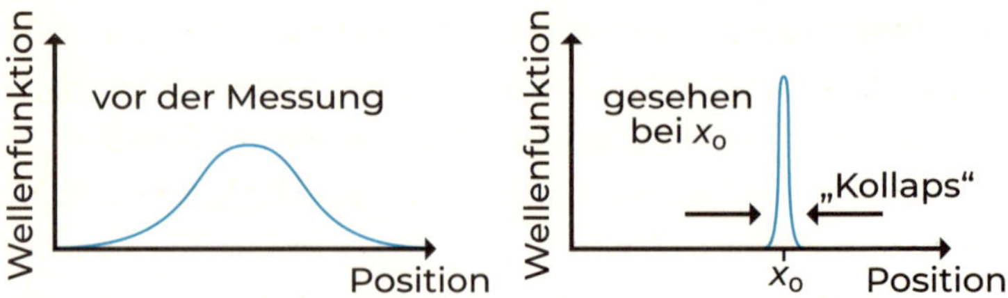

Abbildung 8.9:
Wellenfunktion vor und nach der Messung

mit der wir Vorgänge beschreiben können: die *Schrödinger-Gleichung*, auch bekannt unter dem Namen *Wellenfunktion* (siehe Abbildung 8.9). Mit ihr können wir aber niemals sagen, wo sich ein Quantensystem – also z.B. ein Photon oder Elektron – gerade genau befindet, sondern wir können nur Wahrscheinlichkeiten angeben, wo wir es finden *könnten*. In dem Moment, in dem wir eine Messung anstellen, um unsere Vorhersage zu überprüfen, fällt die Schrödinger-Gleichung in sich zusammen, sie wird irrelevant. Was bleibt, ist nur noch der tatsächlich gemessene Wert, der nun als unwiderlegbare Wahrheit zu verstehen ist.

Wie frustrierend! Und wie weit weg von allem, was wir Tag für Tag erleben! Dinge sind also irgendwie überall zur selben Zeit, bis zu dem Moment, in dem wir hingucken? »Sie werden doch nicht behaupten wollen, dass der Mond nicht da oben ist, wenn niemand hinsieht«, schimpfte Einstein auf der Solvay-Konferenz mit Niels Bohr. Der entgegnete nur flapsig: »Können Sie mir das Gegenteil beweisen?«[15]

Einstein musste klein beigeben und ist in den Augen der meisten Historikerinnen und Physiker der Verlierer dieser Auseinandersetzung. Er war, verständlicherweise, enttäuscht von der Quantentheorie, wie die Kopenhagener Interpretation sie formuliert hatte. Und er hoffte, dass man eine bessere, eine verständlichere Erklärung finden würde.

Kritisiert wurde die Methode von Bohr und Co. vor allem wegen des »Hinguckens«, das dafür sorgte, dass ein Quantensystem plötzlich kollabierte. Was genau bedeutete »hingucken«? Wer guckte? Und warum interessierten sich die Quanten überhaupt dafür? Um die Absurdität der Kopenhagener Deutung für die physikalische Welt aufzuzeigen, stellte der Erfinder der Wellengleichung, mit der wir noch heute Quantensysteme untersuchen und vorhersagen, ein Gedankenexperiment an, das unter dem Namen »Schrödingers Katze« große Berühmtheit erlangte.

SCHRÖDINGER, DER KATZENHASSER

Es gibt eigentlich keinen Grund, warum Erwin Schrödinger die Katze sterben lassen musste. Angeblich soll seine Tochter Ruth Schrödinger einmal gesagt haben: »Ich glaube, mein Vater mochte einfach keine Katzen.«[16] Aber fangen wir ganz vorne an. Die hypothetische Versuchsanordnung von *Schrödingers Katze* (siehe Abbildung 8.10) ist wie folgt: In einer Box befindet sich eine Katze. Ebenfalls in der Kiste befinden sich eine kleine Menge einer radioaktiven Substanz und ein Detektor. Der Detektor soll feststellen, ob einer der radioaktiven Atomkerne zerfallen ist oder nicht. Da dies auf einem subatomaren Level passiert, herrschen hier die Gesetze der Quantenmechanik, wie wir sie eben kennengelernt haben. Das radioaktive Material wurde so gewählt, dass die Wahrscheinlichkeit eines Zerfalls innerhalb der festgelegten Zeit bei 50 Prozent liegt. Wenn der Detektor feststellt, dass ein Kern zerfallen ist, zertrümmert ein Hammer ein Gefäß, welches eine giftige Substanz freisetzt, die die Katze tötet.[17]

Durch dieses Gedankenexperiment war Schrödinger in der Lage, die schwer greifbare Logik der Quanten von einem un-

Abbildung 8.10:
Schrödingers Katze: gleichzeitig tot und lebendig

vorstellbar kleinen »mikroskopischen« Level auf eine makroskopische Ebene zu heben.* Anstatt darüber zu reden, ob Photonen dabei gesehen werden, wie sie durch irgendwelche Schlitze gehen, reden wir nun darüber, ob eine Katze tot oder lebendig ist. Das kann man schon eher nachvollziehen.

Die Quantenmechanik besagt nun, dass sich die Katze, solange ihr Zustand nicht gemessen wird, in einer *Superposition* befindet. Sie ist gleichzeitig tot und lebendig. Welchen dieser beiden Zustände sie eingenommen hat, entscheidet sich erst, wenn eine

* In Wahrheit kann kein Mikroskop der Welt so kleine subatomare Prozesse erkennen.

Messung vorgenommen wird. Doch was genau eine Messung ist, wird nur unvollständig definiert. Auch das erweist sich als ein großes Problem der Quantenmechanik. Eine Messung bei Newton ist im Vergleich dazu kinderleicht: Ich sehe einen Kometen an der Erde vorbeifliegen, ich registriere seine Masse, seine Geschwindigkeit und die Kräfte, die auf ihn wirken, und die Messung ist vorbei. In der Quantenmechanik kann eine Messung bedeuten, dass ich, um bei Schrödingers Katze zu bleiben, die Box öffne. In diesem Beispiel bin ich, ein Mensch, der Messapparat. Sobald die Messung durchgeführt wird (hier: sobald ich nachschaue, ob die Katze noch lebt), gilt die Superposition als aufgelöst. Eine Messung könnte aber auch sein, dass das Quantensystem in der Box mit seiner Umgebung interagiert. Eventuell kollidiert ein Atom aus der Luft mit einem radioaktiven Kern und löst dadurch eine Messung aus. Das heißt, die Messung muss eventuell gar nicht durch einen Menschen vorgenommen werden. Oder doch?

Genau hier scheiden sich die Geister. Werner Heisenberg, ein Vertreter der Kopenhagener Interpretation und Mitarbeiter Bohrs, war der Ansicht, dass wir den Physiker, der die Messung durchführt, streng vom Quantensystem losgelöst betrachten müssen. Als würde der Physiker selbst den klassischen Gesetzen nach Newton gehorchen, das Quantensystem jedoch den Gesetzen der Quantenmechanik. Da ein Physiker aber aus Atomen besteht, müsste man ihn streng genommen auch als Quantensystem betrachten. Das heißt, wenn er die Box mit der Katze öffnet, verbindet er sich mit dem Quantensystem und müsste nun ebenfalls in einer Superposition sein. Um das zu verstehen, spinnen wir den Gedanken noch weiter und gehen von Schrödingers Katze zu Niklas' Labor. Ich habe dort die Versuchsanordnung von Schrödinger aufgebaut, allerdings habe ich statt des tödlichen Gifts ein Schlafgas in das Gefäß gefüllt, denn im Gegensatz zu Erwin Schrödinger mag ich Katzen. Ich bin in meinem Labor und führe das Experiment durch, während ihr draußen vor der Tür steht und auf das Ergebnis wartet. In dem Moment, in dem ich die Box öffne, bin auch ich in einer Superposition: Eine Version von mir findet die Katze wach in ihrer Box vor, eine andere Version entdeckt sie schlafend. In dem Moment, in dem ihr die Tür öffnet und mich nach dem Ergebnis fragt, werdet auch ihr Teil des Quantensystems. Und wie kommen wir jetzt aus der Nummer wieder raus? Befinden wir uns alle ständig in Superpositionen, bis jemand nach uns schaut? Das kommt darauf an, wie man die Quantenmechanik interpretiert. Eine alternative Deutung zur Kopenhagener Methode schauen wir uns gleich noch an.

Mit seinem Experiment wollte Schrödinger deutlich machen, dass jede Anwendung der Logik der Quantenmechanik auf die makroskopische Welt zu einem Paradoxon führt. Eine Katze soll gleichzeitig tot und lebendig sein, und in dem Moment, in dem ich nachgucke, entscheidet der Zufall über das Ergebnis? Die Logik der Quantentheorie war auch bereits Gegenstand des Streits zwischen Albert Einstein und Niels Bohr auf der Solvay-Konferenz gewesen. Vermutlich bezog sich Einstein auf diese »Unlogik«, als er einmal sinngemäß sagte: Gott würfelt nicht.[18] Bohr ging damals als Sieger aus der Diskussion hervor, doch bis heute ist die Welt der Quantenphysik in viele Lager gespalten.

KOMM MIT MIR INS MULTIVERSUM

Während ich dieses Kapitel schreibe, liegt vor mir mein Smartphone, auf das ich gerade die »Universe Splitter«-App downgeloadet habe. Es ist eine simple App, mit deren Hilfe ich mit nur einem Druck auf den Bildschirm mal eben das ganze Universum spalten kann. Von zu Hause. Ohne aufzustehen. Das Prinzip dahinter sieht so aus: Wenn ich den Button mit der Aufschrift »Split Universe« berühre, verbindet sich die App mit einem Genfer Labor, wo ein Strahlteiler dann ein Photon auf einen halbdurchlässigen Spiegel schießt. Nach den Gesetzen der Quantenmechanik wird das Photon in 50 Prozent der Fälle durch den Spiegel hindurchgehen und in den anderen 50 Prozent von ihm zurückgeworfen. Das Ergebnis wird von einem Quantenapparat gemessen und anschließend an meine App gesendet.[19] In dem Moment, in dem das passiert, wird das Universum entzweigerissen. Das ist nämlich eine weitere mögliche Deutung der Gesetze der Quantenmechanik: die *Viele-Welten-Interpretation* nach Hugh Everett.[20] Everett war, wie Einstein und Schrödinger, frustriert von der vorherrschenden Ansicht, dass im Moment der Messung die Wellenfunktion »kollabiert« und es dann nur noch ein mögliches Ergebnis gibt. Seine Theorie besagt, dass es jede mögliche Version des Ergebnisses *tatsächlich* gibt. Im Moment der Messung trennt sich aber die eine

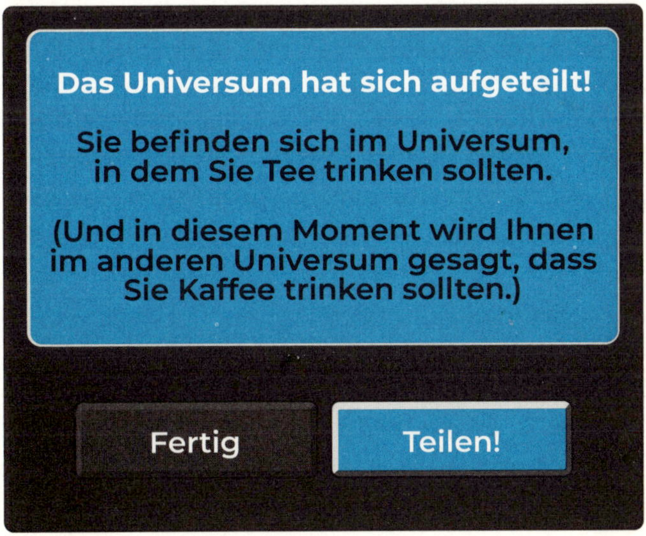

Abbildung 8.11:
Wir leben im Tee-Universum

Welt von der anderen Welt ab und erschafft so ein Paralleluniversum. In dem einen Universum lebt die Katze, in dem anderen ist sie tot. Das klingt erst mal nach Science-Fiction und Spinnerei, ist aber wirklich eine der wichtigsten Interpretationsrichtungen der Quantenmechanik. Wir selbst würden diese Trennung selbstverständlich nicht bemerken, sondern weiterleben, als wäre nichts passiert. Die Universe-Splitter-App ist somit der quantenmechanische Münzwurf, falls man sich mal unschlüssig ist und eine Entscheidungshilfe braucht. Gehe ich heute noch zum Sport, oder lege ich mich lieber auf die Couch? Das Großartige: Mit der Viele-Welten-Theorie ist beides möglich! In dem Moment, in dem das Photon auf den Spiegel trifft und sich das Universum aufspaltet, gibt es auch zwei Versionen von mir in zwei verschiedenen Welten. Die eine geht zum Sport, die andere liegt auf der Couch.

Ich probiere das Ganze jetzt mal aus, um mir die Entscheidung abzunehmen, ob ich mir in meiner nächsten Schreibpause einen Tee oder einen Kaffee machen soll. Moment, ich drücke kurz auf den Knopf …

Und: Tada! Ich habe das Universum gespalten, und ihr alle seid nun mit mir in einer Welt gelandet, in der ich mir einen Tee koche. Gleichzeitig gibt es ein Paralleluniversum, in dem dieses Buch gedruckt wurde und ich mir einen Kaffee gemacht habe.

So lässt sich anschaulich erleben, welche Interpretationsspielräume es in der Quantenmechanik gibt. Die Kopenhagener Deutung von Bohr und Co. besagt, dass es nur ein Universum gibt. Bis wir messen, ist der Zustand des Quantensystems gänzlich ungewiss, quasi dem Zufall überlassen. Wir können lediglich Wahrscheinlichkeiten bestimmen, in welchem Zustand das System sein wird, wenn wir nachschauen. In der Sekunde, in der wir nachschauen, ist alles andere egal, und wir haben nur noch die eine Wirklichkeit – im Fall des Universe Splitters das Ergebnis, ob das Teilchen durch den Spiegel hindurchgegangen ist oder reflektiert wurde. Die Viele-Welten-Theorie greift die Multiversums-Theorie auf, eine uralte philosophische Idee,[21] die sich mittlerweile großer Beliebtheit erfreut, nicht zuletzt in Science-Fiction-Produktionen wie der Zeichentrickserie *Rick and Morty* oder Blockbustern wie *Marvel's The Avengers*. Die Quantenmechanik lässt diese Idee (theoretische) Wirklichkeit werden.

Noch heute, im 21. Jahrhundert, streiten sich die verschiedenen Lager darüber, wer nun recht hat. Dabei ist es wichtig zu verstehen, dass wir trotzdem Quantenmechanik anwenden, Tag für Tag. Jeder Computer, jedes Handy funktioniert auf diese Art. Laser sind ebenfalls quantenmechanische Apparate, die Licht in einem sehr engen Strahl abgeben,[22] und auch CDs, DVDs oder BluRays würden ohne Quantenmechanik nicht funktionieren. Doch nur weil wir etwas benutzen, heißt das noch lange nicht, dass wir verstehen, wie das System dahinter funktioniert. Ich weiß, wie ich mein Auto starten muss und wie ich damit ans Ziel komme, aber ich habe wenig Peilung davon, was im Motorraum wirklich vor sich geht. So ähnlich nutzen auch Quantenmechaniker und Physikerinnen die Gesetze der Quantenphysik, wenn sie elektronische Geräte wie Computer oder andere Systeme auf subatomarem Level optimieren wollen. Wir können sicher sein, dass uns auf diesem Feld viele weitere spannende Entdeckungen bevorstehen und dass das letzte Wort noch nicht gesprochen ist.

KAPITEL 9

KLIMAKRISE – KAMPF UM DIE WAHRHEIT

Als Edward Garvey am 8. August 1979 den Aufbau seines Labors an Bord des Supertankers *Esso Atlantic* überwacht, gehört er noch zu den »Guten«. Er arbeitet als leitender Wissenschaftler an einem Forschungsexperiment zum *Treibhauseffekt* und soll herausfinden, ob dieser in direktem Zusammenhang mit einer möglichen globalen Klimaerwärmung stehen könnte. Ende der 70er-Jahre befindet sich die Wissenschaft an einem wichtigen Scheidepunkt in dieser Debatte: Sinkt die globale Temperatur, oder steigt sie an? Einige Forschende hatten für den Zeitraum 1940 bis 1970 eine eindeutige Abkühlung festgestellt[1] und vermuteten nun, dass die Temperaturen weiter abfallen könnten. Sogar der Beginn einer neuen Eiszeit wurde prophezeit![2] Andere vertraten die Auffassung, der beständige Ausstoß von CO_2 in die Atmosphäre müsse in den kommenden Jahrzehnten zu einer enormen Klimaerwärmung führen. Doch wer hatte recht? Um das beurteilen zu können, fangen wir am besten ganz von vorne an.

Zunächst einmal müssen wir verstehen, was der Treibhauseffekt überhaupt ist. In aller Kürze könnte man sagen: Die Erde fängt die Hitze der Sonne auf und speichert sie in der Atmosphäre. Tatsächlich wird unser Planet dadurch überhaupt erst bewohnbar. Sonst wäre es hier viel zu kalt für Leben, wie wir es kennen. Dieses Speichern von Energie funktioniert wie folgt: Tagsüber heizt die Sonnenstrahlung die Erdoberfläche auf, nachts kühlt der Boden wieder ab und entlässt Wärme in die Luft. Eigentlich würde die Energie jetzt ins Weltall zurückkehren, sodass die Erde nachts wieder eiskalt wäre. Doch bestimmte Gase in unserer Atmosphäre blockieren die Wärmeflucht und sorgen so dafür, dass die Durchschnittstemperatur auf unserem Planeten muckelige 14 Grad Celsius beträgt.[3]

Grundsätzlich ist der Treibhauseffekt also eine feine Sache, oder nicht? Nachdem der Physiker Joseph Fourier ihn Anfang des 19. Jahrhunderts entdeckt hatte,[4] wurden immer wieder kühne Ideen diskutiert, was man mit diesem Wissen anfangen könnte. Wenn die globale Temperatur tatsächlich immer weiter anstieg, würde Island vielleicht eines Tages zum Badeparadies werden, und in der Arktis könnte man Gemüse anbauen! Das wäre ja der Wahnsinn!

1856 stellte die amerikanische Wissenschaftlerin Eunice Foote bei Experimenten fest, dass besonders die Zufuhr von CO_2 die Temperaturen in einem geschlossenen Glas ansteigen lässt.

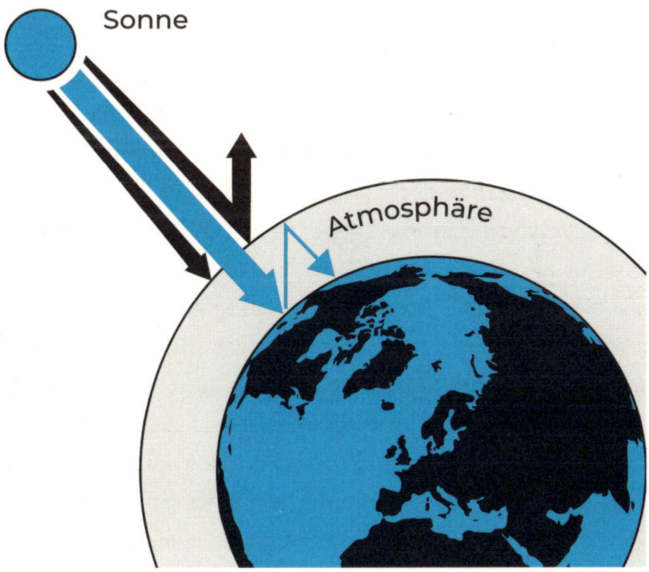

Abbildung 9.1:
Der Treibhauseffekt sorgt für einen Anstieg der Erdtemperatur.

Seither gilt Kohlenstoffdioxid als klassisches Treibhausgas. Dazu gehören auch noch Wasserdampf, Methan und Fluorkohlenwasserstoffe.

Ende des 19. Jahrhunderts bemerkte dann ein schwedischer Chemiker namens Svante Arrhenius, dass die Menschheit über die Verbrennung von Öl, Gas und Kohle ziemlich viel CO_2 in die Atmosphäre entließ: seit 1884 jedes Jahr über eine Milliarde Tonnen.[5] Arrhenius vermutete: Bei dieser Menge an Abgasen könnte sich die globale Konzentration von atmosphärischem Kohlenstoffdioxid in den nächsten dreitausend Jahren um rund 50 Prozent erhöhen. Das müsste die globale Temperatur beträchtlich ansteigen lassen! Bei einer Verdopplung der CO_2-Werte ging er von einer Erwärmung um fünf bis sechs Grad Celsius aus. Über diese Aussicht freute sich Arrhenius, da er glaubte, die Erde würde dadurch ein wärmerer, freundlicherer Ort werden.[6] Wie gesagt, anfangs war man noch optimistisch, was die Folgen des Treibhauseffekts betraf.

Der Schwede, der als Vater der Klimawandelforschung gilt, war der Erste überhaupt, der solche Berechnungen anstellte. Was er nicht ahnen konnte: Die CO_2-Emmissionen würden im kommenden Jahrhundert förmlich explodieren. Zwischen 1894, dem Jahr, in dem Svante Arrhenius seine Berechnungen veröffentlichte, und 2021 kletterte der Wert von 1,4 Milliarden Tonnen jährlich auf 36,6 Milliarden Tonnen.[7] Die CO_2-Konzentration in der Atmosphäre stieg von 294,8 ppm[8] auf 416,45 ppm[9]. Wobei ppm für *parts per million* steht, also »Teile pro Million«. Von einer Million Teilen unserer Luft sind aktuell circa 416 Kohlenstoffdioxid. Die Erdtemperatur stieg im selben Zeitraum von durchschnittlich -0,2 Grad Celsius[10] auf +1,2 Grad Celsius.[11] Als Vergleichswert dient hier immer die durchschnittliche Temperatur vor Beginn der industriellen Revolution Mitte des 19. Jahrhunderts.[12]

Ein bis zwei Grad klingen zwar überschaubar, aber schon

ein minimaler globaler Temperaturanstieg hat verheerende Folgen. Bei einem Anstieg von »nur« 1,5 Grad treten immer häufiger Hitzeperioden, starke Stürme und Unwetter auf. Das können wir ja sogar heute schon spüren! Der Meeresspiegel steigt an, und 70 Prozent aller Korallenriffe sterben ab. Bei zwei Grad wären 99 Prozent aller Korallenriffe dahin, und der Meeresspiegel würde um weitere zehn Zentimeter ansteigen, was den Lebensraum von circa 250 Millionen Menschen zerstören würde.[13]

Einige Kritiker von Svante Arrhenius wiesen in den folgenden Jahrzehnten darauf hin, dass seine Berechnungen die komplexen Funktionsweisen des Klimas unzulässig vereinfachten. Außerdem lasse er außer Acht, in welchem Umfang das CO_2, das der Mensch in die Atmosphäre befördere, von den Weltmeeren absorbiert werde.[14] Genau diesen Effekt sollte der eingangs erwähnte Mr. Garvey mit seinem schwimmenden Labor an Bord der *Esso Atlantic,* einem riesigen Öltanker der Firma Exxon, untersuchen. Das amerikanische Unternehmen förderte weltweit Öl und forschte in den 1970er-Jahren zu Klimaveränderungen. Unzählige hochrangige Expertinnen und Wissenschaftler arbeiteten für Exxon: Edward E. David Jr., der zuvor vier Jahre als wissenschaftlicher Berater für Richard Nixon, den damaligen Präsidenten der Vereinigten Staaten, tätig gewesen war; Henry Shaw, leitender Wissenschaftler bei Exxon, der damit beauftragt wurde, die Folgen des Treibhauseffekts auf unseren Planeten und insbesondere seine Auswirkungen auf die fossile Brennstoffindustrie zu untersuchen; James F. Black, der in den 50er-Jahren an der Entwicklung der Wasserstoffbombe mitgearbeitet hatte und seit den 60ern von der Idee fasziniert war, dass man mit Wetter- und Klimamanipulation die Welt retten könnte;[15] und eben auch Edward Garvey, der hoffte, mit seinen Experimenten an Bord des Öltankers wichtige Daten über die CO_2-Absorption der Ozeane sammeln zu können. Das Schiff sollte zwischen dem Golf von

Mexiko und dem Persischen Golf Meerwasserproben entnehmen und untersuchen, in welchem Ausmaß CO_2 von der Atmosphäre ins Meer abgegeben wird.

Aber warum finanzierte ein multinationaler Ölkonzern wie Exxon derart teure Forschungen, mit denen sich die Firma womöglich das eigene Grab schaufeln würde? Tatsächlich hatte die Chefetage bei Exxon in den 70ern noch gar nicht beschlossen, in welche Richtung man das Unternehmen in Zukunft lenken würde. Es wurde sogar ernsthaft überlegt, den Fokus auf erneuerbare Energiequellen zu legen. Anlässe dafür hätte es eigentlich genug gegeben: Die amerikanische *National Academy of Sciences* veröffentlichte 1977 einen Report, in dem die globale Erwärmung als ein Problem beschrieben wurde, welches man mit einem »Gefühl der Dringlichkeit« behandeln solle.[16] Auch der deutsche Meteorologe Hermann Flohn, ein Experte auf dem Gebiet, warnte – erstmals 1971 auf der Jahrestagung der Deutschen Physikalischen Gesellschaft, dann auch auf der ersten Weltklimakonferenz 1979[17] – vor der Unumkehrbarkeit des menschengemachten Klimawandels. Henry Shaw, der Leiter der Wissenschaftsabteilung von Exxon, ließ die Führungsetage 1977 wissen, dass der Anstieg von CO_2 in der Atmosphäre zu schweren wirtschaftlichen Einbrüchen in der fossilen Brennstoffindustrie führen könne.[18] Es war also dringend notwendig, die Ausrichtung des Ölkonzerns zu überdenken. Und genau deshalb finanzierte man unzählige Forschungsprojekte in dem Bereich, so auch das schwimmende Labor an Bord des eigenen Öltankers.

Und was fand man dort nun heraus? Absorbierten die Ozeane vielleicht genug CO_2, dass sich Exxon zurücklehnen und weiterhin auf Öl setzen konnte? Nun, da in den 80er-Jahren die staatlichen Fördergelder, mit denen Exxon eine Menge seiner Projekte finanzierte, eingefroren wurden, entschied die Führungsetage 1982, das Öltanker-Experiment frühzeitig abzubrechen. Einer der Wissenschaftler, die daran mitgearbeitet hatten, der Japaner

Taran Takahashi, veröffentlichte 1990 dennoch einen Bericht, in dem er auf die damals gesammelten Daten Bezug nahm. Aus ihnen ging hervor, dass Ökosysteme an Land, wie zum Beispiel Wälder, weitaus mehr CO_2 aus der Atmosphäre speichern können als die Ozeane.[19] 2009 kam er noch einmal auf das Experiment zurück und fasste 30 Jahre Meeresforschung zusammen: Unsere Ozeane können nur etwa 20 Prozent des jährlichen CO_2-Ausstoßes der Menschheit absorbieren.[20]

Doch all das kam zu spät. Exxon traf 1989 die Entscheidung, jegliche Forschung zu dem Thema aufzugeben und zwecks Sicherung seiner wirtschaftlichen Existenz stattdessen alles auf eine Karte zu setzen: Vertuschung der Tatsachen und Verbreitung von Falschinformationen. Obwohl die Führungsetage von Exxon ausreichend Kenntnisse über die Unumkehrbarkeit des Klimawandels und dessen dramatische Auswirkungen auf Mensch und Planet hatte, begann man gezielt, gegen die Aufklärung der Öffentlichkeit anzugehen. Man schickte Lobbyisten nach Washington, um die amerikanische Politik davon abzubringen, Teil der globalen Klimalösung zu werden. Die Desinformationskampagne gipfelte 2001 darin, dass George W. Bush, der damalige amerikanische Präsident, die Teilnahme der USA am Kyoto-Protokoll zurückzog.[21] Dieser Vertrag war die erste internationale Übereinkunft vieler verschiedener Länder, ihre CO_2-Emissionen maßgeblich zu senken.[22] 2015 wurde das Protokoll vom Pariser Klimaabkommen abgelöst. Dass die USA sich gegen diese internationalen Bemühungen stellten, ist nicht zuletzt Exxon und seiner Fake-News-Kampagne zuzuschreiben.

Seit den 2000er-Jahren gibt es immer wieder Hinweise darauf, wie tief Exxon – mittlerweile mit dem Ölriesen Mobil zu ExxonMobil verschmolzen – in der Verschwörung rund um die Klimakrise steckt. So investierte die Firma seit 1997 nachweislich mehr als 20 Millionen US-Dollar in Thinktanks, die den Klimawandel öffentlich leugnen sollten.[23] Und die *Royal Society* (die Wissenschaftsorganisation, der auch schon Newton und Co. angehörten) schrieb 2006 in einem Brief an ExxonMobil, ihr lägen Informationen vor, dass die Firma in nur einem Jahr 2,9 Millionen US-Dollar an Organisationen gezahlt habe, die auf ihren Websites absichtlich Falschinformationen über den Klimawandel verbreiteten.[24] Dennoch gelang es den Verantwortlichen des Ölkonzerns mit einer Schar an Topanwälten, sämtliche Anschuldigungen zurückzuweisen und Gerichtsverfahren abzuwenden.

Im Juni 2021 wurde allerdings ein denkwürdiges Interview veröffentlicht, in dem ein ExxonMobil-Mitarbeiter sozusagen in flagranti ertappt wurde. Einem Greenpeace-Aktivisten war es durch einen Trick gelungen, einen der mächtigsten Lobbyisten der Firma dazu zu bringen, so ziemlich alle Missetaten, die ExxonMobil immer geleugnet hatte, zu gestehen.[25] Wie der Greenpeace-Aktivist das schaffte? Er gab sich als Headhunter einer großen Ölfirma aus dem Nahen Osten aus, die daran interessiert sei, besagten Keith McCoy einzustellen. Das komplette Zoom-Interview wurde aufgezeichnet und später von Greenpeace zugänglich gemacht. McCoy plauderte fröhlich aus dem Nähkästchen und gestand ein knappes Dutzend Fälle ein, in denen ExxonMobil wissentlich Desinformation verbreitet und aktiv gegen den Konsens der Wissenschaft gearbeitet hatte. So gab er zu, wöchentlich mit dem einflussreichen demokratischen Senator Joe Manchin zu telefonieren, um Joe Biden dazu zu bringen, seine Klimapläne drastisch herunterzufahren.[26] Anscheinend mit Erfolg: Im Juni 2021 veröffentlichte der US-Präsident einen Infrastrukturplan, in dem für den Klimaschutz mehrere Hundert Milliarden US-Dollar weniger vorgesehen sind als ursprünglich geplant, wie der *Unearthed*-Blog von Greenpeace berichtet.[27] McCoy erklärte außerdem, warum Exxon sich öffentlich *für* eine CO_2-Steuer ausgesprochen hatte. Die Idee hinter einer solchen Abgabe ist simpel und effektiv: Lasst Firmen eine Art »Verschmutzungssteuer« entrichten! Für jede Tonne CO_2, die sie verursachen, müssen sie bezahlen. In Schweden gibt es eine solche Steuer bereits seit über 30 Jahren, und der Trend bei den CO_2-Emmissionen geht dort seitdem beständig nach unten.[28] Warum sollte sich ExxonMobil also für eine CO_2-Steuer aussprechen? Ganz einfach, erklärte McCoy in seinem Fake-Vorstellungsgespräch: Sie hätten bereits vorher gewusst, dass das Gesetz nicht durch den Senat kommen würde. Es war also das perfekte Ablenkungsmanöver: ExxonMobil positioniert sich öffentlich *pro* CO_2-Steuer und steht vor der Presse und den Kritikern als grünes Unternehmen da.

Die Nachwirkungen des unfreiwilligen Leaks? Exxon gab wenige Monate später an, Mr. McCoy arbeite nicht mehr für das Unternehmen.[29] Das Repräsentantenhaus der Vereinigten Staaten lud den ehemaligen Lobbyisten vor, unter Eid über Exxons Machenschaften auszusagen.[30] Ob er der Einladung gefolgt ist, ist bislang nicht bekannt.

Dieses Buch hat sich bisher vor allem mit den positiven Errungenschaften in der Geschichte der Wissenschaft befasst: der Entdeckung der Schwerkraft, der Vermessung der Erde, der Erforschung des Sonnensystems, den bemerkenswert verrückten Eigenschaften der Quantenwelt. Aber es gibt auch unbequeme Wahrheiten, die wir nur zu gerne ignorieren. Die Verleugnung der Klimakrise durch Teile der Wissenschaftsgemeinschaft gehört definitiv dazu. Wir wollen nun aber nicht weiter mit dem Finger auf die Schuldigen zeigen und nach Fehlern in der Vergangenheit suchen, sondern verstehen, woher Falschinformationen stammen, wem sie dienen und wie wir Mythen über die Klimakrise entkräften können. Am Beispiel von ExxonMobil haben wir gesehen, dass die Debatte bis heute von gezielter Desinformation interessierter Kreise geprägt ist: Wird das Klima nicht sowieso immer wärmer? Kann der Mensch mit seinem Handeln überhaupt eine globale Erwärmung auslösen? Ist es nicht ohnehin zu spät? Wir wollen diese Fragen so gut wie möglich beantworten und einen Blick auf technische Lösungen werfen, die uns helfen können, unsere Emissionen drastisch zu reduzieren.

LEBEN UND STERBEN AUF UNSEREM PLANETEN

Wie das Leben auf der Erde seinen Ursprung genommen hat, ist ein Rätsel, an dem sich die Wissenschaft nach wie vor die Zähne ausbeißt. Vermutlich wurde es durch die Kollision mit einem mondgroßen Körper etwa 60 Millionen Jahre nach der Geburt der Erde in Gang gesetzt.[31] Klar ist, dass das Leben auf unserem Planeten schon seit Millionen von Jahren mit klimatischen Veränderungen zu kämpfen hat. Fünf Massenaussterben – auch bekannt als die *Big Five* – gab es in den letzten 500 Millionen Jahren, wobei die jeweiligen Ursachen teils besser, teils schlechter erforscht sind.

Das erste dieser Ereignisse begann vermutlich vor etwa 450 Millionen Jahren, als der Großkontinent Gondwana, zu dem das heutige Südamerika, Afrika, die Antarktis, Indien und Australien gehörten, langsam Richtung Südpol driftete. Die Kontinente sind nämlich keineswegs festgewachsen, sondern gleiten auf tektonischen Platten umher. Während ihr dieses Buch lest, entfernt sich Nordamerika mit einer Geschwindigkeit von etwa 0,0003 Zentimetern pro Stunde von Europa und Asien.[32] Und der afrikanische Kontinent wird gaaanz allmählich auseinandergerissen, da sich die Erdplatten, auf denen sich der Kontinent befindet, beständig voneinander entfernen.[33] Alle, die schon einmal mit neugierigem Blick einen Globus oder eine Weltkarte studiert haben, werden bemerkt haben, dass Südamerika sich wie ein perfekt passendes Puzzlestück an die Westküste Afrikas einschmiegen lässt. Und das ist kein Zufall.

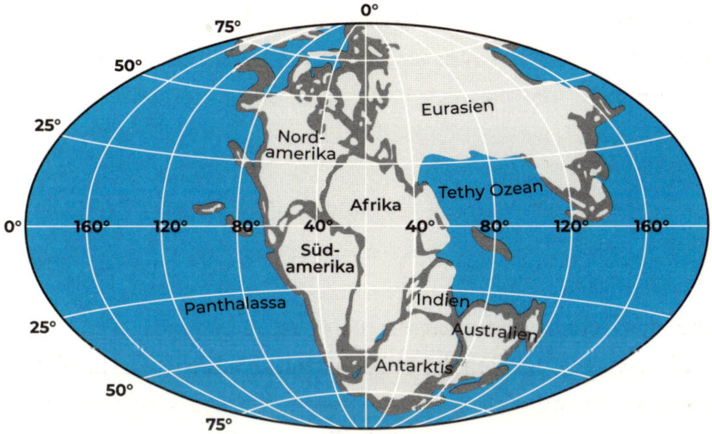

Abbildung 9.2:
Der Urkontinent Pangaea, umschlossen vom Superozean Panthalassa

Der deutsche Meteorologe Alfred Wegener brachte im Jahr 1912 als Erster das Konzept eines Urkontinents ins Spiel und nannte ihn Pangaea, was so viel bedeutet wie »alle Länder«.[34] Er hatte nicht nur bemerkt, dass die äußere Form einiger Kontinente perfekt zueinanderpasste, nein, an der Ostküste Südamerikas und an der Westküste Afrikas fanden sich auch die gleichen Fels- und Landformationen sowie Fossilien der gleichen Pflanzen und Tiere, die unmöglich den Atlantik hätten überqueren können. Dass sich auf der Erde Landmassen zu einem solchen Superkontinent zusammenschließen, scheint übrigens ein regelmäßiges Ereignis zu sein. Aktuell geht man davon aus, dass die Kontinente innerhalb der nächsten 250 Millionen Jahre wieder zu einer neuen Version von Pangaea verschmelzen werden.[35] Das finde ich super: Dann kann man zum Work & Travel in Australien einfach mit dem Rad fahren. Ist auch viel nachhaltiger …

Zurück zum Thema. Vor 450 Millionen Jahren driftete also Gondwana langsam in Richtung Südpol, was eine kurzfristige

Eiszeit und damit auch das erste große Massenaussterben auslöste. Zuvor war die Temperatur extrem angestiegen, doch der folgende Temperaturabfall sorgte dafür, dass etwa 60 Prozent aller Lebewesen – hauptsächlich Meeresorganismen – starben.[36]

Etwa 80 Millionen Jahre später, also vor circa 370 Millionen Jahren, sank die globale Temperatur wieder, möglicherweise ausgelöst durch mehrere Meteoriteneinschläge, was das zweite große Aussterben verursachte.

Vor etwa 250 Millionen Jahren, als Lebewesen noch über den Urkontinent Pangaea wandern konnten, ereignete sich das größte aller Massenaussterben. Über die Ursachen wird noch diskutiert, doch vermutlich beförderte eine Reihe überaus heftiger Vulkanausbrüche in Sibirien riesige Mengen CO_2 in die Atmosphäre, sodass ein Klimawandel ausgelöst wurde, der bis zu 95 Prozent aller Spezies auslöschte. Die globale Temperatur stieg an, die Meere wurden sauer, und das Leben verschwand fast komplett vom Angesicht der Erde. Eine kleine Vorschau auf das, was uns erwarten könnte, sollten wir es nicht schaffen, unsere Treibhausgasemissionen rechtzeitig einzuschränken.

Das vierte Aussterbeevent vor ca. 200 Millionen Jahren ist weniger gut erforscht, aber auch hier vermutet man Vulkanismus als Ursache.

Das fünfte und letzte uns bekannte Massenaussterben wiederum haben wir so gut wie kein anderes erforscht. Es war das Zeitalter der Dinosaurier, das durch den Einschlag eines Asteroiden ein dramatisches Ende fand.* Das Besondere an diesem »Event«: Während die vorherigen Massenaussterben schleichend, teilweise über einen Zeitraum von Millionen von Jahren vonstattengin-

* Möglicherweise war der Asteroid aber nicht alleine schuld am Verschwinden der Dinos. Fachleute vermuten, eine Gruppe von Vulkanen in Indien könnte da ebenfalls mitgemischt haben: https://www.faz.net/aktuell/wissen/massenaussterben-fuenfmal-ging-die-welt-schon-unter-14424429.html.

gen, verursachte der Asteroideneinschlag vor der Küste Mexikos vor 66 Millionen Jahren eine nie da gewesene, urplötzliche Auslöschung.

Aber woher weiß man eigentlich, dass die Dinosaurier durch einen Asteroideneinschlag getötet wurden, und wie konnte die Kollision eines einzelnen Himmelskörpers mit einem Umfang von gerade mal 10 bis 15 Kilometern mit unserer Erde große Teile des Lebens hier auslöschen?

Wie man die Ursache für das Aussterben der Dinosaurier entdeckt hat, ist wieder einmal eine unglaublich spannende Geschichte. Ende der 70er-Jahre erforschte ein US-amerikanischer Geologe namens Walter Alvarez die Entstehungsgeschichte des Apennin, eines Gebirgszugs in Italien. Dabei stieß er, im Grunde aus Versehen, auf Zeugnisse des wohl katastrophalsten Tages in der Geschichte des Lebens auf unserer Erde. Als er in der Bottaccione-Schlucht eine dünne Tonschicht untersuchte, stellte Alvarez fest, dass im Stein unterhalb dieser Schicht eine unglaubliche Vielfalt einzelliger Lebewesen – genannt Foraminiferen – vorkam. In der nächsten Schicht, der Tonschicht, die er vorrangig untersuchte, gab es überhaupt keine Exemplare dieser Einzeller. Im Kalkstein direkt darüber waren sie jedoch wieder vorhanden, wenn auch nur extrem kleine Exemplare und nicht so viele wie zuvor. Wir erinnern uns aus Kapitel 5, dass Geologinnen und Geologen in der Lage sind, in den Sedimentschichten von Bergen, Schluchten oder Klippen zu schmökern wie in einem Geschichtsbuch. Und so machte Walter Alvarez, unterstützt von der italienischen Geologin und Foraminiferen-Expertin Isabella Premoli Silva, besagte Entdeckung. Dass es erst viele Einzeller gab, dann plötzlich keine mehr, und dann tauchten sie in der nächsten Sedimentschicht in extrem dezimierter Form wieder auf, das wunderte Walter Alvarez sehr. Schließlich war er überzeugter Darwinist und ging davon aus, dass sich Arten langsam und beständig über viele Millionen Jahre verändern. Da war das scheinbar urplötzliche Aussterben dieser Einzeller doch äußerst bemerkenswert.

Alvarez fiel noch eine weitere Merkwürdigkeit auf: Die Auslöschung dieser Tierchen hatte sich offenbar exakt zu der Zeit ereignet, als auch die Dinosaurier vom Antlitz der Erde verschwunden waren. Letzteres war zwar nicht der Grund, warum er in Italien forschte, aber er entschied sich spontan, der Sache nachzugehen. »In der Wissenschaft ist es manchmal gut, mehr Glück als Verstand zu haben«, sagte er später über diese Entscheidung.[37] Walter Alvarez nahm also reichlich Proben aus der foraminiferenlosen Tonschicht mit nach Hause und tat, was ich auch manchmal tue, wenn ich absolut nicht mehr weiterweiß: Er fragte seinen Vater um Rat. Nun muss man dazusagen, dass es sich bei seinem Papa praktischerweise um den Nobelpreisträger Luis Alvarez handelte, einen echten Tausendsassa der Physik: Er entwickelte den ersten Protonenbeschleuniger, erfand die Wasserstoff-Blasenkammer (ein entscheidender Beitrag zur Erforschung der Elementarteilchen) und war Mitentdecker des Isotops Tritium. Neben seinen großen Errungenschaften, für die er einen renommierten Wissenschaftspreis nach dem anderen einheimste, veranstaltete er auch, na ja, sagen wir, etwas »eigensinnige« Experimente. Zum Beispiel suchte er in den Pyramiden von Gizeh mit kosmischer Strahlung nach versteckten Schatzkammern[38] oder stellte die Ermordung John F. Kennedys nach, da er fasziniert war von den Verschwörungstheorien, die sich um den genauen Ablauf des Attentats entwickelten.[39] Diese Projekte waren es auch, die Luis Alvarez den Spitznamen *Wild Idea Man* eintrugen.

Als sein Sohn Walter ihn mit den Gesteinsproben aus dem Apennin und dem offenbar plötzlichen Aussterben von Einzellern konfrontierte, hatte Vater Luis auch sogleich eine seiner berühmten wilden Ideen: Er wollte die Tonschicht auf ihren Iridiumgehalt untersuchen lassen. Warum das eine wilde Idee war? Weil Iridium auf der Erde sehr selten ist, im Weltall in Meteoren aber in extrem hohen Konzentrationen vorkommt. Iridium findet seinen Weg auf unseren Planeten, indem es in Form von kosmischen Staubkörnern auf uns herabregnet. Der Iridiumgehalt in der italienischen Tonschicht sollte also, so hoffte Luis Alvarez, einen Hinweis auf deren Alter geben können.

Vater und Sohn kontaktierten Frank Asaro, einen Wissenschaftler vom Berkeley-Labor in Kalifornien, und beauftragten ihn mit der Überprüfung von einem Dutzend Proben aus verschiedenen Bereichen der Tonschicht. Asaro ließ sich darauf ein, meinte aber, er glaube nicht, dass das irgendwas bringen würde. Neun Monate lang schob er die Untersuchungen auf, sie hatten für ihn einfach keine Priorität. Als er endlich dazu kam, traute er seinen Augen nicht: Der Iridiumwert in allen Bereichen der Tonschicht war enorm hoch. Sogleich kontaktierte Asaro die Herren Alvarez, denn er ging davon aus, dass irgendetwas mit den Proben nicht stimmte. Walter Alvarez zog also los und suchte auf der ganzen Welt nach weiteren Überresten dieser Tonschicht. Er fand sie in Dänemark, an der Steilküste Stevns Klint, und auf der Südinsel Neuseelands. Wieder wurden die Proben auf Iridium getestet, wieder waren die Werte unfassbar hoch.[40] Der Mann mit den wilden Ideen hatte Blut geleckt. Er ahnte, dass sein Sohn und er einer sensationellen Entdeckung auf der Spur waren, doch noch konnten sie sich die hohen Iridiumwerte nicht erklären.

Ein Jahr lang schlossen sie sich ein, rechneten Modelle durch, verfolgten Hypothesen, verwarfen sie und begannen wieder von vorne. Dann endlich fanden sie die Lösung, die zu ihren Untersuchungsergebnissen passte: Vor 66 Millionen Jahren, an einem Tag, der vielleicht ganz ähnlich war wie der Tag heute, schlug ein 10 bis 15 Kilometer großer Asteroid auf der Erde ein. Er bewegte sich mit 30 km/s, das sind 108 000 km/h, was der 150-fachen Geschwindigkeit eines Düsenjets entspricht.[41] Beim Aufprall explodierte der Asteroid mit der Energie von zehn Milliarden Atombomben auf einmal![42] Wie stark die Explosion genau war, dazu gibt es zahllose unterschiedliche Modelle und Schätzungen, doch alle rechnen mit einer Explosion von apokalyptischem Ausmaß. Der Asteroid wurde pulverisiert, und das Iridium, das er in sich trug, verteilte sich mit jeder Menge Schutt und Staub in der Atmosphäre. Dadurch wurde die Sonne für Monate, vielleicht sogar für Jahre verdunkelt, und die Temperaturen auf der Erde sanken drastisch. Die Dinosaurier, die nicht direkt durch den Einschlag oder die 100 Meter hohen Tsunamiwellen ausgelöscht wurden, die – vom Ort des Aufpralls ausgehend – alles zermalmten, was sich ihnen in den Weg stellte, verhungerten wenige Woche später. Denn ohne Sonnenlicht siechten alle Pflanzen dahin, und mit ihnen die Pflanzenfresser, auf die die fleischfressenden Dinosaurier angewiesen waren. Alle Landlebewesen, die mehr als 25 Kilogramm wogen, starben aus.[43] Das ultimative Bodyshaming. Nur die Flugsaurier überlebten, weshalb Vögel heute die einzigen existierenden Dinosaurier-Nachfahren sind.[44]

Etwa ein Jahrzehnt nach der Entdeckung von Luis und Walter Alvarez wurde der Ort des Asteroideneinschlags gefunden: Der Chicxulub-Krater liegt vor der Küste der mexikanischen Halbinsel Yucatán unter Wasser und misst unglaubliche 200 Kilometer im Durchmesser. Bei einer Forschungsmission der University of Texas im Jahr 2016 fand man dort Überreste von Asteroidenstaub und einen chemischen Fußabdruck, der eindeutig zu der Tonschicht passte, die Walter Alvarez in Italien gefunden hatte.[45] *Case closed.*

DAS SECHSTE MASSENAUSSTERBEN

Heute, etwa 66 Millionen Jahre später, befinden wir uns im sechsten großen Massenaussterben, davon sind mehr und mehr Experten, Wissenschaftlerinnen und Journalisten überzeugt.[46] Der große Unterschied zu den *Big Five?* Das aktuelle Massenaussterben wird maßgeblich verursacht durch den Menschen! Eine einzige Spezies, verantwortlich für den Untergang von Tausenden Tier- und Pflanzenarten: Das gab es in der Geschichte der Erde noch nie. Deshalb spricht man im Kontext Klimaschutz inzwischen meist auch von Klima*krise* und nicht von Klima*wandel*. Klimawandel – also etwa eine durch Kontinentalverschiebung ausgelöste Eiszeit oder globale Erwärmung infolge starker vulkanischer Aktivitäten – ist das Produkt *natürlicher* Veränderungen. Die Klimakrise, die wir gerade erleben, ist *menschengemacht*.

Wir unscheinbaren Menschen sollen also das Klima eines ganzen Planeten verändern können? Wie soll das gehen? Wir sind doch sooo klein, und die Welt ist sooo groß! Na ja, ganz so klein sind wir gar nicht. Zwischen 30 und 50 Prozent der Landmasse unseres Planeten werden heute von Menschen genutzt. Unsere künstlich angelegten Wasservorräte haben sechs Mal mehr Volumen als alle Flüsse der Welt zusammen. Wegen der Verbrennung von Öl, Gas und Kohle haben wir die höchste CO_2-Konzentration in der Atmosphäre seit 15 Millionen Jahren. Noch vor gut zweitausend Jahren lebten 300 Millionen Menschen auf der Erde, tausend Jahre später waren es 310 Millionen.[47] Heute, im Jahr 2022, gibt es bereits knapp acht Milliarden Menschen, und es werden immer mehr.[48]

Der Living Planet Report 2020 des WWF fasst die dramatische Lage auf unserem Planeten eindrücklich zusammen: Die Populationen von Säugetieren, Vögeln, Fischen, Amphibien und Reptilien sind in den letzten 50 Jahren um 68 Prozent zurückgegangen.[49] Die Biodiversität Südamerikas ist in derselben Zeit

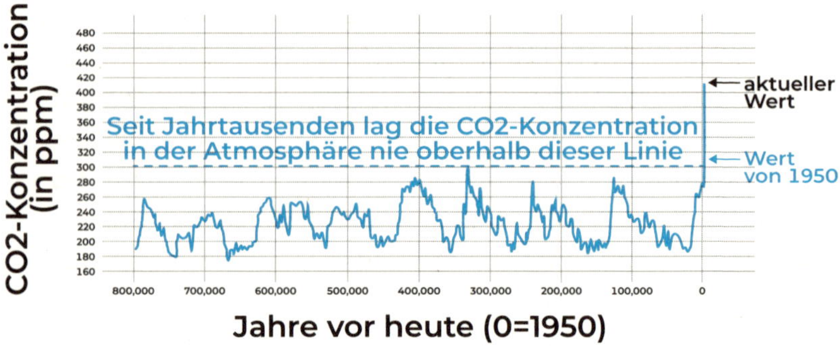

Abbildung 9.3:
CO_2-Konzentration in der Erdatmosphäre während der letzten 800 000 Jahre

um sage und schreibe 94 Prozent gesunken, weil Gras-, Savannen- und Waldlandschaften sowie Feuchtgebiete in Farmland umgewandelt wurden. Auf nur zehn Quadratkilometern Regenwald finden sich im Schnitt über 3000 verschiedene Arten.[50] Den Lebensraum all dieser Tiere zerstören wir, um Futtermittel für unsere Nutztiere anzubauen.[51] Die Klimakrise macht den wenigen, die es geschafft haben, bis heute zu überleben, im wahrsten Sinne des Wortes die Hölle heiß.[52]

Das Problem bei alldem ist nicht einmal unbedingt das *Ausmaß* der Veränderung; so viel CO_2 in der Atmosphäre wie jetzt gab es bereits vor 15 Millionen Jahren, und das haben die Lebewesen damals auch überlebt. Das Problem ist die *Geschwindigkeit* der Veränderung. Wir pumpen zu schnell zu viele Treibhausgase in die Luft. Dadurch erwärmt sich das Klima so rapide, dass Pflanzen und Tiere keine Zeit haben, sich anzupassen.

Vor der industriellen Revolution betrug die Kohlendioxid-Konzentration in unserer Atmosphäre noch etwa 280 ppm. Das war schon ein hoher Wert, denn in den vergangenen 800 000 Jahren lag die CO_2-Konzentration nie höher als 300 ppm. Heute stehen wir bei 420 ppm.[53] Doch wie können wir wissen, wie viel CO_2 sich vor 800 000 Jahren in der Atmosphäre befand? Um das herauszufinden, nehmen Klimaforschende Bohrungen im ewigen Eis vor. Die dabei gewonnenen Eiskerne geben Aufschluss über das Klima in vergangenen Zeiten. Im Eis der Arktis beispielsweise wurden kleine Luftblasen konserviert, aus denen wir ablesen können, wie unsere Atmosphäre vor Tausenden von Jahren zusammengesetzt war.[54]

Unser Problem heute ist, dass sich die Auswirkungen der hohen CO_2-Konzentration auf das Klima nicht sofort zeigen. Es dauert mehrere Jahre, bis der Effekt wirklich spürbar wird, sprich, alle Veränderungen, die sich jetzt schon zeigen – Rekordtemperaturen, länger andauernde Hitzeperioden, immer öfter auftretende Sturmfluten und, und, und –, sind erst der Anfang.[55]

KLIMAMYTHEN UND WIE MAN SIE DEBUNKT

2019 entschied ich mich, mal einen großen Schritt aus meiner Komfortzone zu machen und einen Monat als Aushilfe auf einer Kälberfarm in Neuseeland zu arbeiten. Da ich mich größtenteils vegetarisch ernähre und in meinem Beruf als Wissenschaftsjournalist und Content Creator für Social Media kaum harte körperliche Arbeit gewohnt bin, versprach es, eine interessante Erfahrung zu werden. Und das wurde es auch.

Maria, die Besitzerin der Farm, fragte mich gleich am ersten Tag, warum ich Vegetarier sei, worauf ich wahrheitsgemäß antwortete, dass ich mich wegen der Klimakrise entschieden hätte, Fleisch von meinem Ernährungsplan zu streichen. Von diesem Moment an hatte sie mich auf dem Kieker und piesackte mich, wo es nur ging. Ihrer Ansicht nach gibt es nämlich gar keine Klimakrise. Sie hielt das alles für großen Humbug und pöbelte jeden

Abend die Nachrichten an, wenn dort mal wieder die Rede davon war, wie viel klimaschädliches Methan Kühe ausstoßen. Methan ist nämlich ein Treibhausgas, das die Atmosphäre etwa 25-mal stärker erwärmt als Kohlenstoffdioxid.[56] Eine Kuh rülpst pro Jahr etwa 100 Kilogramm Methan aus,[57] und weltweit halten wir Menschen aktuell etwa eine Milliarde Kühe.[58]

Zwar versuchte ich, Diskussionen mit meiner offenkundig unbelehrbaren Arbeitgeberin nach Möglichkeit aus dem Weg zu gehen, dennoch wollte ich die Falschaussagen, mit denen sie mich wieder und wieder konfrontierte, nicht unwidersprochen lassen. Da sie mir jedoch mit so vielen aus dem Kontext gerissenen Informationen und Fake News begegnete, wusste ich manchmal nicht mehr, wie ich ihre Aussagen entkräften sollte. Deshalb widme ich dieses Unterkapitel allen, die sich schon einmal in einer vergleichbaren Debattensituation befunden haben, egal, ob beim Weihnachtsessen mit dem Fleisch liebenden Onkel oder beim Kälberfüttern auf Neuseeland. Quasi als kleines Handbuch, mit dem ihr weitverbreiteten Klimamythen den Wind aus den Segeln nehmen könnt.

Mythos 1: Das Klima verändert sich sowieso, der Mensch hat damit nichts zu tun.

Dass sich das Klima ständig verändert, ist zunächst einmal richtig. Es gab Eiszeiten und wärmere Perioden, immer im Wechsel, und zwar ausgelöst durch die Neigung der Erdachse, die unregelmäßige Umlaufbahn der Erde um die Sonne, vulkanische Aktivitäten, Asteroideneinschläge etc. Der Anstieg der globalen Temperatur ging aber meistens mit einer erhöhten Konzentration von Treibhausgasen wie CO_2 oder Methan in der Atmosphäre einher, und wir Menschen verursachen aktuell mehr CO_2 als je ein Klimawandeltreiber zuvor! Unser Handeln ist der entscheidende Faktor in der aktuellen Klimakrise.[59]

Mythos 2: Die Wissenschaft ist sich uneinig.

Eine Metastudie – also eine Studie, die die Ergebnisse vieler anderer Studien zusammenfasst – sichtete 2021 knapp 90 000 verschiedene Arbeiten zur Klimaforschung, die seit 2012 veröffentlicht wurden. 99 Prozent davon waren sich in einer Frage einig: Die Klimakrise ist menschengemacht.[60] 2017 hieß es in einem oft geteilten Artikel auf einer dubiosen Website, 30 000 Experten und Wissenschaftlerinnen hätten eine Petition an die US-amerikanische Regierung unterzeichnet, in der sie die Feststellung, dass der Klimawandel menschengemacht ist, als Lüge bezeichneten.[61] Doch bei genauerer Betrachtung fällt auf: Die wenigsten beteiligten »Wissenschaftler« waren tatsächlich Experten auf diesem Gebiet. Um sich der Petition anzuschließen, genügte ein Bachelorabschluss in irgendeiner naturwissenschaftlichen Disziplin, sprich: Auch Tierärzte waren unter den Unterzeichnern. Außerdem stammte die Petition nicht von 2017, sondern aus den Jahren 1998/99, und seitdem hat sich beim wissenschaftlichen Konsens zum Thema Klimakrise bekanntlich eine Menge getan. Wahrscheinlich weiß das mittlerweile sogar euer lokaler Tierarzt.

Mythos 3: Die Sonne strahlt immer stärker, sie ist der Grund für die steigenden Temperaturen.

Das Gegenteil ist der Fall. In den letzten 35 Jahren hat die Sonnenenergie, die auf der Erde ankommt, abgenommen. In der Regel schwankt die Sonnenaktivität in elfjährigen Zyklen um etwa 0,1 Prozent. Die stärkste Fluktuation wurde in den 1960er-Jahren verzeichnet, während die globale Temperatur allerdings erst seit den 1980ern signifikant ansteigt. Zwischen 2000 und 2008 ist die Sonnenenergie, die wir auf der Erde messen können, gesunken, die globale Temperatur ist in dieser Zeit jedoch stetig weiter nach oben gewandert.[62] Der Energieoutput der Sonne und die Temperatur auf der Erde hängen also nicht zusammen.

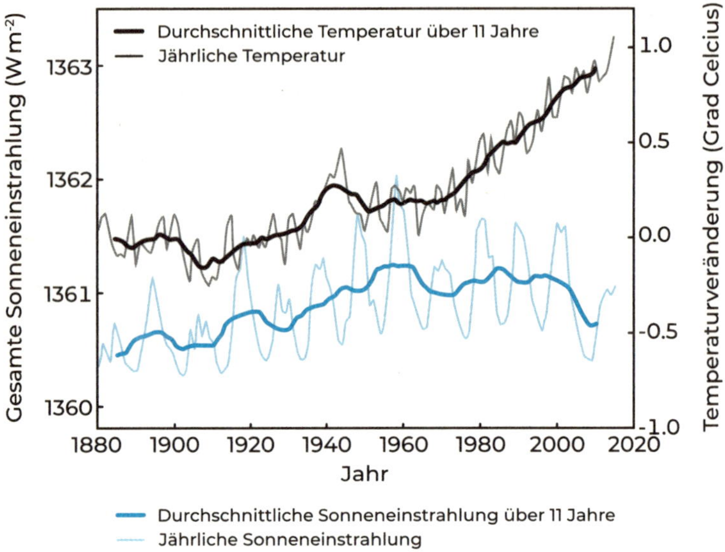

Abbildung 9.4:
Schwankung der Sonnenaktivität (türkis) versus Anstieg der globalen Temperatur (schwarz)

Mythos 4: Natürliche Prozesse verursachen weitaus mehr CO2 als der Mensch.

Das stimmt. Die Natur befördert jährlich rund 750 Gigatonnen CO_2 in die Atmosphäre. Die vom Menschen produzierten 36 Gigatonnen[63] wirken im Vergleich dazu lächerlich wenig. Doch entscheidend ist der Kohlenstoffkreislauf: Bevor wir angefangen haben, CO_2 in die Atmosphäre zu pumpen, befand sich das System im Gleichgewicht. Das von der Natur produzierte Kohlenstoffdioxid wurde von Meeren und Wäldern wieder aufgenommen. Doch wir haben das System aus dem Gleichgewicht gebracht: Das zusätzliche CO_2, das wir durch die Verbrennung von fossilen Brennstoffen freisetzen, kann vom Ökosystem nicht mehr absorbiert werden. Hinzu kommt, dass wir im Rekordtempo Wälder abholzen, mit die wichtigsten CO_2-Speicher, die wir haben. Pro Minute zerstören wir etwa 42 Fußballfelder Regenwald.[64] Auf der einen Seite pumpen wir also mehr Treibhausgase in die Luft, als die Natur ausgleichen kann, und auf der anderen Seite zerstören wir die natürlichen Systeme, die dabei helfen könnten, das CO_2 wieder aus der Atmosphäre zu holen. Unser Handeln hat dazu geführt, dass die Kohlenstoffdioxid-Konzentration in der Atmosphäre in den letzten 250 Jahren bereits um 50 Prozent gestiegen ist.[65]

Mythos 5: Manchmal gibt es bei uns im Winter noch eisige Kälte. Die Klimaerwärmung muss also eine Lüge sein.

Dass es bei uns im Winter zuweilen noch heftige Kälteeinbrüche gibt, hängt teilweise sogar direkt mit der Klimakrise zusammen, wie zuletzt im Februar 2021. Damals sorgte ein Tief dafür, dass sich der Polarwirbel, ein kalter Windstrom über dem Nordpol, verschob, vermutlich ausgelöst durch den massiven Eisverlust in der Arktis.[66] Der Polarwirbel dreht sich normalerweise in der Stratosphäre auf 30 Kilometern Höhe gegen den Uhrzeigersinn. Wenn er dabei gestört wird, was nicht ungewöhnlich ist, wird es bei uns eiskalt. Im Jahr 2021 hielt die Kälte ungewöhnlich lange an, was auch Klimaforscher und Wetterexpertinnen wunderte. Dass die Arktis im Winter nicht mehr vollständig einfriert, kann auch Auswirkungen auf die Temperaturen in den Luftschichten darüber haben, was wiederum das Verhalten des Polarwirbels beeinflusst. Letzten Endes sind aber Ereignisse wie ein paar kalte Wochen im europäischen Winter *lokale* Phänomene. Der globale Trend ist es, den man sich beim Klima anschauen muss, und der geht eindeutig weiter nach oben: Das letzte Jahrzehnt war global das wärmste seit Beginn der Wetteraufzeichnungen.[67] Auch in Deutschland konnten wir zwischen 2000 und 2021 vierzehn der neunzehn wärmsten Jahre seit 1881 verzeichnen.[68]

WAS KÖNNEN WIR JETZT NOCH TUN?

Wenn wir aktiv werden und etwas gegen die Klimakrise unternehmen wollen, müssen wir schleunigst in Erfahrung bringen, mit welchen Maßnahmen wir uns und unseren Planeten vor dem Schlimmsten bewahren können. Zwar hat die Menschheit bereits Schäden angerichtet, die irreversibel sind. Die globale Temperatur ist seit Beginn der industriellen Revolution um 1,2 Grad Celsius gestiegen,[69] die in Deutschland sogar um 2,3 Grad.[70] Schon jetzt erleben wir Dürreperioden, tropische Stürme, verheerende Überschwemmungen, und das ist wie gesagt erst der Anfang. Auch wenn der Temperaturanstieg in Zahlen nach wenig klingt, müssen wir uns immer vor Augen halten, dass kleine Veränderungen enorm viel bewirken. Während der letzten Eiszeit lag die globale Temperatur beispielsweise nur 7 Grad unter der aktuellen.[71] Und die Schäden, die unsere Emissionen heute anrichten, werden wir ja erst in einigen Jahren spüren, die Konsequenzen hinken also hinterher.[72]

Deshalb sollten wir zwei Dinge sofort anpacken: Als Erstes müssen wir den Ausstoß von Treibhausgasen so schnell wie möglich so weit wie möglich verringern. Zweitens: Wir müssen unsere Art zu leben und unsere Infrastruktur an das anpassen, was bevorsteht. Denn um die Klimakrise zu verhindern, ist es zu spät, sie ist bereits in vollem Gange.

Noch haben wir die Chance, das gesetzte Ziel von maximal 1,5 Grad globaler Erwärmung einzuhalten. Sollten wir das aber nicht schaffen, müssen wir trotzdem weitermachen mit dem Klimaschutz. Es ist nicht so, dass an dem Tag, an dem der Temperaturanstieg von 1,5 Grad erreicht ist, plötzlich die Erde explodiert. Wir müssen danach weiter auf ihr leben. Dabei gilt es, den Temperaturanstieg so weit wie möglich zu begrenzen. Wenn wir 1,5 Grad nicht schaffen, sollten wir alles daransetzen, nicht bei 1,6, 1,7 oder womöglich zwei Grad zu landen. Jeder noch so marginal erscheinende Anstieg bedeutet mehr Tote und mehr Menschen, deren Existenzgrundlage zerstört wird und die deshalb flüchten müssen.

Um diese Folgen zu minimieren, sollten wir möglichst bis 2030 unsere Treibhausgasemissionen gegenüber 2010 halbieren[73] und bis spätestens 2050 bei *Netto-Null-Emissionen* ankommen. Doch was bedeutet Netto-Null? Aktuell gelangen rund 51 Milliarden Tonnen Treibhausgase jedes Jahr durch Menschenhand in die Atmosphäre – davon sind allein 36 Milliarden Tonnen CO_2![74] Wenn irgendwo davon gesprochen wird, dass Nation X nächstes Jahr Y Tonnen weniger CO_2 produzieren will, kann man die genannte Summe ja mal mit 51 Milliarden vergleichen, um zu sehen, wie relevant das Einsparziel verglichen mit den globalen Emissionen wirklich ist. Denn wir *müssen* auf null kommen. Von 51 000 000 000 Tonnen auf null. Das ist mal 'ne Ansage. Da es aber so gut wie unmöglich sein wird, alle Prozesse, bei denen Kohlenstoff, Methan und Co. ausgestoßen werden, zu 100 Prozent herunterzufahren, spricht man von Netto-Null statt von einer »echten« Null. Das bedeutet: Wenn wir 90 Prozent unserer Emissionen komplett verhindern wollen, müssen wir die letzten zehn Prozent durch Verfahren wie zum Beispiel *Direct Air Capture* (DAC) wieder aus der Luft ziehen. Beim DAC-Verfahren wird CO_2 direkt aus der Atmosphäre extrahiert und in geologischen Formationen gespeichert. Rein theoretisch könnte man das extrahierte CO_2 sogar verwenden, um synthetische Kraftstoffe herzustellen, die sich dann wieder als nachhaltiger Sprit für Autos und Flugzeuge nutzen ließen. Das ist aber noch ferne Zukunftsmusik. Aktuell gibt es weltweit etwa 20 DAC-Werke, die der Atmosphäre jährlich 10 000 Tonnen CO_2 entziehen.[75] Es ist also noch ein weiter Weg, bis dieses Verfahren so effizient funktioniert, dass wir einen nennenswerten Anteil der 51 Milliarden Tonnen Treibhausgasemissionen wieder »einfangen« können. Laut *International Energy Agency* wird erwartet, dass es bis 2050 möglich sein wird, knapp eine Milliarde Tonnen CO_2 jährlich auf diese Art aus der Atmosphäre zu ziehen.[76]

Das DAC-Verfahren ist trotz des langen Vorlaufs weitaus besser geeignet, uns zur Netto-Null zu bringen, als die *CO_2-Kompensation*, was ähnlich klingt, aber ganz anders funktioniert. Viele Airlines werben beispielsweise mittlerweile damit, dass sie ihre CO_2-Emissionen kompensieren. Auf diese Art versuchen sie, sich einen grüneren Anstrich zu verpassen, als ihnen eigentlich zusteht. Denn Kompensation heißt nur, dass man irgendwo auf der Welt CO_2-Emissionen verhindert, um dann selbst welche zu verursachen. Wenn ich als Privatperson beispielsweise mit einer Boeing 747 von Berlin nach New York fliege, verursache ich allein satte 3,7 Tonnen CO_2. Dienstleister wie zum Beispiel die deutsche Non-Profit-Organisation *atmosfair* bieten an, gegen eine Spende diese Emissionen zu kompensieren. Um eine Tonne CO_2 auszugleichen, zahlt man bei *atmosfair* 23 Euro.[77]

Und wie kompensiert *atmosfair* nun die Emissionen? Die Spenden gehen an unterschiedliche Klimaprojekte auf der ganzen Welt. Eines davon finanziert beispielsweise in Ruanda Kochöfen, die weitaus weniger Holz benötigen als die herkömmlichen Öfen der Dorfbewohnerinnen und -bewohner.[78] Wenn weniger Holz verbrannt wird, werden weniger CO_2-Emissionen verursacht. Ich spare an einem Ort CO_2 ein, um durch meinen Flug, meine Autofahrt oder meine Geschäftspraktiken dann genauso viel CO_2 freizusetzen. Die Katze beißt sich also in den Schwanz. Dennoch ist Kompensation immer noch besser, als gar nichts zu tun! Ich empfehle allen, die in ein Flugzeug steigen, sich vorher zu informieren, ob und wie die Airline, mit der sie reisen, Emissionen kompensiert, und auch selbst mal den Kompensationsrechner von *atmosfair*[79] oder dem Umweltbundesamt[80] anzuwerfen.

Kompensation ist auch weitaus günstiger, als CO_2 per *Direct Air Capture* aus der Atmosphäre zu ziehen. Mal zum Vergleich: Um eine Tonne CO_2 per DAC beseitigen zu lassen, bezahlt man beim Schweizer Anbieter *climeworks* 84 Euro, mehr als das Dreifache von dem, was bei *atmosfair* die Kompensation kostet.[81]

Einzelpersonen können also durchaus etwas tun, um schädliche Emissionen zu reduzieren. Und das muss gar nicht immer viel Geld kosten. Weniger Fleisch essen, öfter Fahrrad fahren, auf den Stromverbrauch achten, das sind alles Methoden, die nicht nur Emissionen, sondern auch Geld sparen. Aber wir dürfen uns nichts vormachen: Um die 51 Milliarden Tonnen Treibhausgase jährlich nennenswert zu senken, müssen sich vor allem ganze Industriezweige verändern. Das Bremer Stahlwerk zum Beispiel produziert so viel CO_2 wie alle 560 000 Bremerinnen und Bremer zusammen![82] Um das zu ändern und bis 2050 klimaneutral zu werden, plant das Werk nun eine Umstellung auf grünen Stahl.[83] Bei der Produktion von einer Tonne herkömmlichem Stahl entstehen rund zwei Tonnen CO_2.[84] Grüner Stahl hingegen wird mit Wasserstoff hergestellt und verursacht keine Treibhausgasemissionen (sofern der Wasserstoff ebenfalls »grün« hergestellt wurde).[85]

Doch damit große Unternehmen solche Entscheidungen treffen, braucht es nicht nur Innovationen aus der Forschung, sondern auch Vorgaben von der Politik. Und damit die Politik mehr solche Gesetze entwirft, braucht es viel Druck aus der Bevölkerung. Das heißt, noch wichtiger, als die eigenen Emissionen zu reduzieren, ist es, politisch aktiv zu werden, Petitionen zu unterschreiben, auf Klimademos zu gehen und Parteien zu wählen, die sich eine klimafreundliche Politik auf die Fahnen geschrieben haben. Leider hat in Deutschland keine einzige der etablierten Parteien genug Klimaschutz im Programm, um das 1,5-Grad-Ziel einhalten zu können.[86] Nicht zu wählen, ist natürlich trotzdem keine Option! Wir sollten stattdessen den Druck auf unsere Politiker und Politikerinnen erhöhen und vorerst das »kleinste Übel« wählen.

Bisher haben sich 129 Länder verpflichtet, ihre Emissionen

auf Netto-Null zu senken, darunter auch China (bis 2060), die USA (bis 2050) und Deutschland (bis 2045).[87] Aber Ziele allein reichen nicht. Auf *climateactiontracker.org* kann man überprüfen, welches Land aktuell genug tut, um die globale Erwärmung auf 1,5 Grad zu begrenzen.[88] Während ich dieses Kapitel schreibe (im Mai 2022) trifft das auf kein einziges Land zu. Aber noch ist es nicht zu spät! Laut Weltklimarat haben wir bis 2030 Zeit, um dieses Ziel zu erreichen.[89]

Egal, wo wir leben, egal, wo wir wählen, wir müssen die Politik weiter unter Druck setzen und dazu bringen, härtere Maßnahmen für den Klimaschutz zu ergreifen, als sie es bislang tut. Denn wir dürfen nicht vergessen: Es geht hier nicht darum, irgendwie abstrakt »die Welt« zu retten, sondern ganz konkret darum, den Lebensraum von uns Menschen und von unzähligen Tier- und Pflanzenarten zu erhalten. Unserem Planeten ist es herzlich egal, ob die Dinosaurier von einem Asteroiden oder die Tiger von Wilderern ausgerottet werden. Dem Planeten ist es auch egal, ob Korallenriffe absterben, weil die Ozeane zu heiß und zu sauer werden, oder ob ganze Landstriche verdorren, weil kein Regen mehr fällt. Wer wirklich am Ende des Tages unter den Folgen der menschengemachten Klimakrise leiden wird, sind wir selbst! Und wir sind die letzte Generation, die noch etwas bewegen kann, bevor es zu spät ist.

KAPITEL 10

ANGRIFF DER MARSIANER

Es ist der 30. Oktober 1938, 20 Uhr abends. Die Hörerinnen und Hörer des amerikanischen Radiosenders Columbia Broadcast Systems reißt es urplötzlich aus ihren Sesseln. Das Musikprogramm wird von merkwürdigen Eilmeldungen unterbrochen, in denen von Explosionen auf dem Mars die Rede ist. Kurze Zeit später berichtet ein Nachrichtensprecher von einem »Objekt«, das auf eine Farm in Grover's Mill, New Jersey, »gefallen« sei. Die Lage spitzt sich zu. Ein Korrespondent wird live aus Grover's Mill zugeschaltet. Er beschreibt »Kreaturen«, die einem Raumschiff entsteigen. Die Außerirdischen, ruft der Mann atemlos, beschießen Polizisten und Umstehende mit einer Art alles verbrennender Hitzestrahlen – dann bricht die Übertragung ab.[1]

Aahhh … Ihr ahnt es schon: Da kann etwas nicht mit rechten Dingen zugegangen sein. Aber erst mal weiter im unterhaltsamen CBS-Programm: In rascher Folge berichten »Updates« über eine Invasion von »Marsianern« und den vergeblichen Versuch des Militärs, sie aufzuhalten. Der erste Teil des Hörspieldramas *Der Krieg der Welten* – eine Adaption des Romanklassikers von H.G. Wells aus dem Jahr 1898 durch den Autor Howard Koch, inszeniert von dem jungen Regisseur Orson Welles – gipfelt in der Liveschaltung zu einer Radiostation im obersten Stockwerk eines Wolkenkratzers in Manhattan. Der Reporter spricht von Massen, die in den Straßen New Yorks vor giftigen Rauchwolken fliehen, von den gigantischen Kriegsmaschinen der Marsianer, von Menschen, die »fallen wie die Fliegen« – bis er selbst zu husten beginnt und schließlich verstummt. »Ist noch jemand da draußen …? Irgendwer da draußen …«, fleht eine andere Stimme. Stille.

Keine schlechte Dramaturgie. Aber warum erzähle ich das? Weil die Reaktionen auf das Livehörspiel irre waren. Um 20.32 Uhr, eine Minute bevor der Reporter in Manhattan seinen angeblich letzten Schnaufer tat, erhielt der Produzent einen Anruf, und die ersten Polizisten stürmten das CBS-Gebäude. Die Übertragung müsse umgehend abgebrochen werden. Der Grund: Im ganzen Land war es zu Panikreaktionen gekommen. Menschen verließen ihre Häuser auf der Flucht vor den Marsianern.[2] Kurz darauf fluteten Pressevertreter die CBS-Büros: Wie viele Tote? Man habe von Tausenden gehört … Orson Welles floh durch einen Hinterausgang. Das Programm wurde mit der Erklärung, es handele sich um reine Fiktion, schließlich fortgesetzt.

Welles stand bald mit einer saftigen Anklage vor Gericht – und am Beginn einer beispiellosen Karriere als Filmemacher.[3] Zu einer Massenpanik, wie die Zeitungen in den nächsten Tagen berichteten, war es allerdings nicht gekommen.[4] Heute kennt man den Romanklassiker, die wieder und wieder erzählte Geschichte eines Angriffs durch Marsianer und die vielen Hollywood-Verfilmungen mit und ohne Tom Cruise. Aber wie kann es sein, dass im Jahr 1938, als Einsteins Relativitätstheorie schon mehrfach bewiesen worden war und auch die Welt der Quantenphysik immer besser erforscht wurde, Menschen immer noch an Marsmännchen glaubten? Das hat wohl mit dem zu tun, was wir bis dahin über den Roten Planeten wussten: herzlich wenig.

DER MENSCH AUF DEM WEG ZUR INTERPLANETAREN SPEZIES

Die größte wissenschaftliche Herausforderung unserer Zeit (nach der Bekämpfung der Klimakrise) scheint es zu sein, andere Planeten zu erreichen und zu besiedeln. Davon träumten Astronomen sogar schon vor Hunderten von Jahren! 1609 schrieb Johannes Kepler (siehe Kapitel 2) die Erzählung *Somnium oder Der Traum vom Mond* und gilt damit als einer der ersten Science-Fiction-Autoren. Die Geschichte ist in Latein abgefasst und handelt von einer möglichen Besiedlung des Mondes.[5] Zugleich ist es eine Art Märchen, bevölkert von auf die Erde schauenden Mondbewohnern und einem Dämon als Geschichtenerzähler. So etwas war bei noch laufender Hexenverfolgung nicht ungefährlich, weshalb das Buch erst 1634, vier Jahre nach Keplers Tod, von seinem Sohn Ludwig veröffentlicht wurde.[6]

Inzwischen sind wir da einige Schritte weiter. Auf dem Mond waren wir bereits, und dass die ersten Menschen auf dem Mars herumspazieren, werden wir schon bald erleben. Wann? Das wollen wir uns in diesem Kapitel genauer anschauen, aber eins steht fest: Der erste Mensch, der den Mars betreten wird, lebt jetzt schon. Vielleicht liest sie oder er gerade sogar dieses Buch. Wenn dem so ist: Viel Glück! Und nimm dir reichlich zu trinken mit!

Aber erst mal ein paar Fakten zum Roten Planeten: Er misst 6791 Kilometer im Durchmesser, hat zwei (winzige) Monde – Deimos und Phobos – und ist im Schnitt 228 Millionen Kilometer von der Sonne entfernt, das sind rund 70 Millionen Kilometer mehr als die Erde.[7] Irgendwie fühle ich mich dort schon fast wie zu Hause. Geht es euch auch so? Tatsächlich ist der Mars derjenige Planet in unserem Sonnensystem, der die größten Ähnlichkeiten mit der Erde aufweist. Es gibt Täler, Sandwüsten und Vulkane. Der Olympus Mons ist mit 27 000 Metern sogar der höchste

Vulkan des Sonnensystems.[8] Es gibt Wind und Wolken, ein Tag ist 24 Stunden und 39 Minuten lang, und das Jahr hat 678 Erdentage. Da muss man zwar richtig lange auf seinen Geburtstag warten, aber dafür dauert der Sommer 180 Tage. Klingt doch gut, oder?

Neuere Beobachtungen des Mars-Rovers der NASA bestätigen die Existenz von gefrorenem Eis an den Polen. Früher einmal gab es auf dem Mars sogar flüssiges Wasser.[9] Und die Neigung der marsianischen Rotationsachse ist fast identisch mit der unseren! 25,19 Grad ist er zur Sonne »gekippt«, die Erde 23,44 Grad. Auch auf dem Mars gibt es deshalb Jahreszeiten.[10] Und wir müssten nicht mehr Diät halten: Auf dem Roten Planeten würden wir nur etwas mehr als ein Drittel unseres Gewichts auf die Waage bringen, genauer: 38 Prozent. Gut, es ist ein wenig kalt, im Durchschnitt 60 Grad unter null,[11] aber solche Werte erreichen wir in der Antarktis auch gerne mal.[12] Im Sommer klettern die Temperaturen in manchen Regionen auf dem Mars immerhin schon etwas über den Gefrierpunkt.

Würden wir auf dem Mars eine extrem gut isolierte Flasche Wasser öffnen, würde Folgendes passieren: Im Winter würde das Wasser in der Sekunde gefrieren, in der wir den Deckel abschrauben. Im Sommer würde es augenblicklich verdampfen.[13] Verdampfen? Bei null Grad? Das liegt an der dünnen Atmosphäre des Planeten, die zu über 95 Prozent aus CO_2 besteht, nur zu knapp drei Prozent aus Stickstoff und sogar nur zu 0,13 Prozent aus Sauerstoff.[14] Der atmosphärische Druck auf dem Mars beträgt durchschnittlich 0,00636 bar, also weniger als ein Hundertstel des Normaldrucks von 1,013 bar auf der Erde. Die Wassermoleküle können deshalb nicht dicht genug zusammengehalten werden, um flüssig zu sein. Ab null Grad würden sie direkt vom gefrorenen in den gasförmigen Aggregatzustand übergehen. Dennoch, der Mars *hat* eine Atmosphäre, die zumindest ein wenig gegen die Weltraumstrahlung schützt. Aber dazu später mehr.

In klaren Nächten können wir den Mars als hellen, roten bis orangefarbenen »Stern« am Nachthimmel erspähen, weil sein Boden viel Eisenoxid enthält. Das Eisen auf seiner Oberfläche kann tatsächlich oxidieren, also rosten, und verleiht dem Planeten so seine blutrote Erscheinung.[15] Deshalb gaben die Griechen ihm auch den Namen *Ares,* nach ihrem Kriegsgott, und die Römer, deren Kultur von der griechischen »inspiriert« wurde, taten es ihnen gleich und nannten den Roten Planeten *Mars.*[16] Dass wir uns dort bereits so gut auszukennen glauben, liegt an den Bildern und Videoaufnahmen, die uns die vielen Mars-Rover über die Jahre geliefert haben. Aber sicherlich hat auch Hollywood seinen Teil dazu beigetragen: *Der Marsianer* (2015), *Red Planet* (2000), *Total Recall* (1990) ... Science-Fiction-Nerds wissen natürlich: Die meisten dieser Streifen gehen zurück auf Stoffe, die Autoren wie H.G. Wells, Stanislaw Lem oder Phillip K. Dick schon viel früher entwickelten. Und dabei warfen sie erstaunlich weitsichtige Fragen auf: Lässt sich der Mars zum Beispiel, obwohl er fast frei von Sauerstoff und jeglicher Behaglichkeit ist, *terraformen,* also für Menschen bewohnbar machen? Könnten wir dort Sauerstoff und damit eine atembare Atmosphäre ähnlich der der Erde künstlich erschaffen? Arnold Schwarzenegger brauchte in *Total Recall* dafür noch ein von Aliens errichtetes und zurückgelassenes Umwandlungskraftwerk. In *Red Planet* erkennt Val Kilmer auf seiner schiefgelaufenen Marsmission, dass die von der Menschheit zuvor per Sonde dort ausgesetzten Algen von Insekten gefressen werden, deren Verdauung respektive deren Pupse offenbar genug Sauerstoff für die ganze Atmosphäre produzieren. Gar nicht so weit weg von dem, woran Wissenschaftlerinnen und Astrobiologen gerade arbeiten. Dem *Marsianer* Mark Watney alias Matt Damon gelingt es in seinem Überlebenskampf auf dem Roten Planeten gar, aus einer Mischung von Marserde und den Exkrementen der verblichenen Crew Kartoffeln zu züchten.

Abbildung 10.1:
Menschliches Leben auf dem Mars, wie der Weltraummaler Klaus Bürgle es sich 1976 vorstellte

Aber geht das wirklich? Können wir irgendwann auf dem Mars Biogemüse anbauen? Können wir atmen und einen Abendspaziergang mit unseren Kindern und dem West Highland Terrier unternehmen? Entspannt den Erd- oder Monduntergang genießen? Können wir den Mars wirklich bereisen, besiedeln – und beherrschen? Können wir mit Monster-Space-Trucks genügend Legosteine zum Bau von Siedlungen und Städten da hinaufkarren? Und falls ja: Wann? Wie lange wird die Reise dauern? Und zu welchem Preis fliegt Easyjet uns dahin?

WARUM WIR BALD WIEDER ZUM MOND FLIEGEN

Aktuell beißen sich Raumfahrtbehörden wie NASA und ESA sowie private Unternehmen wie SpaceX die Zähne an der Marsbesiedlung aus. Dabei haben wir den Mond, unseren Erdtrabanten, schon vor mehr als einem halben Jahrhundert besucht! Am 20. Juli 1969 landete dort die erste bemannte Raumfahrtmission. Neil Armstrong betrat als erster Mensch einen anderen Planeten und sagte dabei den berühmten Satz: »Es ist ein kleiner Schritt für einen Menschen, ein gewaltiger Sprung für die Menschheit.«[17]

Da schwappt eine berechtigte Frage hoch: Warum gab es zwischen 1961 und 1972 so viele Mondmissionen – und danach praktisch kaum noch welche? Die traurige Antwort: weil Krieg herrschte. Der *Kalte Krieg* zwischen den atomaren Supermächten USA und Sowjetunion und den beiden Wirtschaftssystemen Kapitalismus und Kommunismus. Die Welt hatte sich nach dem Zweiten Weltkrieg aufgespalten in West und Ost, in die Militärbündnisse NATO und Warschauer Pakt. Mitten durch Europa, mitten durch Deutschland verlief der »Eiserne Vorhang«.*

Warum die Vereinigten Staaten Anfang der 60er-Jahre plötzlich den Mond erobern wollten? Auslöser war ein mysteriöses Signal aus dem All, das Funkamateure am 4. Oktober 1957 mit ihren Radioantennen auffingen. Kein Scherz: Auf den Frequenzen 20 und 40 MHz waren eindeutig Pieptöne zu vernehmen, deren Ursprung irgendwo im Orbit liegen musste. Es waren die Geräusche, die der erste menschengemachte Erdsatellit auf seiner Umlaufbahn hinterließ. *Sputnik 1* war eine knapp 60 Zentimeter große und 86 Kilo schwere Aluminiumkugel, die die Erde fortan alle 96 Minuten umrundete.[18]

Die Russen waren im All! Hatte der Westen die Sowjetunion in technischen Dingen gerade noch als absolut rückständig betrachtet, war er jetzt eines Besseren belehrt. »Dass Menschen so etwas machen konnten, dass die Russen die Ersten waren, ob und wie das die Welt verändern kann und was nun kommen wird. Das ist die Frage, vor der die ganze Menschheit steht«, kommentierte der Berliner Sender RIAS.[19]

* Mit den Kriegen in Korea (1950–53) und Vietnam (1964–75) erlebte der Kalte Krieg allerdings durchaus auch »heiße« Phasen.

Abbildung 10.2:
Sputnik 1, der erste Satellit im All

Das Ereignis ging als der *Sputnik-Schock* in die Geschichte der Raumfahrt ein. Auch wenn die beiden Supermächte bereits seit 1955 angekündigt hatten, Satelliten in die Erdumlaufbahn katapultieren zu wollen, hatte im Westen doch niemand damit gerechnet, dass die Russen den Amerikanern zuvorkommen würden.

Auch der erste Mensch im All war ein Russe: der Kosmonaut Juri Alexejewitsch Gagarin.* Am 12. April 1961 wurde das Raumschiff *Wostok 1* vom Weltraumbahnhof Tjuratam, dem heutigen Baikonur, ins All geschossen. Der 1,57 Meter große Pilot umrundete darin in 106 Minuten einmal die Erde und landete anschließend in der Nähe der Stadt Saratow.[20] Zwei Jahre später brachte die Sowjetunion auch die erste Frau in den Erdorbit: Walentina Tereschkowa verbrachte bereits ganze 70 Stunden im All.[21]

Die Antwort der Amerikaner folgte prompt. Fieberhaft tüftelten die Wissenschaftler der NASA fortan an der Eroberung des Mondes. Dahinter mag der Ehrgeiz gesteckt haben, dass der erste Mensch dort oben bitte kein Kommunist sein solle. Oder vielleicht die Angst, künftige Kriege könnten auch im All ge-

* In der DDR und in der Sowjetunion nannte man Astronauten eher Kosmonauten. Das chinesische Äquivalent sind die Taikonauten.

führt und entschieden werden. Geld spielte im Wettlauf der Systeme für die Amerikaner jedenfalls keine Rolle mehr.

Die Geschichte der Mondmissionen, zunächst unbemannt, ist gekennzeichnet von einer ganzen Reihe von Fehlschlägen. Die erste Rakete *Pioneer 0* der USA explodierte 1958 nach nur 73 Sekunden Flugzeit.[22] Ursprünglich geplant war ein »Vorbeiflug« am Erdtrabanten. Russen wie Amerikaner schossen ein ums andere Projektil ins All, doch meistens versagten die Dinger schon kurz nach dem Start, oder sie wiesen andere Fehlfunktionen auf: Die *Ranger 6* der NASA sollte 1964 bei einer Kamikaze-Mission hart auf dem Mond aufschlagen und vorher so viele Bilder wie nur möglich von dessen Oberfläche liefern. Am 2. Februar 1964 schlug die Sonde auch tatsächlich auf dem Mond auf, nur sorgte ein Kurzschluss, der sich wenige Tage zuvor ereignet hatte, dafür, dass sie nicht ein einziges brauchbares Foto lieferte.[23] Ihrem Nachfolger, der *Ranger 7,* gelangten mit derselben brachialen Methode immerhin schon 4300 Nahaufnahmen.[24]

1967 konnten bereits »weiche« Landungen auf dem Mond durchgeführt werden. *Surveyor 5* und *Surveyor 6* lieferten nicht nur Bilder, sie nahmen und analysierten sogar Bodenproben. *Apollo 8* und *Apollo 10* brachten dann 1968 und 1969 die ersten Astronauten in die Umlaufbahn des Mondes. *Apollo 11* setzte schließlich beherzt zur ersten erfolgreichen Landung an: eine Sensation, die unsere Eltern und Großeltern live am Bildschirm mitverfolgten. Die Amerikaner hatten das Rennen gemacht. Der Jubel war groß, die Apollo-Missionen gingen weiter. Die Sowjetunion schickte übrigens nie auch nur einen einzigen Menschen zum Mond, wahrscheinlich aus Geldmangel.[25]

Am 7. Dezember 1972 fand mit der Landung von *Apollo 17* die bisher letzte bemannte Mondlandung statt: Ende Gelände. Der Wettlauf der Supermächte war gelaufen, die bemannten Missionen wurden eingestellt. Aber warum? Zum einen sicher, weil keine Notwendigkeit mehr dazu bestand. Der Mond war im Kalten Krieg eben doch kein strategisch wichtiger Ort. Zum anderen waren diese Missionen sehr kostspielig.

Natürlich gab es weitere Flüge, allerdings ohne Besatzung. Indien, China, Japan und die Europäische Raumfahrtbehörde ESA brachten noch in den 2000ern »Orbiter« zum Mond: Raumsonden, die zum Teil Daten lieferten. Und für die Zukunft sind neue Missionen geplant. Nur tauchen dabei jetzt plötzlich Privatunternehmen auf, etwa das Unternehmen *SpaceX*. Die Firma von Elon Musk plant mit dem wiederverwendbaren Raumschiff *Starship* 2023 einen bemannten Vorbeiflug am Mond, Projektname *Dear Moon*. Mit an Bord soll unter anderem der japanische Milliardär Yusaku Maezawa sein.[26] Das ist eine neue Dimension: Statt ausgebildete Wissenschaftlerinnen und Astronauten zu Forschungszwecken ins All zu schicken, werden nun Privatleute als Touristen zum Mond befördert.

Doch auch die NASA hat mit ihrem *Artemis-Programm* wieder Großes vor: Für das Jahr 2024 ist die Errichtung einer zweiteiligen Mondstation geplant. Zunächst soll *Gateway* in die Umlaufbahn des Mondes geschossen werden, eine Raumstation, die den Trabanten elliptisch umkreisen wird.[27] *Gateway* dient als Brücke zum Mars und ist modular erweiterbar: Im Laufe der Jahre können neue Ausrüstung, Forschungsstationen etc. hinzugefügt werden. Auf der Oberfläche des Mondes wird anschließend eine Basis errichtet, von der aus Astronautinnen und Astronauten aus aller Welt unseren grauen Trabanten noch in diesem Jahrzehnt so intensiv werden erforschen können wie nie zuvor. Ebenfalls vorstellbar ist, dass der Mond irgendwann als eine Art »Verkehrsknotenpunkt« für weitere bemannte Missionen durch unser Sonnensystem genutzt wird.[28] Spätere Marsmissionen fliegen dann erst mal dorthin, tanken auf und machen sich anschließend auf den Weg zum Roten Planeten. Bevor wir also den Mars besiedeln, ist der Mond dran, und das werden wir schon in den kommenden Jahren erleben! Auch wenn es gerade so aussieht, als würde es nicht 2024, sondern eher 2026 losgehen.[29]

WENN REICHE MÄNNER ASTRONAUT SPIELEN

Wir leben in einem neuen Zeitalter der Raumfahrt. Alles begann im September 2008, als der gebürtige Südafrikaner Elon Musk, mittlerweile US-amerikanischer Unternehmer und der reichste Mensch der Welt,[30] ein Spaceshuttle in die Erdumlaufbahn schickte. Kurz vorher hatte die von ihm gegründete Firma *Space Exploration Technologies Corporation*, kurz *SpaceX*, noch vor dem finanziellen Ruin gestanden.[31] Doch nun erhielt sie einen Vertrag mit der NASA über 1,6 Milliarden US-Dollar,[32] damit sie die Raumstation ISS mit Personal und Vorräten versorgte. Damit war *SpaceX* vor der Insolvenz gerettet und das neue Zeitalter eingeläutet.

Musks Firma konnte Konkurrenten wie *Boeing* oder *Lockheed Martin* ausstechen, weil sie nicht nur weitaus günstigere Raketen baute, nein, sie setzte auch alles daran, die ersten wiederverwertbaren Exemplare zu entwickeln. 2015 schafften sie es tatsächlich, eine ihrer Falcon-9-Raketen unversehrt auf die Erde zurückzubringen.[33] Mit Musks Erfolgen in diesem Bereich begann ein regelrechter Wettlauf der Milliardäre bei der Eroberung des Weltalls.

Auch der britische Unternehmer Richard Branson hat Weltraumgeschichte geschrieben. Als erster Milliardär flog er im Juli 2021 mit dem Raumschiff *VSS Unity* seiner Firma *Virgin Galactic* in etwa 86 Kilometern Höhe um die Erde.[34] Es handelte sich dabei um einen suborbitalen Flug, was bedeutet, dass das Raumschiff nicht schnell genug war, um in eine stabile Umlaufbahn zu gelangen. Um die Erde zum Beispiel in etwa 200 Kilometern Höhe auf einem stabilen Orbit zu umkreisen, ist eine Geschwindigkeit von 28 000 km/h notwendig (wir erinnern uns aus Kapitel 3 daran).[35] Bransons Fluggerät erreichte aber gerade mal 3700 km/h.[36] Das Ganze war nicht zuletzt ein PR-Gag für seine Firma, die genau solche Flüge für Weltraumtouristen anbieten möchte. Ein Ticket soll schlappe 450 000 US-Dollar kosten.[37]

Mit seiner Weltraumpremiere kam Richard Branson seinem Konkurrenten, dem Amazon-Gründer Jeffrey Bezos, um neun Tage zuvor. Bezos brach am 20. Juli 2021 mit dem *New Shepard*-Raumschiff seiner eigenen Weltraumtourismus-Firma *Blue Origin* ebenfalls zu einem suborbitalen Flug auf,[38] um sich und seinen Passagieren in der Schwerelosigkeit – 107 Kilometer über der Erde – Süßigkeiten in den Mund zu werfen.[39] Ein kleiner Schritt für ihn, eine große Peinlichkeit für die Menschheit.

Oft heißt es in Artikeln, Bezos und Branson seien »an die Grenze des Weltalls« geflogen.[40] Eine international einheitliche Definition, wo der Weltraum

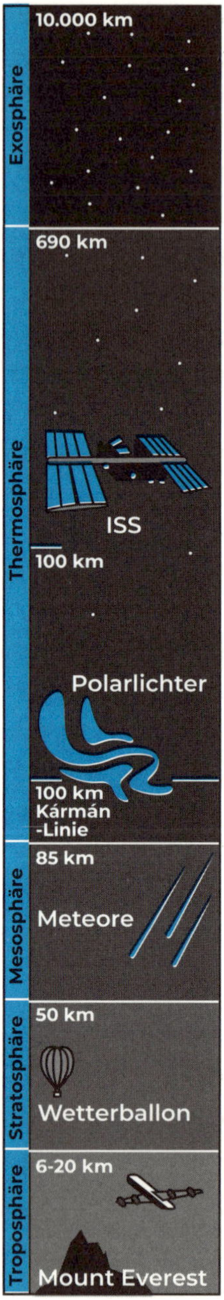

Abbildung 10.3:
Wo beginnt der Weltraum?

anfängt, gibt es aber gar nicht. Am ehesten wird die sogenannte *Kármán-Linie* als imaginäre Markierung des Übergangs von Erdatmosphäre zu Weltall verstanden. Sie liegt etwa 100 Kilometer über dem Meeresspiegel.[41]

Waren Bezos und Branson also nun im Weltall oder nicht? Schwierig zu sagen. Bezos schaffte es zumindest über die Kármán-Linie, was das kosmische Äquivalent dazu ist, den kleinen Zeh ins Wasser zu halten. Bezos kam höher, Branson war früher.

Was wir definitiv festhalten können: Es gibt einen neuen Wettlauf ins All, diesmal nicht angetrieben vom Krieg zwischen zwei Supermächten, sondern von der Profitgier der reichsten Menschen auf unserem Planeten. Denn vor allem die Flüge von Bezos und Branson waren primär eins: Werbung für ihre Tourismusfirmen. Deshalb schickte Bezos im Oktober 2021 auch noch William Shatner ins All, den Captain Kirk aus der legendären Science-Fiction-Serie S*tar Trek*, die bei uns in den 60er-Jahren zunächst unter dem Titel *Raumschiff Enterprise* bekannt wurde.[42]

Auch Elon Musk scheut vor solchen Publicity-Aktionen nicht zurück: 2012 brachte SpaceX 300 Urnen mit der Asche von Verstorbenen, unter ihnen James Doohan, dem Darsteller des Scotty – ebenfalls Crew-Mitglied im *Raumschiff Enterprise* –, ins Weltall.[43] Und 2018 ließ Musk mit dem ersten Flug der *Falcon Heavy*-Trägerrakete seinen Tesla Roadster, einen elektronisch betriebenen Sportwagen, auf einen eigenen Orbit um die Sonne schießen.[44] Auf dem Fahrersitz sitzt eine Schaufensterpuppe mit dem Spitznamen *Starman*. Sie trägt einen Raumanzug und hörte David Bowies *Space Oddity* in Dauerschleife, solange es die Batterie des Teslas noch tat.[45] Die aktuelle Position des Wagens auf seiner Umlaufbahn um die Sonne kann über die Website *whereisroadster.com* jederzeit abgerufen werden. Forschende befürchteten eine Zeit lang, dass das Auto irgendwann auf dem Mars einschlagen und so den Roten Planeten bakteriell kontaminieren könnte, da es vor dem Abflug nicht ausreichend sterilisiert worden war.[46] Eine neue Studie ergab aber, dass es am ehesten wieder auf der Erde landen wird, und zwar innerhalb der nächsten zehn Millionen Jahre.[47] Wobei davon auszugehen ist, dass der Roadster beim Eintritt in die Erdatmosphäre fast vollständig verglühen wird – also kein Grund zur Panik.

So richtig ehrgeizige Pläne hat Elon Musk aber für den Mars: SpaceX will dort eine autarke Weltraummetropole bauen, in der irgendwann mal eine Million Menschen leben sollen.[48]

Auch wenn ich es durchaus kritisch sehe, dass wir Teile unserer Zukunft in die Hände der Reichsten unter den Superreichen legen, so ist mir doch ein Wettlauf zwischen Milliardären immer noch lieber als ein Wettlauf zwischen zwei Nationen auf Kriegsfuß. Dennoch sollten wir uns die Frage stellen, ob wir überhaupt auf dem Mars leben wollen. Wie realistisch ist das Vorhaben, die Menschheit zu einer interplanetaren Spezies zu machen? Und sollten wir nicht lieber erst mal unseren eigenen Lebensraum auf der Erde schützen, bevor wir versuchen, einen neuen auf dem Mars zu errichten?

DER MARS ZU GAST IN BREMEN

Ein riesiger, weithin sichtbarer Turm krönt das ZARM an der Universität Bremen. Ich öffne die Glastür, die mich ins Gebäude des *Zentrums für Angewandte Raumfahrttechnologie und Mikrogravitation* bringt, und werde von einer freundlich grinsenden Wissenschaftlerin mit pinken Haaren begrüßt. Ich bin hier auf Dreharbeiten für die Webdoku-Reihe *Tomorrow Now* des SWR, die man kostenlos in der ARD-Mediathek abrufen kann.[49] Christiane Heinecke führt mich durch die große Halle, in deren Mitte der 120 Meter hohe Fallturm steht, in dem Forschende aus den Bereichen Astrophysik, Biologie, Chemie oder Verbrennungsforschung überprüfen, wie sich ihre Geräte im freien Fall aus großer Höhe verhalten. Dabei sind die Objekte nämlich für etwa fünf Sekunden nahezu schwerelos, es herrschen also kurzzeitig fast die gleichen Bedingungen wie im Weltall.[50] Doch den Turm lassen wir links liegen und gehen weiter in eine große Lagerhalle, in der die *MaMBA* steht (kurz für *Moon and Mars Base Analog*), das Projekt der Geophysikerin: Christiane Heinecke entwickelt ein realistisches Habitat für Mond und Mars, also eine extraterrestrische Station, in der Menschen längere Zeit leben könnten. Auf den ersten Blick sieht dieses neue Weltraum-Zuhause ziemlich unspektakulär aus: wie ein großes, silbernes Getreidesilo, komplett ohne Fenster. Innen wurde auf engstem Raum ein effizientes Labor aufgebaut, eine steile Treppe führt in den zweiten Stock, wo ein Feldbett steht, und wenn man einige Platten von den Wänden entfernt, entdeckt man einen Hohlraum, in dem Platz für lebenserhaltende Systeme sein könnte. Zum Beispiel Sauerstoff produzierende Cyanobakterien, bekannter unter dem Namen Blaualgen. Genau daran forscht Christiane Heineckes französischer Kollege Cyprien Verseux. In seinem Labor auf dem ZARM-Gelände zeigt er mir jede Menge Reagenzgläser mit einer bläulich-grünen Flüssigkeit, die bei unterschiedlichen Temperaturen aufbewahrt werden. Erinnert ihr euch an die Sauerstoff pupsenden Algen aus *Red Planet?* Der Astrobiologe simuliert die Atmosphäre des Mars, um zu überprüfen, unter welchen Bedingungen sich die Cyanobakterien vor Ort am besten vermehren könnten. Die Idee dahinter: Die Blaualgen sollen, genau wie sie es auch hier auf der Erde tun, Sonnenlicht per Fotosynthese in Sauerstoff umwandeln. Wenn alles gut geht, muss man womöglich nur einen Tropfen Bakterien zum Mars mitnehmen, damit die Astronautinnen und Astronauten irgendwann autark atmen können, sagt Cyprien Verseux.[51] Wie lange das dauern wird? Nach etwa zehn Jahren könnte man genug Blaualgen und entsprechend genug Sauerstoff für eine ganze Marsstation haben.

Warum aber forschen Heinecke und Verseux hier in Bremen gemeinsam an Überlebensbedingungen auf dem Mars? Das kommt nicht von ungefähr: Die beiden haben sich 2015 beim Marssimulationsprojekt *HI-SEAS IV* der NASA auf Hawaii kennengelernt. 366 Tage lebten sie mit vier anderen Forschenden in einem gerade mal 100 Quadratmeter großen, fensterlosen Zelt, um die Verhältnisse einer Marsmission möglichst realgetreu nachzustellen. Sechs Menschen, zusammengepfercht auf 100 Quadratmetern, das klingt jetzt erst mal wie der ganz normale Alltag jeder zweiten Studi-WG, ist tatsächlich aber weitaus unangenehmer und auch riskanter. Hinzu kam nämlich noch, dass die Kommunikation mit dem *Mission Control Center* zeitversetzt stattfand. Wenn man auf dem Mars ist, braucht jede Nachricht, die man zur Erde schickt, mindestens drei Minuten und die Antwort dann wieder drei Minuten. Ist nicht so dramatisch? Na ja, zum Beispiel bei einem medizinischen Notfall kann eine derartige Zeitverzögerung über Leben und Tod entscheiden. Außerdem sind Videoanrufe mit Freunden oder der Familie unmöglich, was das Gefühl der Abgeschnittenheit bei den Teilnehmenden noch verstärkte.

Als Basis für die Marssimulation wurde der Hang des 4160 Meter hohen Vulkans Mauna Loa gewählt, weil die staubtrockene, steinige Landschaft der Oberfläche des Mars sehr ähnlich ist. Jeder Spaziergang nach draußen musste Monate im Voraus geplant und konnte nur im Raumanzug mit externer Luftzufuhr durchgeführt werden.

Nach einem Jahr der Isolation auf engem Raum beschlossen die beiden Forschenden, die zukünftigen Lebensumstände auf fremden Planeten zu optimieren. Cyprien Verseux machte sich daran, die Bedingungen der Sauerstoffproduktion durch Blaualgen auf dem Mars zu untersuchen, und Christiane Heinecke entwickelte ein komfortables zweistöckiges Wohnmodul als Basis für die Besiedlung von Mond und Mars. So soll die geringe

Abbildung 10.4:
Konzeptgrafik von Christiane Heineckes MaMBA im Einsatz

Grundfläche der Station optimal ausgenutzt und Einzelnen die Gelegenheit gegeben werden, sich auch mal zurückzuziehen – was in dem Zelt auf Hawaii unmöglich war.

Das Wohnmodul kann mit weiteren Modulen zu einer größeren Forschungsstation verbunden werden (siehe Abbildung 10.4), in der zusätzlich Platz ist für ein Labor, Freizeitaktivitäten sowie Küche und Lager.[52] Das große Highlight: Eins der Module soll sogar ein kleines, kreisrundes Fenster bekommen, durch das man die Außenwelt betrachten kann.

Aber warum bauen sie nicht einfach ein großes Panoramadach, um den marsianischen Nachthimmel in voller Schönheit bewundern zu können? Das wird wohl unmöglich sein. Grund dafür ist die Weltraumstrahlung, eine hochenergetische Mischung aus Protonen, Elektronen und ionisierten Atomen, die von der Sonne, der Milchstraße und anderen, weiter entfernten Galaxien ausgeht. Auf der Erde haben wir kein Problem damit. Von tausend Teilchen, die pro Sekunde und Quadratmeter herniederprasseln, gelangt nur ein Bruchteil zu uns, und der ist kaum messbar. Der Großteil wird von der Erdatmosphäre und dem Magnetfeld, das die Erde umgibt, verschluckt.[53] Im All und auch auf dem Mars fehlen diese natürlichen Schutzschilde oder sind deutlich schwächer als hier. Bewohner des Mars wären der Strahlung permanent ausgesetzt. Wie schädlich diese für den menschlichen Körper ist, wissen wir aber noch gar nicht so genau.[54] Die NASA schätzt, dass Astronautinnen und Astronauten im Weltall unter einer Strahlenlast leiden, die 150 bis 6000 Röntgenaufnahmen des Brustkorbs entspricht![55] Fakt ist: Ab einer gewissen Strahlenkonzentration wird das Erbgut von Zellen zerstört,[56] was mit einem erhöhten Risiko für Krebs und andere potenziell tödliche Krankheiten einhergeht. Deshalb wäre ein Panoramadach auf der Marsstation eine schlechte Idee, denn Glas blockiert diese Strahlung nicht. Wir könnten uns aber davor schützen, wenn wir unterirdisch bauen oder einen steinernen Schutzwall um das Habitat errichten würden (wie es auch in Christiane Heineckes Modell vorgesehen ist). Das hätte dann zwar nicht mehr so viel mit den coolen Sci-Fi-Visionen zu tun, die man aus Comics und Filmen kennt, aber wenn ich die Wahl habe zwischen einer tollen Aussicht und einem längeren Leben, dann fällt mir die Entscheidung doch relativ leicht.

WANN LEBEN WIR ENDLICH AUF DEM MARS?

Eine Besiedlung des Mars, egal in welchem Umfang, müsste sich letzten Endes auf fünf Säulen stützen: Energie, Baumaterial, Wasser, Sauerstoff und Nahrung. Vier dieser fünf Säulen, so eine Studie zweier amerikanischer Planetenforscher aus dem Jahr 2019, sind prinzipiell auf dem Mars bereits zu finden.[57] *Energie* lässt sich durch Fotovoltaikanlagen über die Sonne generieren; die Mars-Rover der NASA und einige Satelliten über dem Roten Planeten werden schon jetzt nur durch Sonnenlicht angetrieben.[58] Vermutlich wären aber noch einige Atomkraftwerke nötig, wenn wir wirklich eine Mars-Metropole mit einer

Million Menschen am Laufen halten wollten, wie es Elon Musk vorschwebt. *Baumaterial* gibt es ebenfalls vor Ort, in Form der Steine, die wir auf der Oberfläche des Mars finden. *Wasser* könnte man aus Mineralien im Boden oder von den Eiskappen am Nordpol gewinnen, und aus dem Kohlendioxid in der Atmosphäre oder aus besagten Blaualgen ließe sich *Sauerstoff* generieren.

Die nach wie vor größte Herausforderung für die Wissenschaft stellt die fünfte Säule dar: *Nahrung*. Wie könnten wir die Menschen auf dem Mars ernähren, ohne ständig auf Lieferungen von der Erde angewiesen zu sein? Der Plan von SpaceX sieht vor, zunächst eine aus zwölf Personen bestehende Crew hochzuschicken und dann etwa alle 26 Monate, wenn sich Mars und Erde am nächsten sind,* jeweils etwa 100 bis 200 Passagiere folgen zu lassen, sodass in 50 bis 100 Jahren eine Million Bewohner erreicht wären.[59] Doch ein echter Plan, wie sich die zukünftige Millionenstadt autark ernähren könnte, existiert bislang nicht.

Laut dem Ernährungsreport des Bundesministeriums für Ernährung und Landwirtschaft nehmen 64 Prozent aller Deutschen täglich Milchprodukte wie Käse oder Joghurt zu sich. 28 Prozent essen täglich Fleisch, sechs Prozent ernähren sich vegetarisch und nur ein Prozent vegan.[60] Wer von uns Deutschen zum Mars will, muss sich also wahrscheinlich auf eine Ernährungsumstellung gefasst machen, denn Nutztiere dort hochzubringen wäre viel zu ineffizient. Studien, die sich mit einer möglichen Besiedlung des Roten Planeten befassen, gehen davon

* Mars und Erde sind im Verlauf eines Jahres unterschiedlich weit voneinander entfernt, weil sie die Sonne unterschiedlich schnell umkreisen. Im »besten« Fall trennen uns nur rund 55 Millionen Kilometer, im »schlechtesten« satte 400 Millionen Kilometer. Deshalb muss man eine Marsmission auch sehr exakt timen, denn das Raumschiff soll ja die kürzestmögliche Strecke zum Roten Planeten zurücklegen – wofür es immer noch etwa neun Monate brauchen wird. Auch eine Abreise ist nicht zu jedem Zeitpunkt möglich, da man erneut abwarten muss, bis sich die beiden Planeten wieder annähern.

aus, dass es auf eine vegane Ernährung hinauslaufen wird.[61] Um das in großem Stil auf dem Mars umsetzen zu können, müssten die ersten Forschungsmissionen austesten, ob es möglich ist, die marsianische Erde durch Einsatz von Düngemitteln in fruchtbaren Mutterboden für den Gemüseanbau umzuwandeln. Aber es gibt auch Pläne, wie die zukünftigen Marsbewohner vielleicht doch noch an Fleisch kommen könnten, und zwar in Form von Insekten und Laborfleisch. Insekten, da sie hocheffizient sind im Hinblick auf Transport und Kultivierung: Man benötigt nur wenig Wasser, Platz und Futtermittel, um sie zu züchten. Speziell die Hausgrille, eine Heuschrecke von etwa 16 bis 20 Millimetern Größe, ist offenbar besonders gut geeignet, um zu proteinreicher Nahrung verarbeitet zu werden.[62] Laborfleisch, auch *Clean Meat* oder *In-vitro-Fleisch* genannt, kann hingegen in großen Mengen synthetisch hergestellt werden. Dabei werden unter künstlichen Bedingungen Zellkulturen herangezogen, die tierisches Fleisch imitieren können. Zu diesem Zweck wird Tieren zunächst Muskelgewebe entnommen, aus dem Stammzellen extrahiert werden. In einem sogenannten Bioreaktor vermehrt man diese Zellen und lässt sie schließlich zu einer größeren Masse, einem Stück Fleisch, zusammenwachsen. Der springende Punkt beim In-vitro-Fleisch: Es ist kein Ersatzprodukt wie die Veggie-Patties aus Erbsenprotein, die mittlerweile in fast allen Supermärkten zu finden sind. Laborfleisch ist – technisch gesehen – echtes Fleisch. Nur dass für dessen Herstellung hoffentlich dann kein Regenwald mehr abgeholzt und keine Kuh mehr getötet werden muss. Das sollte zumindest das Ziel sein. Aktuell müssen die Kälber, deren Serum als Nährmedium für die Zellkulturen dient, für dessen Gewinnung noch getötet werden.[63] Und ob Laborfleisch letztlich gesund ist, lässt sich noch gar nicht sagen, da es bisher von niemandem über längere Zeit konsumiert wurde.

In der Europäischen Union hat noch keine Firma einen Antrag auf Zulassung eines solchen Lebensmittels gestellt.[64] Eine mögliche Zivilisation auf dem Mars könnte mit In-vitro-Fleisch jedoch eine wichtige Nahrungsquelle selbstständig vor Ort produzieren. Die niederländische Firma *Mosa Meat* wirbt auf ihrer Website damit, dass sie aus 0,5 Gramm »Ausgangsmaterial«, das sie einer Kuh unter Narkose entnehmen, 80 000 Burger produzieren können.[65]

2021 investierte die EU zwei Millionen Euro in Forschungsprojekte rund um die Herstellung von In-vitro-Fleisch.[66] Dieses sogenannte Clean Meat könnte womöglich nicht nur auf dem Mars, sondern auch auf der Erde eine Menge Probleme lösen. Doch ob das Fleisch wirklich so »clean« und klimafreundlich ist, wie der Name suggeriert, wissen wir noch gar nicht. Einige Studien prognostizieren einen klaren Rückgang der Treibhausgasemissionen durch einen Umstieg auf Laborfleisch, andere gehen sogar von einem Anstieg aus.[67] Das liegt daran, dass es noch kein industrielles Verfahren gibt, mit dem Laborfleisch in großem Stil hergestellt werden kann. Jede Studie zur antizipierten Ökobilanz des Fleischersatzes muss also mit hypothetischen Komponenten arbeiten, was die Berechnung äußerst kompliziert macht.[68] Und natürlich ist In-vitro-Fleisch auch alles andere als vegan, wenn das »Ausgangsmaterial« von einem echten Tier stammt.

Aber zurück zum Mars. Unabhängig davon, wann die autarke Ernährung einer Millionenstadt dort realisierbar wird, scheint Leben auf dem Roten Planeten generell nicht nur möglich zu sein, sondern der erste Schritt dahin ist so absehbar wie nie. SpaceX und Elon Musk verschieben ihre Prognose zwar immer wieder nach hinten (aktuell gehen sie von 2029 aus[69]), doch die NASA hält an den 2030er-Jahren als Zeitraum für die erste Landung auf dem Mars fest.[70] Dennoch sollten wir uns nichts vormachen: Wir werden den Mars sicher nicht innerhalb kürzester Zeit in eine Art zweite Erde verwandeln können. Um ihn zu einem wirklich bewohnbaren Ort zu machen, müsste am besten sein einst verlorenes Magnetfeld reaktiviert werden. Erst dann ließe sich seine Atmosphäre so manipulieren und *terraformen,* dass wir tatsächlich in ihr atmen könnten. Leider ist es jedoch mit keiner heute existierenden Technologie möglich, ein Magnetfeld auf dem Mars aufzubauen.[71]

Aber kein Grund zur Verzweiflung! Denn es gibt ja einen Planeten, der wie für uns gemacht ist. Mit Luft zum Atmen, Wasser zum Trinken und einem Boden, der perfekt für unsere Landwirtschaft geeignet ist. Und das Beste: Wir müssen uns nicht in ein Raumschiff setzen und monatelang durchs All fliegen, um ihn zu erreichen. Wir sind bereits da. Die Erde ist das beste Zuhause, das wir haben können. Nicht zu kalt und (noch) nicht zu heiß. Die blaue Kugel, die in perfektem Abstand zu unserer Sonne beständig durchs Universum gleitet, ermöglicht uns und unzähligen weiteren Arten das Leben. Und diesen Planeten, den gilt es zu beschützen.

Versteht mich nicht falsch: Ich liebe die Raumfahrt, und wir sollten meiner Meinung nach unbedingt den Mars weiter erforschen! Würden wir dort Spuren von außerirdischem Leben finden, wäre das der größte Sensationsfund in der Geschichte der Wissenschaft. Bislang ist die Erde schließlich der einzige Ort im Universum, von dem wir wissen, dass er Leben beheimatet. Bei schätzungsweise 100 Milliarden Planeten allein in unserer Galaxie[72] wäre es aber durchaus denkbar, dass wir nicht allein sind.

Wenn nachfolgende Generationen die rote Wüste wirklich in die erste außerirdische menschliche Siedlung verwandeln, wäre das nur der nächste logische Schritt für unsere Spezies, die scheinbar immer nach neuen Herausforderungen sucht. Doch wir dürfen nicht vergessen, dass es bereits einen perfekten Lebensraum für uns gibt.

Ich persönlich bin optimistisch, dass wir beides schaffen können. Wenn wir auf die Wissenschaft vertrauen, Fakten von Falschinformationen trennen und unser Verhalten korrigieren, wo wir Fehler gemacht haben, können wir die schlimmsten Folgen der Klimakrise noch verhindern und von mir aus auch den Mars besiedeln. Heureka!

ANMERKUNGEN

Alle Übersetzungen stammen vom Autor.

Kapitel 1

1 DeGrasse Tyson, Neil (2017): *Astrophysics for People in a Hurry,* Norton & Company, S. 17.
2 https://www.swinburne.edu.au/news/2021/08/Is-space-infinite-we-asked-5-experts.
3 https://www.angio.net/pi/whynotpi.html.
4 https://www.scientificamerican.com/custom-media/biggest-questions-in-science/the-founder-of-cosmic-inflation-theory-on-cosmologys-next-big-ideas/.
5 https://www.space.com/42261-how-did-inflation-happen-anyway.html.
6 https://phys.org/news/2015–02-big.html.
7 https://www.physicsoftheuniverse.com/topics_bigbang_timeline.html.
8 https://www.deutschlandfunk.de/george-lemaitre-vor-125-jahren-geboren-der-jesuit-mit-dem-100.html.
9 https://mathshistory.st-andrews.ac.uk/Biographies/Lemaitre/.
10 https://www.latimes.com/archives/la-xpm-2001-aug-23-me-37483-story.html.
11 https://www.khanacademy.org/humanities/big-history-project/big-bang/how-did-big-bang-change/a/edwin-hubble.
12 https://www.biography.com/news/edwin-hubble-biography-facts.
13 https://www.mtwilson.edu/building-the-100-inch-telescope/.
14 https://www.britannica.com/biography/Henrietta-Swan-Leavitt.
15 https://www.physicsoftheuniverse.com/scientists_hubble.html.
16 https://imagine.gsfc.nasa.gov/educators/programs/cosmictimes/online_edition/1929/andromeda.html.
17 https://starchild.gsfc.nasa.gov/docs/StarChild/questions/redshift.html.
18 https://www.deutschlandfunk.de/hubble-konstante-was-stimmt-nicht-mit-der-expansion-des.740.de.html?dram:article_id=482663.
19 http://ircamera.as.arizona.edu/NatSci102/NatSci102_2009/images/extgamow.htm.
20 Alpher, R. A. (1948): *A Neutron-Capture Theory of the Formation and Relative Abundance of the Elements,* Physical Review 74, 1577, Dez. 1948, https://journals.aps.org/pr/abstract/10.1103/PhysRev.74.1577.
21 http://articles.adsabs.harvard.edu/cgi-bin/nph-iarticle_query?1997ASPC..129...84W&defaultprint=YES&filetype=.pdf.
22 https://paw.princeton.edu/article/rally-round-cannon-cosmic-consciousness.
23 http://articles.adsabs.harvard.edu/cgi-bin/nph-iarticle_query?1997ASPC.129...84W&defaultprint=YES&filetype=.pdf.
24 https://www.latimes.com/archives/la-xpm-2001-aug-23-me-37483-story.html.

Kapitel 2

1 https://www.nationalgeographic.com/science/article/milky-way-space-science.

2 https://www.bund-sh.de/stadtnatur/lichtverschmutzung.

3 http://www.lichtverschmutzung.de/seiten/sternenparks/index.php.

4 https://www.spektrum.de/lexikon/biologie-kompakt/palolowurm/8586.

5 https://link.springer.com/article/10.1007/s10071–008–0156–1.

6 https://adsabs.harvard.edu/full/1982JHA...13...23W.

7 https://physik.cosmos-indirekt.de/Physik-Schule/Kreisgrabenanlage_von_Goseck#cite_note-1.

8 https://journals.openedition.org/paleo/3019#tocto1n2.

9 Meller, Harald/Michel, Kai (2018): *Die Himmelsscheibe von Nebra: Der Schlüssel zu einer untergegangenen Kultur im Herzen Europas*, Propyläen Verlag, S. 45 ff.

10 https://www.youtube.com/watch?v=i_0PrS8XXlM.

11 Meller, Harald/Michel, Kai (2018): *Die Himmelsscheibe von Nebra: Der Schlüssel zu einer untergegangenen Kultur im Herzen Europas*, Propyläen Verlag, S. 60.

12 https://www.landesmuseum-vorgeschichte.de/himmelsscheibe-von-nebra.html.

13 Meller, Harald/Michel, Kai (2018): *Die Himmelsscheibe von Nebra: Der Schlüssel zu einer untergegangenen Kultur im Herzen Europas*, Propyläen Verlag, S. 29.

14 https://www.srf.ch/kultur/gesellschaft-religion/himmelsscheibe-von-nebra-ganoven-krimi-um-einen-archaeologischen-schatz.

15 Meller, Harald/Michel, Kai (2018): *Die Himmelsscheibe von Nebra: Der Schlüssel zu einer untergegangenen Kultur im Herzen Europas*, Propyläen Verlag, S. 27.

16 Lorenzen, Dirk H. (2020): *Der Sternensammler*, Rowohlt Verlag, S. 30.

17 https://physik.cosmos-indirekt.de/Physik-Schule/Epizykeltheorie.

18 https://mathshistory.st-andrews.ac.uk/Biographies/Al-Battani/.

19 https://www.researchgate.net/publication/260877427_Al-Battani_Contributions_in_Astronomy_and_Mathematics.

20 https://www.deutschlandfunk.de/astronomie-vergessene-stars-al-battani-100.html.

21 https://islamsci.mcgill.ca/RASI/BEA/Thabit_ibn_Qurra_BEA.htm.

22 https://origins.osu.edu/milestones/february-2016–400-years-ago-catholic-church-prohibited-copernicanism.

23 https://farside.ph.utexas.edu/books/Syntaxis/Almagest/node4.html.

24 https://www.cnet.com/news/solar-eclipse-2020-a-history-of-eclipses-and-bizarre-responses-to-them/; https://www.jstor.org/stable/1006543; https://www.atlasobscura.com/articles/how-to-predict-eclipse-computer-math-antikythera.

25 https://www.astronomie.de/das-sonnensystem/die-sonne/sonnenfinsternis/aus-der-geschichte/.

26 Lorenzen, Dirk H. (2020): *Der Sternensammler*, Rowohlt Verlag, S. 22.

27 https://de.wikipedia.org/wiki/Liste_der_Sonnenfinsternisse_des_21._Jahrhunderts.

28 https://www.smithsonianmag.com/science-nature/ancient-greek-philosopher-was-exiled-claiming-moon-was-rock-not-god-180972447/.

29 https://www.smithsonianmag.com/science-nature/ancient-greek-philosopher-was-exiled-claiming-moon-was-rock-not-god-180972447/.

30 De Padova, Thomas (2009): *Das Weltgeheimnis: Kepler, Galilei und die Vermessung des Himmels,* Piper Verlag, S. 20.

31 https://www.space.com/6310-history-corrected-400-year-moon-map.html; http://galileo.rice.edu/sci/harriot_moon.html.

32 De Padova, Thomas (2009): *Das Weltgeheimnis: Kepler, Galilei und die Vermessung des Himmels*, Piper Verlag, S. 58.

33 https://www.nasa.gov/feature/410-years-ago-galileo-discovers-jupiter-s-moons.

34 https://www.deutschlandfunk.de/die-verpasste-entdeckung-galileo-galilei-uebersieht-neptun-100.html.

35 https://www.nature.com/articles/d41586–018–06769–4.

36 http://galileo.rice.edu/gal/urban.html.

37 https://wiki.edu.vn/wiki10/2020/12/15/galileo-affare-wikipedia/.

38 https://www.planet-wissen.de/natur/weltall/universum/pwiekircheundwissenschaftimstreitvereint100.html#Galilei.

39 https://www.britannica.com/biography/Tycho-Brahe-Danish-astronomer.

40 https://www.science.org/content/article/universe-s-most-luminous-supernova-was-50-times-brighter-milky-way.

41 https://www.britannica.com/biography/Tycho-Brahe-Danish-astronomer.

42 https://www.rostock.de/en/experiences/tycho-brahe-the-man-with-a-golden-nose.html.

43 https://www.entandaudiologynews.com/features/ent-features/post/the-astronomer-s-nose-tycho-brahe-s-controversial-prosthesis.

44 https://www.britannica.com/biography/Johannes-Kepler.

Kapitel 3

1 https://www.newtonproject.ox.ac.uk/view/texts/normalized/THEM00033.

2 Freistetter, Florian (2018): *Wie ein Arschloch das Universum neu erfand.* Rowohlt Taschenbuch Verlag, S. 137.

3 https://mathshistory.st-andrews.ac.uk/Extras/Keynes_Newton.

4 Freistetter, Florian (2018): *Wie ein Arschloch das Universum neu erfand.* Rowohlt Taschenbuch Verlag, S. 71.

5 Westfall, Richard S. (1994): *The Life of Isaac Newton*, Cambridge University Press, S. 28.

6 Bryson, Bill (2005): *Eine kurze Geschichte von fast allem*, Goldmann Verlag, S. 63.

7 https://neomano.com/en/the-almost-unknown-bet-that-change-the-history-of-humanity/.

8 Cook, Alan (1991): *Edmond Halley and Newton's ›Principia‹*. Notes and Records of the Royal Society of London, Jg. 45, Nr. 2, S. 129–138 https://www.jstor.org/stable/531693?.

9 https://www.newtonproject.ox.ac.uk/view/texts/diplomatic/OTHE00034.

10 https://www.pbs.org/wgbh/nova/newton/principia.html.

11 https://royalsocietypublishing.org/doi/pdf/10.1098/rsnr.2000.0106.
12 Freistetter, Florian (2018): *Wie ein Arschloch das Universum neu erfand.* Rowohlt Taschenbuch Verlag, S. 105.
13 https://www.abebooks.com/book-search/title/historia-piscium/first-edition/.
14 Westfall, Richard S. (1994): *The Life of Isaac Newton*, Cambridge University Press, S. 39.
15 Freistetter, Florian (2018): *Wie ein Arschloch das Universum neu erfand.* Rowohlt Taschenbuch Verlag, S. 51.
16 Inwiefern Newtons Theorie ein Reinfall war, lässt sich nachlesen bei: Cook, Alan (2000): *Success and failure in Newton's lunar theory.* Astronomy & Geophysics, Jg. 41, Nr. 6, Dez. 2000, S. 21–25. https://academic.oup.com/astrogeo/article/41/6/6.21/225623.
17 https://www.aaas.org/isaac-newton-and-problem-color.

Kapitel 4

1 https://www.scinexx.de/news/geowissen/babylonier-waren-pioniere-der-geometrie/.
2 http://www.mathe.tu-freiberg.de/~hebisch/cafe/pythagoraeer.html.
3 https://nrich.maths.org/2671.
4 Zhmud, Leonid (2016): Wissenschaft, Philosophie und Religion im frühen Pythagoreismus, De Gruyter.
5 http://www.themcclungs.net/astronomy/people/pythagoras.html.
6 https://www.aps.org/publications/apsnews/200606/history.cfm.
7 https://www.math.uni-bielefeld.de/~sek/ez/material/geyer.pdf.
8 https://www.khanacademy.org/humanities/big-history-project/solar-system-and-earth/knowing-solar-system-earth/a/eratosthenes-of-cyrene.
9 http://www.geo.hunter.cuny.edu/~jochen/gtech201/lectures/lec6concepts/datums/determining%20the%20earths%20size.htm.
10 https://www.lockhaven.edu/~dsimanek/flat/flateart.htm.
11 Ferris, Timothy (2010): *Coming of Age in the Milky Way.* HarperCollins e-books, Pos. 414.
12 https://www.britannica.com/biography/Archimedes#ref21480.
13 https://de.wikiquote.org/wiki/Archimedes.
14 https://www.britannica.com/biography/Aristarchus-of-Samos.
15 Ferris, Timothy (2010): *Coming of Age in the Milky Way.* HarperCollins e-books, Pos. 134.
16 https://griechische-mythologie.fandom.com/wiki/Ikarus.
17 https://griechische-mythologie.fandom.com/wiki/Phaeton; https://www.theoi.com/Titan/Phaethon.html.
18 http://scihi.org/friedrich-wilhelm-bessel/.
19 http://www.hellenicaworld.com/Greece/Science/en/ArchimedesSand.html.
20 Osborne, Catherine (1983): *Archimedes on the Dimensions of the Cosmos.* The University of Chicago Press, Jg. 74, Nr. 2, S. 234–242.
21 http://www.mathpoint.ch/09potenzen/potenzen.html.
22 https://www.ucolick.org/~laugh/reckoner.shtml.

23 Harrison, Edward R. (1972): *The cosmic numbers.* Physics Today 25, Jg. 12, Nr. 30, https://physicstoday.scitation.org/doi/10.1063/1.3071139.

24 https://lateinon.de/kultur/zitate/noli-turbare-circulos-meos/.

25 Singham, Mano (2007): *Columbus and the Flat Earth Myth.* The Phi Delta Kappan, Jg. 88, Nr. 8, S. 590–592.

26 Jeffrey Burton Russell erforscht diesen Konflikt in seinem Buch *Inventing the Flat Earth: Columbus and Modern Historians*, Praeger Publishers 1997.

27 https://www2.latech.edu/~bmagee/212/columbus/columbus_notes.htm.

28 Lehmann, F.W. Paul (1921): *Amerigo Vespucci als Kosmograph und Nautiker.* Geographische Zeitschrift, Jg. 27, Heft 7/8, S. 145–154.

29 http://ircamera.as.arizona.edu/NatSci102/NatSci102/text/extmayaastronomy.htm.

30 Ferreiro, Larrie D. (2011): *Measure of The Earth: The Enlightenment Expedition That Reshaped Our World.* Basic Books, S. 193.

31 Ferreiro, Larrie D. (2011): *Measure of The Earth: The Enlightenment Expedition That Reshaped Our World.* Basic Books, S. 222.

32 https://travelpello.fi/en/expedition-of-maupertuis-to-lapland-determine-shape-of-earth/.

33 https://scienceblogs.com/principles/2013/06/20/singular-oddities-of-character-cavendish-and-dirac oder: Jungnickel, Christa/McCormmach, Russel (1999): *Cavendish. The Experimental Life.* Bucknell University Press, S. 304.

34 Jungnickel, Christa/McCormmach, Russell (2016): *Cavendish. The Experimental Life.* Second revised edition. Max-Planck-Gesellschaft zur Förderung der Wissenschaften, S. 436.

35 https://www.virtual-maxim.de/wie-bestimmt-man-die-erdmasse/.

Kapitel 5

1 https://www.lockhaven.edu/~dsimanek/ussher.htm.

2 https://www.irishtimes.com/news/how-an-archbishop-calculated-the-creation-1.378556.

3 https://www.sciencedirect.com/science/article/pii/S163107131730072X.

4 Badash, Lawrence (1989): *The Age-of-the-Earth Debate.* Scientific American, Jg. 261, S. 90–97.

5 https://astronomy.com/news/magazine/2021/01/the-beginning-to-the-end-of-the-universe-the-big-crunch-vs-the-big-freeze.

6 https://www.inverse.com/article/14884-the-universe-was-born-on-this-day-in-4977-b-c-according-to-kepler-s-ballsy-math.

7 https://history.aip.org/exhibits/curie/age-of-earth.htm.

8 https://www.sciencedirect.com/science/article/pii/S1631071317300731?via%-3Dihub.

9 Poirier, Jean-Paul (2017): *About the age of the Earth.* Comptes Rendus Geo-science 349, S. 223–225.

10 https://bedejournal.blogspot.com/2009/01/comte-de-buffon-and-sorbonne.html.

11 https://www.sciencedirect.com/science/article/pii/S163107131730072X (S. 231).

12 https://www.dwds.de/wb/Fossil.
13 https://web.archive.org/web/20120510101706/http://sdnhm.org/science/paleontology/resources/frequent/.
14 https://www.vision.org/de/biografien-eusebius-von-caesarea-vater-der-kirchen-geschichte-434.
15 https://www.sciencedirect.com/science/article/pii/S163107131730072X.
16 Ferris, Timothy (2010): *Coming of Age in the Milky Way.* HarperCollins e-books, Pos. 3437.
17 https://www.britannica.com/biography/William-Smith-British-geologist.
18 https://www.atlasobscura.com/articles/thomas-jefferson-built-this-country-on-mastodons.
19 Kegel, Bernhard (2018): *Ausgestorben, um zu bleiben. Dinosaurier und ihre Nachfahren,* Dumont Buchverlag, S. 27.
20 Molina-Pérez, Rubén et al. (2019): *Dinosaur Facts and Figures: The Theropods and Other Dinosauriformes.* Translated by David Connolly & Gonzalo Àngel Ramírez Cruz, Princeton University Press, S. 193.
21 http://news.bbc.co.uk/2/hi/asia-pacific/6276948.stm.
22 https://bibliothek.univie.ac.at/sammlungen/objekt_des_monats/006386.html.
23 Kegel, Bernhard (2018): *Ausgestorben, um zu bleiben. Dinosaurier und ihre Nachfahren,* Dumont Buchverlag, S. 34.
24 https://www.strangescience.net/buckland.htm.
25 https://evolution.berkeley.edu/the-history-of-evolutionary-thought/1800s/extinctions-georges-cuvier/.
26 https://www.newyorker.com/magazine/2013/12/16/the-lost-world-2.
27 https://www.bbc.com/news/magazine-32483678.
28 https://periergeia.org/en/charles-darwins-nose/.
29 Eiseley, Loren C. (1959): *Charles Lyell.* Scientific American, Jg. 201, S. 98–106 .
30 https://mypages.unh.edu/hoslac/book/fossil-sea-shells.
31 http://edition.cnn.com/2010/OPINION/03/01/vanwyhe.quake.chile.darwin/index.html.
32 https://www.worldscientific.com/doi/pdf/10.1142/9789813279704_0003.
33 https://www.scientificamerican.com/article/charles-darwin-confessions/.
34 https://ucmp.berkeley.edu/history/Edarwin.html.
35 https://www.darwinproject.ac.uk/letter/?docId=letters/DCP-LETT-2285.xml.
36 https://www.raptisrarebooks.com/product/on-the-origin-of-species-by-means-of-natural-selection-or-the-preservation-of-favoured-races-in-the-struggle-for-life/.
37 https://profjoecain.net/how-extremely-stupid-thomas-henry-huxley/.
38 https://royalsocietypublishing.org/doi/pdf/10.1098/rsnr.2006.0160.
39 https://www.britannica.com/biography/Thomas-Henry-Huxley/Darwins-bulldog.
40 https://web.archive.org/web/20110410081122/http://users.ox.ac.uk/~jrlucas/legend.html.
41 https://www.britannica.com/biography/Thomas-Henry-Huxley/Darwins-bulldog.
42 https://victorianweb.org/science/biology/oxforddebate.html.

43 https://www.deutschestextarchiv.de/book/view/mendel_pflanzenhybriden_1866?p=14.
44 https://www.britannica.com/biography/Gregor-Mendel#ref4791.
45 https://www.bbvaopenmind.com/en/science/leading-figures/mendel-versus-darwin-clash-of-titans/.
46 https://www.britannica.com/biography/William-Thomson-Baron-Kelvin.
47 http://eqseis.geosc.psu.edu/cammon/HTML/Classes/PhysicalGeology/Notes/SciUniversality/P07.html.

Kapitel 6

1 https://www.chemie.de/lexikon/Stein_der_Weisen.html.
2 https://www.chemie.de/lexikon/Hennig_Brand.html.
3 https://www.acs.org/content/acs/en/education/whatischemistry/landmarks/lavoisier.html.
4 https://www.beautifulchemistry.net/cavendish.
5 https://www.acs.org/content/acs/en/education/whatischemistry/landmarks/lavoisier.html.
6 https://www.beautifulchemistry.net/lavoisier.
7 https://www.chemie.de/lexikon/Antoine_Laurent_de_Lavoisier.html.
8 https://www.americanscientist.org/article/whats-everything-made-of.
9 https://www.newscientist.com/question/what-is-the-body-made-of/.
10 https://www.mythoworld.com/sage-kanada-father-of-the-atomic-theory/.
11 Narayan, Roopa (2014): *Space, Time and* Anu *in Vaisheshika,* https://www.ece.lsu.edu/kak/roopa51.pdf.
12 https://www.britannica.com/biography/Democritus.
13 https://www.britannica.com/biography/Abu-Musa-Jabir-ibn-Hayyan.
14 https://www.ncbi.nlm.nih.gov/pmc/articles/PMC6077026/.
15 https://www.chemie.de/lexikon/Robert_Boyle.html.
16 https://www.chemie.de/lexikon/John_Dalton.html.
17 https://www.leifiphysik.de/atomphysik/atomaufbau/ausblick/atommodell-von-thomson.
18 https://www.euro-fusion.org/de/faq/die-zwanzig-haeufigsten-fragen/wie-entstehen-alphateilchen-und-wie-gefaehrlich-sind-sie.
19 https://www.sawakinome.com/articles/science/what-is-rutherfords-gold-foil-experiment.html.
20 https://www.goodreads.com/quotes/105980-it-was-quite-the-most-incredible-event-that-has-ever.
21 https://www.leifiphysik.de/atomphysik/atomaufbau/grundwissen/streuversuch-und-atommodell-von-rutherford.
22 http://academic.brooklyn.cuny.edu/physics/sobel/Nucphys/atomprop.html.
23 https://www.klinikum.uni-heidelberg.de/radiologische-klinik/sektion-paediatrische-radiologie/ueber-uns/geschichte-der-radiologie.
24 Ferris, Timothy (1990): *Coming of Age in the Milky Way,* Pos. 3867.
25 https://www.aps.org/publications/apsnews/200111/history.cfm.

26 https://www.aps.org/publications/apsnews/200803/physicshistory.cfm.
27 Ebd.
28 https://www.chemie.de/lexikon/Alphastrahlung.html.
29 https://ehss.energy.gov/ohre/roadmap/achre/intro_9_2.html.
30 https://www.weltderphysik.de/gebiet/leben/einfluesse-auf-den-menschen/strahlungsauswirkung/.
31 https://web.archive.org/web/20100331123427/http://www.ideafinder.com/history/inventors/curie.htm.
32 https://www.nobelprize.org/prizes/physics/1903/marie-curie/facts/.
33 https://www.nobelprize.org/prizes/themes/marie-and-pierre-curie-and-the-discovery-of-polonium-and-radium/.
34 https://www.nobelprize.org/prizes/themes/marie-and-pierre-curie-and-the-discovery-of-polonium-and-radium/.
35 https://edu.rsc.org/feature/radium-a-key-element-in-early-cancer-treatment/2020217.article.
36 https://www.mskcc.org/news/hot-times-radium-hospital-history-radium-therapy-msk.
37 https://www.thenakedscientists.com/articles/science-features/it-dont-necessarily-glow-bro.
38 Badash, Lawrence (1989): *The Age-of-the-Earth Debate*, Scientific American, Jg. 261, S. 90, https://www.degruyter.com/document/doi/10.1515/ci.2011.33.1.32/html?lang=en.
39 Badash, Lawrence (1989): *The Age-of-the-Earth Debate*, Scientific American, Jg. 261, S. 93, https://www.degruyter.com/document/doi/10.1515/ci.2011.33.1.32/html?lang=en.
40 https://www.amnh.org/exhibitions/darwin/the-world-before-darwin/how-old-is-earth.
41 Badash, Lawrence (1989): *The Age-of-the-Earth Debate*, Scientific American, Jg. 261, S. 96, https://www.degruyter.com/document/doi/10.1515/ci.2011.33.1.32/html?lang=en.
42 https://solarsystem.nasa.gov/solar-system/sun/in-depth/#otp_formation.
43 https://www.mccc.edu/~dornemam/Planet_Walk/Sun/the_sun.htm.

Kapitel 7

1 https://www.britannica.com/science/black-hole.
2 http://public.virgo-gw.eu/gw150914_en/.
3 https://earthhow.com/earth-timeline-geological-history-events/.
4 https://www.ligo.org/science/GW-Multiple.php.
5 https://www.americanscientist.org/article/the-secret-history-of-gravitational-waves.
6 https://www.mpg.de/10879818/aei_hannover_jb_2016.
7 https://www.ligo.org/detections/GW150914.php; https://skyandtelescope.org/astronomy-news/gravitational-wave-detection-heralds-new-era-of-science-0211201644/.

8 http://www.pflichtlektuere.com/23/10/2014/weshalb-einstein-als-schlechter-schueler-gilt/.
9 https://www.einstein-website.de/z_kids/zeugniskids.html#:~:text=.
10 https://youtu.be/FT8dTB2T4vY?t=170.
11 https://www.justintools.com/unit-conversion/energy.php?k1=megajoules&k2=hiroshima-bomb-explosion.
12 https://www.physicscentral.com/explore/plus/galilean-relativity.cfm.
13 https://www.amnh.org/learn-teach/curriculum-collections/cosmic-horizons-book/ole-roemer-speed-of-light#.
14 https://www.cs.mcgill.ca/~rwest/wikispeedia/wpcd/wp/s/Speed_of_light.htm#.
15 https://www.space.com/18383-how-far-away-is-jupiter.html.
16 https://demonstrations.wolfram.com/RomersMeasurementOfTheSpeedOfLight/.
17 https://www.lernhelfer.de/schuelerlexikon/physik-abitur/artikel/michelson-morley-experiment#.
18 https://www.leifiphysik.de/relativitaetstheorie/spezielle-relativitaetstheorie/ausblick/zwillingsparadoxon.
19 https://www.nasa.gov/feature/goddard/2021/nasa-enters-the-solar-atmosphere-for-the-first-time-bringing-new-discoveries.
20 https://www.cnet.com/home/energy-and-utilities/nasa-solar-probe-becomes-fastest-object-ever-built-as-it-touches-the-sun/.
21 https://physik.cosmos-indirekt.de/Physik-Schule/Hafele-Keating-Experiment.
22 https://www.thetimes.co.uk/article/revolution-in-science-f63xmv8207t (Übersetzung aus: https://www.juedische-allgemeine.de/kultur/einstein-und-die-sonnenfinsternis/).
23 https://www.nytimes.com/1919/11/10/archives/lights-all-askew-in-the-heavens-men-of-science-more-or-less-agog.html (Übersetzung aus: https://www.juedische-allgemeine.de/kultur/einstein-und-die-sonnenfinsternis/).
24 https://www.tagesspiegel.de/wissen/interstellar-berater-kip-thorne-im-interview-wurmloecher-sind-moeglich/11075254.html.
25 https://www.nature.com/articles/d41586–019–01172-z.
26 https://www.juedische-allgemeine.de/kultur/einstein-und-die-sonnenfinsternis.
27 https://www.spektrum.de/magazin/die-entdeckung-des-planeten-neptun/1418283.
28 https://physik.cosmos-indirekt.de/Physik-Schule/Vulkan_(Planet).
29 https://www.deutschlandfunk.de/einstein-auf-dem-pruefstand-die-periheldrehung-des-merkur-100.html.

Kapitel 8

1 https://www.bbvaopenmind.com/en/science/leading-figures/richard-feynman-the-physicist-who-didnt-understand-his-own-theories; < https://www.youtube.com/watch?v=w3ZRLllWgHI.
2 http://einstein-virtuell.mpiwg-berlin.mpg.de/VEA/SC-1816523987_MOD355385129_SEQ-114471879_SL251674360_de.html.

3 https://www.wissenschaft.de/allgemein/ein-akt-der-verzweiflung.
4 Ebd.
5 https://micro.magnet.fsu.edu/optics/timeline/people/planck.html.
6 https://en-academic.com/dic.nsf/enwiki/3683738.
7 Ebd.
8 https://www.leifiphysik.de/quantenphysik/quantenobjekt-photon/geschichte/einstein-zum-photoeffekt.
9 https://www.wissenschaft.de/allgemein/ein-akt-der-verzweiflung/.
10 https://www.lernhelfer.de/schuelerlexikon/physik/artikel/entwicklung-der-vorstellungen-ueber-das-licht.
11 https://www.spektrum.de/news/was-verraet-die-quantentheorie-ueber-die-realitaet/1592854.
12 https://www.youtube.com/watch?v=A9tKncAdlHQ.
13 https://physicsworld.com/a/wave-particle-duality-seen-in-carbon-60-molecules/.
14 https://www.thoughtco.com/bohr-model-of-the-atom-603815.
15 https://sciencev2.orf.at/stories/1710908/index.html.
16 https://indico.cern.ch/event/805167/attachments/1809602/2970264/cern-colloquium-2019.pdf (Folie 8).
17 https://www.leifiphysik.de/atomphysik/quantenmech-atommodell/versuche/schroedingers-katze-ein-gedankenexperiment.
18 https://dewiki.de/Lexikon/Gott_w%C3%BCrfelt_nicht.
19 http://cheapuniverses.com/universesplitter/.
20 https://plato.stanford.edu/entries/qm-manyworlds/.
21 https://nautil.us/the-multiverse-is-an-ancient-idea-10262/.
22 https://uwaterloo.ca/applied-mathematics/future-undergraduates/what-you-can-learn-applied-mathematics/quantum-theory/quantum-theory-and-technology.

Kapitel 9

1 Kukla, G.J. et al. (1977): *New data on climatic trends*, Nature 270, S. 573–580, https://www.nature.com/articles/270573a0.
2 Struck, Doug (2014): *How the »Global Cooling« Story Came to Be,* Scientific American, 10.01.2014, https://archive.ph/uNL6R.https://skepticalscience.com/ice-age-predictions-in-1970s-intermediate.htm.
3 https://climatekids.nasa.gov/greenhouse-effect/.
4 https://www.spiegel.de/wissenschaft/klimapionier-joseph-fourier-der-entdecker-des-treibhauseffektes-a-7314047d-43de-4c80-abe6-f187c330137d.
5 https://ourworldindata.org/co2-emissions.
6 https://www.theguardian.com/environment/2005/jun/30/climatechange.climatechangeenvironment2.
7 https://ourworldindata.org/co2-emissions; https://www.iea.org/news/global-co2-emissions-rebounded-to-their-highest-level-in-history-in-2021.
8 https://data.giss.nasa.gov/modelforce/ghgases/Fig1A.ext.txt.

9 https://www.statista.com/statistics/1091926/atmospheric-concentration-of-co2-historic/.
10 https://www.climate.gov/news-features/understanding-climate/climate-change-global-temperature.
11 http://berkeleyearth.org/global-temperature-report-for-2021/.
12 https://www.ipcc.ch/site/assets/uploads/sites/2/2018/12/SR15_FAQ_Low_Res.pdf (S. 7).
13 https://www.welt.de/wissenschaft/umwelt/article149380935/Was-passiert-bei-1-5-Grad-mehr-Was-bei-2-3-und-4-Grad.html.
14 https://www.theguardian.com/environment/2005/jun/30/climatechange.climatechangeenvironment2.
15 https://insideclimatenews.org/news/17092015/exxon-believed-deep-dive-into-climate-research-would-protect-its-business/.
16 https://nap.nationalacademies.org/catalog/12024/energy-and-climate-studies-in-geophysics.
17 https://www.br.de/klimawandel/klimawandel-klimaforschung-geschichte-historisch-100.html.
18 https://insideclimatenews.org/wp-content/uploads/2015/09/Government-Meeting-Memo-1977.pdf.
19 Tans, Pieter P./Fung, Inez Y./Takahashi, Taro (1990): *Observational Constraints on the Global Atmospheric CO2 Budget*, Science, Jg. 247, Nr. 4949, S. 1431–1438.
20 Takahashi, Taro et al. (2009): *Climatological mean and decadal change in surface ocean pCO2, and net sea-air CO2 flux over the global oceans*, Deep Sea Research Part II: Topical Studies in Oceanography, Jg. 56, Nr. 8–10, S. 554–577.
21 https://insideclimatenews.org/news/22102015/Exxon-Sowed-Doubt-about-Climate-Science-for-Decades-by-Stressing-Uncertainty/.
22 https://www.umweltbundesamt.de/themen/klima-energie/internationale-eu-klimapolitik/kyoto-protokoll.
23 Farmer, G. Thomas/Cook, John (2013): Climate Change Science*: A Modern Synthesis. Volume 1: The Physical Climate*, Springer Science & Business Media, S. 461.
24 http://image.guardian.co.uk/sys-files/Guardian/documents/2006/09/19/LettertoNick.pdf.
25 https://unearthed.greenpeace.org/2021/06/30/exxon-climate-change-undercover/.
26 https://www.npr.org/2021/07/01/1012138741/exxon-lobbyist-caught-on-video-talks-about-undermining-bidens-climate-push.
27 https://unearthed.greenpeace.org/2021/06/30/exxon-climate-change-undercover/.
28 https://taxfoundation.org/sweden-carbon-tax-revenue-greenhouse-gas-emissions.
29 https://www.eenews.net/articles/exxon-splits-with-lobbyist-who-divulged-climate-strategy/.
30 https://oversight.house.gov/news/press-releases/chairs-maloney-and-khanna-demand-transcribed-interview-with-exxon-lobbyist.

31 https://www.science.org/content/article/how-ancient-cataclysm-may-have-jump-started-life-earth.

32 https://www.nationalgeographic.org/encyclopedia/continental-drift/print.

33 https://www.n-tv.de/wissen/Afrika-bricht-langsam-auseinander-article22242880.html, https://www.sciencedaily.com/releases/2020/11/201113124038.htm.

34 https://www.britannica.com/story/spotting-a-supercontinent-how-pangea-was-discovered.

35 https://www.sciencealert.com/scientists-think-earth-s-next-supercontinent-might-look-like-one-of-these.

36 https://www.faz.net/aktuell/wissen/massenaussterben-fuenfmal-ging-die-welt-schon-unter-14424429.html; Wagler, Ron (2012): *The Sixth Great Mass Extinction,* Science Scope, März 2012, Jg. 35, Nr. 7, S. 48–55.

37 Kolbert, Elizabeth (2014): *The Sixth Extinction: An Unnatural History,* Bloomsbury Publishing, S. 72.

38 https://www.aps.org/publications/apsnews/201902/history.cfm.

39 https://aapt.scitation.org/doi/10.1119/1.2772290.

40 Kolbert, Elizabeth (2014): *The Sixth Extinction: An Unnatural History,* Bloomsbury Publishing, S. 74.

41 https://www.pbs.org/wgbh/evolution/extinction/dinosaurs/asteroid.html.

42 https://news.utexas.edu/2019/09/09/rocks-at-asteroid-impact-site-record-first-day-of-dinosaur-extinction/.

43 https://www.nhm.ac.uk/discover/how-an-asteroid-caused-extinction-of-dinosaurs.html.

44 https://www.nhm.ac.uk/discover/why-are-birds-the-only-surviving-dinosaurs.html.

45 https://astronomy.com/news/2021/03/asteroid-dust-found-at-chicxulub-crater-confirms-cause-of-dinosaurs-extinction.

46 Wagler, Ron (2012): *The Sixth Great Mass Extinction,* Science Scope, März 2012, Jg. 35, Nr. 7, S. 48–55.

47 Ebd., S. 50.

48 https://www.worldometers.info/world-population.

49 https://livingplanet.panda.org/.

50 https://www.adventure-life.com/amazon/articles/about-rainforests-by-the-numbers.

51 https://www.regenwald-schuetzen.org/verbrauchertipps/soja-und-fleischkonsum/fleischkonsum-und-regenwald.

52 https://livingplanet.panda.org/.

53 https://earth.org/data_visualization/a-brief-history-of-co2/.

54 https://climate.nasa.gov/climate_resources/24/graphic-the-relentless-rise-of-carbon-dioxide/.

55 https://earth.org/data_visualization/a-brief-history-of-co2/.

56 https://www.epa.gov/gmi/importance-methane.

57 https://www.ucdavis.edu/food/news/making-cattle-more-sustainable.

58 https://www.beefmarketcentral.com/story-world-cattle-inventory-country-usda-146–106898.

59 https://news.climate.columbia.edu/2017/04/04/how-we-know-climate-change-is-not-natural/.

60 Lynas, Mark et al.: Greater than 99 % consensus on human caused climate change in the peer-reviewed scientific literature, Environmental Research Letters, Jg. 16, Nr. 11.

61 https://www.politifact.com/factchecks/2017/sep/08/blog-posting/no-30000-scientists-have-not-said-climate-change-h/.

62 https://skepticalscience.com/solar-activity-sunspots-global-warming.htm.

63 https://www.co2.earth/global-co2-emissions.

64 https://www.abenteuer-regenwald.de/wissen/abholzung.

65 https://www.che-project.eu/news/how-do-human-co2-emissions-compare-natural-co2-emissions.

66 https://www.deutschlandfunk.de/ploetzlich-winter-warum-der-klimawandel-auch-kaelte-mit-100.html.

67 https://www.deutschlandfunk.de/ploetzlich-winter-warum-der-klimawandel-auch-kaelte-mit-100.html.

68 https://de.statista.com/statistik/daten/studie/164050/umfrage/waermste-jahre-in-deutschland-nach-durchschnittstemperatur/#professional.

69 http://berkeleyearth.org/global-temperature-report-for-2021/.

70 http://berkeleyearth.org/.

71 https://www.weforum.org/agenda/2020/09/last-ice-age-global-temperature-scientist-predict.

72 https://climate.nasa.gov/faq/16/is-it-too-late-to-prevent-climate-change.

73 https://www.sciencefocus.com/planet-earth/can-we-stop-climate-change/.

74 https://ourworldindata.org/greenhouse-gas-emissions.

75 https://www.iea.org/reports/direct-air-capture.

76 Ebd.

77 https://www.atmosfair.de/de/kompensieren/wunschmenge/.

78 https://www.atmosfair.de/de/klimaschutzprojekte/energieeffizienz/ruanda/.

79 https://www.atmosfair.de/de/kompensieren/wunschmenge/.

80 https://www.umweltbundesamt.de/themen/freiwillige-co2-kompensation.

81 https://climeworks.com/checkout/cart?customizer=true.

82 https://www.weser-kurier.de/bremen/wirtschaft/bremer-stahlwerk-will-bis-2050-klimaneutral-produzieren-doc7e3kg0zd0cn15qg5jjmw.

83 https://taz.de/Konversion-des-Bremer-Stahlwerks/!5711339/.

84 https://energieforschung.at/projekt/neostahl-neue-energieoptimierungsverfahren-und-modelle-in-der-prozessautomation-zur-co2-reduktion-in-der-stahlindustrie.

85 https://www.daserste.de/information/wissen-kultur/w-wie-wissen/wasserstoff-108.html.

86 https://www.klimareporter.de/deutschland/parteien-sind-nicht-auf-1–5-grad-kurs.

87 https://www.zerotracker.net/.

88 https://climateactiontracker.org/countries/.

89 https://www.zeit.de/wissen/umwelt/2021–10/1–5-grad-ziel-weltklimakonferenz-glasgow-nationale-klimaziele.

Kapitel 10

1 Houseman, John (1948): The Men from Mars, Harper's Magazine, Dez. 1948.
2 Pooley, Jefferson D./Socolow, Michael J. (2013): Checking Up on The Invasion from Mars: Hadley Cantril, Paul Felix Lazarsfeld, and the Making of a Misremembered Classic, International Journal of Communication, 7/2013, S. 1920–1948.
3 https://faroutmagazine.co.uk/orson-welles-life-and-career-legendary-filmmaker/.
4 https://www.dw.com/de/als-marsianer-die-usa-angriffen-das-h%C3%B6rspiel-krieg-der-welten-von-orson-welles/a-46067169.
5 Heuser, Marie-Luise (2015): Transterrestrik in der Renaissance*: Nikolaus von Kues, Giordano Bruno, Johannes Kepler,* In: Schetsche, Michael/Engelbrecht, Martin (Hg.): *Von Menschen und Außerirdischen. Transterrestrische Begegnungen im Spiegel der Kulturwissenschaft*, Transcript Verlag, S. 55–80.
6 https://www.pro-physik.de/nachrichten/keplers-traum.
7 https://mars.nasa.gov/all-about-mars/facts/.
8 https://www.britannica.com/place/Olympus-Mons.
9 https://www.space.com/mars-water-flowed-more-recently-than-thought.
10 https://www.fr.de/wissen/mars-roter-planet-mars-rover-curiosity-perseverance-leben-wasser-forschung-13802402.html.
11 https://www.dwd.de/DE/wetter/thema_des_tages/2021/2/25.html.
12 https://wmo.asu.edu/content/world-lowest-temperature.
13 https://www.wissenschaft-im-dialog.de/projekte/wieso/artikel/beitrag/was-wuerde-passieren-wenn-man-auf-dem-mars-eine-flasche-wasser-ausschuetten-wuerde/.
14 https://www.astronomie.de/das-sonnensystem/planeten-und-monde/der-mars/atmosphaere/.
15 https://www.planet-wissen.de/natur/weltall/mars/pwiewissensfrage400.html.
16 https://www.space.com/47-mars-the-red-planet-fourth-planet-from-the-sun.html.
17 https://www.stern.de/panorama/wissen/kosmos/mondlandung--neil-armstrong-hat-sich-bei-seinem-beruehmten-satz-verhaspelt-8808046.html.
18 https://www.leifiphysik.de/mechanik/impulserhaltung-und-stoesse/geschichte/der-sputnik-schock.
19 https://www.deutschlandfunk.de/der-sputnik-schock-104.html.
20 http://www.gerhardkowalski.com/?p=3283.
21 https://www.rmg.co.uk/stories/topics/who-was-first-woman-space.
22 https://solarsystem.nasa.gov/missions/pioneer-0/in-depth/.
23 https://www.jpl.nasa.gov/missions/ranger-6.
24 https://www.jpl.nasa.gov/missions/ranger-7.
25 https://www.smithsonianmag.com/air-space-magazine/apollo-why-the-soviets-lost-180972229.

26 https://dearmoon.earth/.
27 https://www.nasa.gov/specials/artemis/.
28 https://www.youtube.com/watch?v=_T8cn2J13–4.
29 https://spacenews.com/nasa-inspector-general-warns-of-further-delays-in-returning-humans-to-the-moon/.
30 https://www.businesstoday.in/latest/story/elon-musk-worlds-richest-man-explained-in-numbers-329978–2022–04–15.
31 https://www.republicworld.com/technology-news/science/nasa-2008-contract-saved-spacex-from-fourth-straight-failure-admits-elon-musk.html.
32 https://www.nasa.gov/home/hqnews/2008/dec/HQ_C08–069_ISS_Resupply.html.
33 https://www.britannica.com/technology/Falcon-launch-vehicle.
34 https://www.space.com/virgin-galactic-richard-branson-first-spaceflight-photos; < https://www.hindustantimes.com/science/did-richard-branson-really-fly-into-space-neil-degrasse-tyson-weighs-in-101626411110372.html.
35 https://www.space.com/suborbital-orbital-flight.html.
36 https://www.fr.de/panorama/richard-branson-weltall-virgin-galactic-vss-unity-raumfahrt-weltraum-jeff-bezos-live-ticker-zr-90854378.html.
37 https://eu.usatoday.com/story/tech/2022/02/15/virgin-galactic-tickets-space-trip/6795121001/.
38 https://www.space.com/jeff-bezos-blue-origin-first-astronaut-launch.
39 https://www.youtube.com/watch?v=VUdXvgi6qNw.
40 https://www.sueddeutsche.de/wirtschaft/jeff-bezos-flug-weltall-1.5357492.
41 https://www.mdr.de/wissen/wo-beginnt-das-weltall-karman-linie-100.html.
42 https://www.mdr.de/wissen/captain-kirk-enterprise-william-shatner-fliegt-ins-all-100.html.
43 https://www.welt.de/wissenschaft/article106365830/Scottys-Asche-kreist-im-zweiten-Anlauf-im-Weltall.html.
44 https://www.whereisroadster.com/.
45 https://www.wired.com/story/spacex-successfully-launches-the-falcon-heavyand-elon-musks-roadster/.
46 https://www.businessinsider.com/starman-elon-musk-car-orbit-collision-risk-calculations-2018–2.
47 Rein, Hanno/Tamayo, Daniel/Vokrouhlicky, David (2018): *The random walk of cars and their collision probabilities with planets,* Aerospace 2018, 5(2), 57, https://www.mdpi.com/2226–4310/5/2/57.
48 https://www.inverse.com/innovation/spacex-mars-city-codex.
49 https://www.swr.de/wissen/tomorrow-now-102.html.
50 https://www.zarm.uni-bremen.de/de/fallturm/allgemeine-informationen.html.
51 https://www.humboldt-foundation.de/entdecken/magazin-humboldt-kosmos/wissenschaft-kommunizieren-zwischen-preprint-und-shitstorm/der-marsianer.
52 https://www.zarm.uni-bremen.de/de/forschung/unabhaengige-gruppen/extraterrestrial-habitation.html.
53 https://www.nasa.gov/analogs/nsrl/why-space-radiation-matters.

54 https://www.spektrum.de/news/der-grenzwert-wird-deutlich-ueberschritten/1660736.
55 https://www.nasa.gov/analogs/nsrl/why-space-radiation-matters.
56 https://www.swr.de/wissen/strahlenforschung-fuer-reise-zum-mars-100.html.
57 Cannon, Kevin M./Britt, Daniel T.: *Feeding One Million People on Mars,* New Space, Dez. 2019, S. 245–254, https://www.liebertpub.com/doi/10.1089/space.2019.0018.
58 https://mars.nasa.gov/mer/mission/technology/power/.
59 https://www.businessinsider.com/elon-musk-spacex-mars-plan-timeline-2018-10.
60 https://www.bmel.de/DE/themen/ernaehrung/ernaehrungsreport2019.html.
61 Perchonok, Michele H./Cooper, Maya R./Catauro, Patricia M. (2011): Mission to Mars: Food Production and Processing the Final Frontier, Annual Review of Food Science and Technology, Jg. 3, S. 311–330.
62 Cannon, Kevin M./Britt, Daniel T.: *Feeding One Million People on Mars,* New Space, Dez. 2019, S. 245–254.
63 https://www.verbraucherzentrale.de/wissen/lebensmittel/lebensmittelproduktion/clean-meat-ist-laborfleisch-die-zukunft-65071.
64 https://www.verbraucherzentrale.de/wissen/lebensmittel/lebensmittelproduktion/clean-meat-ist-laborfleisch-die-zukunft-65071.
65 https://mosameat.com/growing-beef.
66 https://www.euractiv.de/section/ernaehrung-und-gesundheit/news/eu-kommission-haelt-an-2-millionen-euro-zuschuss-fuer-laborfleisch-fest/.
67 https://www.umweltbundesamt.de/publikationen/die-zukunft-im-blick-fleisch-der-zukunft.
68 https://www.umweltbundesamt.de/sites/default/files/medien/1410/publikationen/2020-06-25_trendanalyse_fleisch-der-zukunft_web_bf.pdf (S. 81).
69 https://www.mdr.de/wissen/spacex-diese-dekade-menschen-auf-den-mars-starship-musk-shotwell-100.html.
70 https://www.wionews.com/science/nasa-is-recruiting-to-send-humans-to-mars-as-soon-as-2037-403689.
71 https://www.planetary.org/articles/can-we-make-mars-earth-like-through-terraforming.
72 https://www.inverse.com/science/how-many-planets-host-life.

BILDNACHWEIS

Illustrationen von David Klaus:

S. 23 nach Stock.Adobe.com/WinWin

S. 25 nach Vecton/Shutterstock.com

S. 34 nach Eroshka/Shutterstock.com

S. 35, 42 o., 54, 66, 67, 81, 86, 87, 96, 97, 106, 170, 196, 205 nach Archiv Niklas Kolorz

S. 38 nach yaruna/Shutterstock.com

S. 42 u. nach Giovanni Cassini

S. 46 nach picture alliance / ullstein bild / Archiv Gerstenberg

S. 50 nach INTERFOTO / National Maritime Museum, London

S. 83 nach Raffaello Bencini / Bridgeman Images

S. 99 nach akg-images

S. 116 nach https://commons.wikimedia.org/wiki/File:Fossilization_process.jpg Credit: Xabier Murelaga – Elhuyar Fundazioa

S. 119 nach IgorGolovniov/Shutterstock.com

S. 125 nach https://www.usgs.gov/media/images/atoll-development

S. 137 nach akg / Science Photo Library

S. 142, 144 nach Drp8/Shutterstock.com

S. 145 nach Emre Terim/Shutterstock.com

S. 163 nach akg-images / World History Archive

S. 166 nach Draw Man/Shutterstock.com

S. 169 nach https://www.einstein-online.info, Max-Planck-Gesellschaft zur Förderung der Wissenschaften e.V.

S. 175 nach koya979/Shutterstock.com

S. 185 nach grayjay, magnetix/Shutterstock.com

S. 186, 187, 188, 189, 190 nach Fouad A. Saad/Shutterstock.com

S. 193 nach N.Vinoth Narasingam/Shutterstock.com

S. 194 nach VectorMine/Shutterstock.com

S. 198 nach Nutkins.J/Shutterstock.com

S. 201 nach aerfish.com

S. 213 nach Rainer Lesniewski/Shutterstock.com

S. 220 nach NASA, Global Climate Change, Graphic: The relentless rise of carbon dioxide; Data: Luthi, D., et al. 2008; Etheridge, D.M., et al. 2010; Vostok ice core data/J.R. Petit et al.; NOAA Mauna Loa CO_2 record. Some description adapted from the Scripps CO_2 Program website, »Keeling Curve Lessons.«

S. 224 nach Temperature from NASA GISS. Annual Total Solar Irradiance (thin light blue) with 11 year moving average of TSI (thick dark blue). TSI from 1880 to 1978 from Krivova et al 2007 (data). TSI from 1979 to 2009 from PMOD (see the PMOD index page for data updates).

S. 236 nach Klaus Bürgle

S. 238 nach nikiteev_konstantin/Shutterstock.com

S. 242 Vectorized by Mysid on a NOAA picture (http://www.srh.noaa.gov/srh/jetstream/atmos/layers.htm) with the Kármán line added by Latitude0116. Image renamed from Image:Atmosphere layers.svg

S. 247 nach SpaceIsMore

Foto auf S. 77 NASA of the United States National Aeronautics and Space Administration (NASA)